水泥窑协同处置生活垃圾关键技术及城乡统筹一体化应用

温宗国　焦　烽　王肇嘉　金宜英　田海奎　著

中国环境出版集团·北京

图书在版编目（CIP）数据

水泥窑协同处置生活垃圾关键技术及城乡统筹
一体化应用/温宗国等著. — 北京：中国环境出版集团，
2019.10
ISBN 978-7-5111-4137-8

Ⅰ.①水…　Ⅱ.①温…　Ⅲ.①水泥工业—固体
废物—废物处理—研究　Ⅳ.①X783

中国版本图书馆 CIP 数据核字（2019）第 238552 号

出 版 人　武德凯
责任编辑　周　煜　宋慧敏
责任校对　任　丽
封面设计　彭　杉

出版发行　中国环境出版集团
　　　　　（100062　北京市东城区广渠门内大街 16 号）
　　　　　网　　　址：http://www.cesp.com.cn
　　　　　电子邮箱：bjgl@cesp.com.cn
　　　　　联系电话：010-67112765（编辑管理部）
　　　　　　　　　　010-67138929（第六分社）
　　　　　发行热线：010-67125803，010-67113405（传真）
印　　刷　北京中科印刷有限公司
经　　销　各地新华书店
版　　次　2019 年 10 月第 1 版
印　　次　2019 年 10 月第 1 次印刷
开　　本　787×1092　1/16
印　　张　17.0
字　　数　320 千字
定　　价　58.00 元

贡献作者
（按照贡献大小排序）

高　敏　陈锦玲　胡　赟　李会芳

陈　涛　刘　建　白卫南　李俊伟

田海林　赵笑今　秦　迪　王　静

高红霞　杨桐桐　李洋洋　秘田静

顾　军　朱延臣

前　言

　　社会经济的快速发展，导致城乡生活垃圾的产生量日益增加，其处理已成为许多国家城镇化发展中必须解决的问题。生活垃圾造成的大气、土壤、水体污染，不仅严重影响城镇环境质量，而且威胁人体健康，生活垃圾成为社会公害之一，是目前城镇环境卫生所面临的最紧迫问题之一。解决城镇生活垃圾问题主要依靠垃圾减容化、减量化、资源化以及无害化处理。然而，城镇垃圾产生量和历史堆存量巨大，占用大量土地资源，加速缩短填埋场寿命，大量填埋场"超期服役"或陆续进入封场阶段。与此同时，生活垃圾成分复杂且有害介质多，未经安全处置的城市固体废物伴生重金属、有机污染物等有毒有害物质，可造成严重的二次污染，激发了尖锐的社会矛盾和"邻避效应"，易导致相关重大社会事件频发。

　　焚烧发电、卫生填埋、厌氧消化和堆肥是目前城乡生活垃圾处理处置主要采用的 4 种技术。焚烧发电占地少、可回收能源、减量化和资源化优点明显，但过程产生的大量无机炉渣、含毒性有机氯化物等残余飞灰难以处置；卫生填埋具有规模化快速消纳的优势，但占用土地资源且选址较为困难，浪费可回收资源，渗滤液和重金属等带来土壤和地下水污染风险；有机废弃物厌氧消化的能源转化效率高，但副产固相残渣和消化沼渣处理成本高；垃圾堆肥发酵周期短、无害化程度高、卫生条件好和易于机械化操作，但受限当前脆弱的垃圾分类收集体系，使复杂的垃圾组分影响了堆肥产品肥效，有氧分解过程中产生的臭味会污染环境，垃圾堆肥一般难以规模化。将生活垃圾制成垃圾衍生燃料（Refuse Derived Fuel，RDF），将垃圾中的资源进行有效利用，是解决上述问题的有效方法之一，在一些发达国家已经得到了广泛应用，社会效益、环境效益及经济效益比较突出。

　　生活垃圾分选后剩余以塑料、纸张、草木等为主的可燃物，制成达到一定热值的 RDF 用作水泥窑的替代燃料，可以降低其燃烧时排放的有害气体浓度，降低煤炭消耗，减少 SO_2 排放，节约土地资源。在水泥窑内的燃烧温度可达 1 450～1 800℃，能够有效控制二噁英类等二次污染物质的产生，产生的烟气经过简单处理即可，焚烧灰渣则直接进入水泥熟料中作为骨料。因此，以新型干法为代表的水泥窑协同处置城乡生活垃圾具有优势突出的技术潜力。

水泥工业作为基础性原材料工业，在国民经济发展中的地位举足轻重，长期以来推行"节能减排，淘汰落后产能"政策。新型干法水泥窑工艺产能在总产能中所占比例已达 90%以上，在水泥生产过程中可对工业废弃物、生活垃圾、市政污泥等多种多相态物质实现资源化利用和无害化处置。北京、广州、邯郸、上海等地的水泥企业已经在处置和利用可燃性工业废弃物方面取得了一些成绩。然而，从现有工艺装备看，由于城乡废弃物种类繁多、数量巨大，水泥窑单一处置某类废弃物或少数几种废弃物还远远不能满足实际需要，尤其缺乏功能性和适应性较强、能达到更优环保标准的水泥窑协同焚烧装置。

发达国家在20世纪70年代就已开展了利用水泥窑协同处置工业废弃物的实践。例如，瑞士在 1998 年就已经颁布了水泥厂协同处置废弃物导则。经过近 40 年的探索，美国、日本、欧盟等国家和地区已经积累了丰富的技术成果和工程实践经验，基于废弃物全生命周期过程，逐步建立起了贯穿于废弃物的产生、分选、收集、运输、储存、预处理和处置、污染物排放、水泥和混凝土质量安全等的协同处置系统。2010 年以来，欧盟 27 国水泥工业用固体废物作为替代燃料的平均替代率已达到30.6%，德国达到 60%以上，荷兰更是达到了 90%。发达国家在利用替代燃料时，一般都是由燃料制备公司先将废料制备成替代燃料，这些替代燃料热值高、质量稳定、供应量大。相比之下，我国目前还没有形成替代燃料制备体系，少数水泥窑协同处置废弃物并没有实现真正意义上的燃料替代。替代燃料技术在我国的规模化推广应用还受到许多因素影响，包括政策、法规、标准、融资、技术设施、使用经验、废弃物管理体系、社会接受度等。

我国《建材工业"十二五"发展规划》中已经提出了水泥窑协同处置目标：争取到 2012 年，在国内主要大中城市周边布局协同处置生产线，到 2015 年，部分中等城市周边布局协同处置生产线。2013 年国务院发布《国务院关于化解产能严重过剩矛盾的指导意见》（国发〔2013〕41 号）提出"支持利用现有水泥窑无害化协同处置城市生活垃圾和产业废弃物，进一步完善费用结算机制，协同处置生产线数量比重不低于 10%。"然而，根据本研究的调查结果，中国新型干法水泥生产线多达1 600 余条，进行协同处置城乡生活垃圾和工业废弃物的生产线数量还远没有达到国家要求，实际建设情况与这一规划目标差距甚大，只有少量水泥生产线配套了城乡生活垃圾或工业固体废物的协同处置工艺，远远不能满足当前城乡固体废物处理处置的迫切需求。与此同时，我们发现水泥窑协同处置生活垃圾虽然与垃圾焚烧发电相互竞争，但更是对生活垃圾焚烧发电的有效补充。例如，在不宜发展垃圾发电的城市和地区具有很好的应用空间，也是帮助垃圾焚烧发电协同处置焚烧飞灰的重要设施。

2014年5月，国家发改委等七部委联合发布《关于促进生产过程协同资源化处理城市及产业废弃物工作的意见》（发改环资〔2014〕884号）。2015年5月，工业和信息化部等六部委联合发布《关于开展水泥窑协同处置生活垃圾试点工作的通知》（工信厅联节〔2015〕28号），进一步确定了6家企业为水泥窑协同处置生活垃圾试点单位，贵州省为水泥窑协同处置生活垃圾省级试点单位。2016年，环保部发布《水泥窑协同处置固体废物污染防治技术政策》。2010—2017年，国务院及各部委发布的与水泥窑协同处置相关的政策已达26项。这些直接和间接支持水泥窑协同处置的政策创新和政府主管部门的直接推动，加快了水泥窑协同处置的创新发展。可以预期，"十三五"期间乃至更长时间内，水泥窑协同处置垃圾工作将持续稳步推进。

随着我国城镇化进程的快速推进，城乡生活垃圾产生量持续快速增加，垃圾焚烧炉等设施建设的"邻避效应"日益突出，加快水泥窑协同处置技术不仅可实现废弃物的资源化、循环化利用，减少环境污染，而且可降低水泥行业的资源和能源消耗。当前工业和生活废弃物种类繁多、数量巨大，以往的水泥窑协同处置工艺和装备大都局限于单一品种的废弃物，难以满足新形势下废弃物减量化、资源化的政策需求，亟待开发跨行业、多相态废弃物的水泥窑协同处置技术与装备。与此同时，发展城乡固体废物的协同处置，向具有环保功能的产业转型发展，成为淘汰落后水泥产能、化解水泥产能过剩和产品同质化竞争的重要战略举措。

现有技术利用水泥窑处置废弃物的工艺装置主要采取在水泥煅烧系统中分散直接加入废弃物的方式，这种做法存在处置量小、分散设置、系统复杂、焚烧温度调节困难的问题，且直接焚烧的方法会对水泥生产原有焚烧设备的工况造成影响，进一步对水泥生产造成不利影响。另外，如果多相态、多品种的废弃物集中处置，因废弃物化学成分各异、物理性状不同、焚烧分解的条件也不同，同时还要求达到一定的处置规模，且在处置废弃物的过程中不能影响水泥煅烧的正常生产。对单一处置某种废弃物而言，物料性能较为单一，工艺系统及装备也较有针对性，而当废弃物品种繁多、相态复杂时，其技术难度就会大幅增加，因此常规水泥生产系统很难适应这种条件。在国家科技支撑计划课题和国家自然科学基金面上项目的资助下，清华大学联合成都建筑材料工业设计研究院、武安市新峰水泥有限责任公司等单位，共同研发了可协同处置3种及以上多品种、多相态废弃物的装备，并在武安市新峰水泥有限责任公司建立了示范工程。

本书内容是"十二五"国家科技支撑计划课题（2011BAC06B10）、国家自然科科学基金面上项目（71774099）、国家"973"计划项目（2012CB724603）资助下的研究成果，由温宗国（项目负责人）、焦烽、王肇嘉、金宜英、田海奎、高敏、陈锦玲、胡赟、李会芳、陈涛、刘建、白卫南、李俊伟、田海林、赵笑今、秦迪、王静、高红霞、杨桐桐、李洋洋、秘田静、顾军、朱延臣等课题组成员共同完成。跨行业废弃物水泥窑协同利用关键技术及装备的突破等内容，主要由清华大学环境学院承担，成都建筑材料工业设计研究院、武安市新峰水泥有限责任公司共同参与。城乡一体化生活垃圾分类收运系统规划由北京中清环循科技有限公司完成。课题研发于2011年开始启动，于2015年全面完成了技术研发工作和示范工程建设，水泥窑生产线可实现协同处置6种主要废弃物，年处理能力可达到：生活垃圾29.7万t、污泥5.4万t、钢渣35万t、粉煤灰30万t、炉渣2.7万t、石屑182万t。

本书共8章，包括以下内容：第1章梳理了国内外水泥窑协同处置废弃物技术的发展现状、管理政策和实践情况；第2章分析了我国水泥窑协同处置废弃物面临的主要问题，提出了4项水泥窑协同处置多相态废弃物关键技术，并概述了武安新峰工业园区协同处置跨行业废弃物生产线的运行情况；第3章至第6章分别介绍了生活垃圾城乡统筹一体化收运处置规划与设计、生活垃圾制备RDF技术、水泥窑协同处置多相态废弃物技术与装备研发、生态链废弃物和能量流动的监控管理技术4项核心技术成果，建立了从源头收集收运—垃圾衍生燃料制备—水泥窑多相态固体废物协同处置全过程的系统性解决方案，也形成了水泥工业和城市共生发展的重要路径。以示范工程为基础，第7章、第8章介绍了水泥窑协同处置生活垃圾的环境效益评价结果，以及水泥窑协同处置跨行业废弃物关键技术的应用前景。最后的附录提供了有关水泥窑协同处置固体废物的政策及垃圾收运和处置的国内外案例。

本书在研究、撰写和出版过程中，得到了科技部社会发展科技司、国家自然科学基金管理科学部、国家发改委资源节约和环境保护司等领导及专家的倾力支持和指导，在此一并谨致以诚挚的谢意。本书引用了国内外有关研究成果和大部分参考文献，但尚未列出全部文献，在此向这些文献的作者表示感谢。尽管在编著过程中作者力求完善，但限于作者的知识结构和水平，书中难免存在疏漏与不足之处，恳请广大读者批评指正。

温宗国

2019年8月21日

目　录

水泥窑协同处置生活垃圾关键技术及城乡统筹一体化应用

第1章　水泥窑协同处置废弃物的技术进展

1.1　水泥窑协同处置技术概述

水泥窑协同处置是水泥工业提出的一种废弃物处理处置方法，是将满足入窑要求或者经预处理后达到入窑标准的废弃物投入水泥窑，在生产水泥熟料的同时实现对废弃物的无害化和资源化处置的新兴工艺。

水泥回转窑内的高温环境（通常可达 1 450～1 800℃）能够彻底分解废弃物中的有害成分，较长的停留时间可以使废弃物焚烧完全。同时，水泥煅烧过程是在碱性环境气氛下进行，在中和有害元素和酸性气体的同时，可以将焚烧产生的残渣固定在熟料中，避免了废弃物的二次处理。

水泥窑可以协同处置的废弃物包含生活垃圾（废塑料、废橡胶、废纸、废轮胎等）、各种污泥（下水道污泥、造纸厂污泥、河道污泥、污水处理厂污泥等）、动植物加工废弃物、受污染土壤、危险废物、应急事件废物等。但是，放射性废物、爆炸物及反应性废物，未经拆解的废电池、废家用电器和电子产品，含汞的温度计、血压计、荧光灯管和开关，铬渣，未知特性和未经鉴定的废弃物禁止入窑进行协同处置。

水泥窑协同处置废弃物需要遵循以下原则：

（1）必须遵循水泥窑利用废弃物的分级利用原则

只有废弃物不能以更经济、更环保的方式加以避免或再生利用时，方可对其进行协同处置。利用水泥窑协同处置废弃物，必须建立在社会处置成本最优化的原则之上，并保证对环境无害的资源回收利用，废弃物协同处置也应保证水泥工业利用的经济性。

（2）必须避免额外的排放物对人体健康和环境的负面影响

水泥窑协同处置污泥应确保排放的污染物，不高于采用传统燃料与废弃物单独处置的污染物排放总和。

（3）必须保证水泥产品的质量保持不变

协同处置废弃物水泥窑产品应通过浸析试验，证明协同处置后的水泥产品对环境不会造成任何负面影响，水泥产品的质量应满足寿命终止后再回收利用的要求。

（4）必须保证从事协同处置的公司具有合格的资质

利用水泥窑作为跨行业的废弃物协同处置方式，应保证从产生到处置都有良好的记录追溯，在全处置过程确保污染物的达标排放和相关人员的健康与安全，确保所有要求符合现有的国家法律、法规和制度。能够有效地控制废弃物协同处置过程中的投料量和工艺参数，确保与地方、国家和国际的废弃物管理方案协调一致。

1.2　国外水泥窑协同处置技术进展

发达国家利用水泥窑协同处置工业废弃物起步较早，20 世纪 70 年代，美国、加拿大、德国、瑞士、日本、奥地利等发达国家就已经开始利用水泥窑协同处置废弃物。经过近 40 年的探索，已经积累了丰富的经验，并逐步建立起了贯穿于废弃物的产生、分选、收集、运输、储存、预处理和处置、污染物排放、水泥和混凝土质量安全等的一系列质量保证体系，是一种基于废弃物全生命周期的系统。

欧盟国家利用水泥窑协同处置废弃物的技术已经居于世界前列。2009 年，欧盟水泥行业每年处置污泥和利用垃圾衍生燃料 200 多万 t、处置危险废物 200 多万 t，欧盟 27 国水泥工业用固体废物作为替代燃料的平均替代率已达到 28%，其中德国、荷兰等国家水泥工业的燃料替代率已达到了 60% 以上，荷兰更是达到了 90%。到 2013 年，德国的水泥燃料替代率已达到 80%，欧盟以外其他国家如挪威、瑞士等国的燃料替代率也均达到 50% 以上。值得一提的是，欧盟针对水泥窑协同处置的法律法规和相关标准体系比较完备。瑞士环境、森林与地形局（SAEFL）在 1998 年就已经颁布了水泥厂协同处置废弃物导则。该导则提出了不需鉴别就可在水泥厂处置的废弃物的名录，如表 1-1 所示；表 1-2 则列举了欧盟 25 国水泥工业 2004 年最常用的替代原料和替代燃料使用量。

表 1-1　可在水泥厂处置的典型废弃物名录

废弃物应用领域	废弃物类型
替代燃料	液压油，非卤化绝缘油；机油、矿物油、润滑油；生活污水；水处理厂污泥；废木材；汽车轮胎与其他橡胶废弃物；废纸、废纸板；石油焦炭；纸浆；塑料；聚酯材料；聚氨酯材料
替代原料	纸浆焚烧灰；冶炼炉渣、粉尘；道路清洁废弃物；锡回收产生的含钙废渣；被有机物污染产生的土壤或建筑废弃物
混合材料	纸浆焚烧灰；锅炉烟气脱硫产生的石膏；废弃物高温热处理产生的玻璃熔融体
工艺材料	含氨废弃物；未被卤代溶剂污染的液态废弃物；显影液

表1-2 欧盟25国水泥工业最常用的替代原料和替代燃料

序号	替代燃料类别	替代燃料及2004年使用量/10^6 kg		
		类别	有毒的	无毒的
1	飞灰	木头	11.077	302.138
2	高炉矿渣	纸张	0	8.660
3	硅粉	纺织品	0	464.199
4	铁熔渣	垃圾衍生燃料（RDF）	1.554	734.296
5	造纸污泥	橡胶/轮胎	0	810.320
6	黄铁矿灰	工业污泥	49.597	197.720
7	铸造用砂	市政污泥	0	264.489
8	含油土	动物肉类/脂肪	0	1 285.074
9	人造石膏	废煤及废碳	7.489	137.013
10		农业废弃物	0	69.058
11		固体废物（浸渍锯末）	149.916	305.558
12		溶剂和相关废弃物	517.125	145.465
13		油和含油废水	313.489	196.383
14		其他	0	212.380

欧盟 2000 年发布了与水泥窑协同处置相关的指令《废弃物焚烧指令》（2000/76/EC），对水泥厂协同处置废弃物时安装的在线监测系统有相关要求，必须对协同处置过程中的 NO_x、CO、SO_2 和粉尘等大气污染物进行定期或持续的测量；2008 年发布了《关于综合污染预防与控制的指令》（2008/1/EC）；2010 年又发布了《工业排放指令》（2010/75/EU），对《废弃物焚烧指令》进行了更新和替代。《工业排放指令》规定了协同处置水泥的技术和管理要求，包括废弃物的接收要求、设施运行条件、污染排放限值、监测要求等。在国家层面，德国制定了《替代燃料质量保证》（RAL—GZ724），规定了替代燃料质量控制要求和标准。上述这些指令和标准，确保了欧洲水泥窑协同处置技术的规范化发展。

美国水泥工业使用替代燃料主要是由于客观需求促使，美国汽车废轮胎的现存量近 30 亿只，且每年约新增 1.5 亿只，导致大量堆积的废轮胎占用了大量的土地，因此美国水泥工业所使用的替代燃料绝大部分是废轮胎。同时，由于水泥回转窑比垃圾焚烧炉更安全和经济，所以美国水泥工业还承担着燃烧危险废物和医疗垃圾的任务，水泥厂每年焚烧的有害废弃物的总量约是用焚烧炉处理的有害废弃物总量的 4 倍。2003 年，水泥工业用作替代燃料的废弃物总量约为 96 万 t，替代率为 8%。总体来看，美国水泥工业在综合利用社会废弃物及工业废渣作为替代燃料方面的潜力尚未展现出来。美国的协同处置废弃物标准主要源于《清洁空气法》及一些环境保护议题，目的是保护人类身体健康和大气环境。而且，美国国内对协同处置废弃物的水泥企业有着非常严格的要求，相关企业必须同时获取施工许可证及废弃物处置资格证，才能使用替代燃料进行水泥生产。此外，用生活垃圾制备 RDF 作为替代燃料是欧洲发达国家主要的技术。目前，欧洲国家绝大部分水泥厂均使用 RDF，且 RDF 的数量和种类不断扩大。除生活垃圾制备的 RDF 外，还包括废塑料、废轮胎、生物质燃料、污泥等。著名的案例包括丹麦史密斯公司的热盘炉技术、德国 SPZ 水泥厂、奥地利 W&P 水泥厂等。

日本国土面积狭小，人口密度大，一直十分重视综合利用废弃物，发展循环经济。但是由于在 20 世纪 80 年代末 90 年代初，水泥窑处置废弃物的经济性和安全性普遍优于焚烧炉被广泛认定以前，日本就已在全国各地兴建了约 2 000 座垃圾焚烧厂，所以日本水泥工业替代燃料的使用率远低于欧洲，主要是利用垃圾焚烧炉产生的残渣灰烬用作水泥原料生产水泥。1997 年，日本秩父小野田公司首次以下水道污泥和城市垃圾焚烧飞灰为主要原料，生产高强度水泥，并建成世界第一座生态水泥厂。截止到 2014 年，日本已有 50%的水泥企业采用协同处置方法处理垃圾废弃物，实现了垃圾资源化、无害化处置。目前，焚烧炉渣和污泥是日本水泥业主要的替代原料和材料。表 1-3 列举了日本水泥工业常用的替代燃料使用情况。

表 1-3　日本水泥工业的替代燃料使用（2001 年）

废弃物类型	在水泥厂的用途	重量/10^3t
高炉灰	原料、混合材料	11 915
粉煤灰	原料、混合材料	5 822
副产石膏	原料（附加）	2 568
低品位煤	原料，燃料	574
非铁矿渣	原料	1 236
转炉炉渣	原料	935
淤泥	原料，燃料	2 235
烟煤和粉尘	原料，燃料	943
铸造砂	原料	492
废旧轮胎	燃油	284
废油	燃油	353
黏土	燃油	82
废塑料	燃油	171
其他	原料，燃料	450
总量		28 061

1.3 国内水泥窑协同处置技术进展

相比发达国家，我国水泥窑协同处置工业废弃物起步较晚，从 20 世纪 90 年代才开始进行积极的研究和探索。我国《建材工业"十二五"发展规划》中已经提出了水泥窑协同处置目标：争取到 2012 年，在国内主要大中城市周边布局协同处置生产线；到 2015 年，部分中等城市周边布局协同处置生产线。截至 2015 年，国内的 1 700 台新型干法水泥窑中，仅有 20 台 2 000～2 500 t/d 的新型干法水泥窑配套了城市垃圾协同处置工艺，因此国内使用水泥窑协同处置城市垃圾还有很大的潜力可以挖掘，也是未来国内水泥行业发展的一个重要方向。然而，根据本研究的调查结果，中国新型干法水泥生产线已达 1 600 余条，进行协同处置城乡生活垃圾和工业废弃物的生产线数量还远没有达到国家要求，实际建设情况与这一规划目标差距甚大，只有少量水泥生产线配套了城乡生活垃圾或工业固体废物的协同处置工艺，远远不能满足当前城乡固体废物处理处置的迫切需求。

但与此同时，通过与国外的交流和合作，我国在处置技术方面取得了很大的进展，水泥行业可利用的废弃物数量和品种仍在不断增加，2000—2010 年，我国水泥行业的废弃物利用量从 0.75 亿 t 增至 4 亿 t，增加了 4.3 倍。根据 2008 年年底对全国水泥企业在入窑前利用和处置废弃物的情况的调研结果，我国水泥厂普遍利用的尾矿主要有铁尾矿、铅锌尾矿、铜尾矿、铝土矿尾矿、金矿尾矿和石英尾矿等；工业废渣主要有粉煤灰、矿渣、钢渣、高炉渣、硫酸渣、硅灰、油页岩、窑灰、赤泥、工业副产石膏、沸腾炉渣、粒化铬铁渣、粒化电炉磷渣、粒化高炉钛矿渣和镁渣。

2005 年 11 月，北京水泥厂建成了年处理量 10 万 t 的工业废弃物协同处置示范线，开创了大规模利用水泥窑协同处置工业固体废物的先河。目前我国比较成功的水泥窑协同处置废弃物的案例主要有安徽铜陵水泥有限公司协同处置城市垃圾的 CKK 项目（工艺如图 1-1 所示），洛阳黄河同力的水泥窑协同处置生活垃圾项目（工艺如图 1-2 所示），华润集团越堡水泥有限公司建成的日处理量为 600 t 城市污泥的生产线，湖北华新水泥有限公司通过引进欧洲垃圾衍生材料处理技术建成的日处理 300 t 生活垃圾示范线等。截至 2017 年 6 月，我国投产的水泥窑协同处置生活垃圾生产线 43 条，年处置能力约 300 万 t，在建生产线约 20 条，年处置能力约 200 万 t；投产的水泥窑协同处置市政污泥、危险废物生产线约 33 条，年处置能力约 360 万 t，在建生产线约 20 条，年处置能力约 200 万 t。

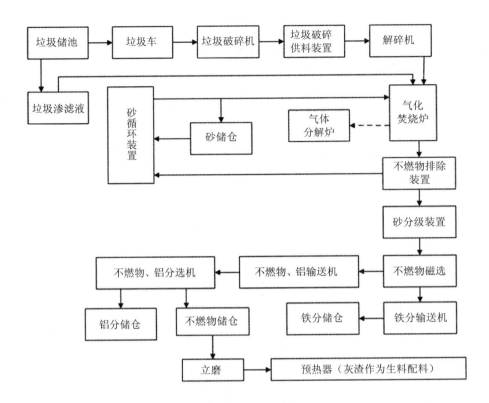

图 1-1　铜陵海螺水泥有限公司协同处置城市垃圾工艺流程

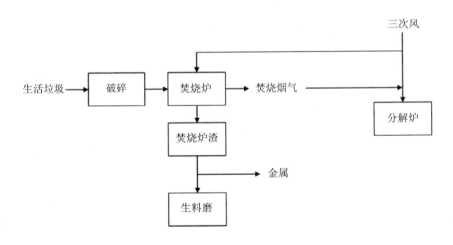

图 1-2　洛阳黄河同力水泥厂协同处置城市垃圾工艺流程

与发达国家相比，我国关于水泥窑协同处置废弃物的标准、法规的制定起步较晚，未形成完整的标准体系。目前主要有《水泥工业大气污染物排放标准》（GB 4915—2013）、《水泥窑协同处置固体废物污染控制标准》（GB 30485—2013）、《水泥窑协同处置工业废物设计规范》（GB 50634—2010）和《水泥窑协同处置固体废物环境保护技术规范》（HJ 662—2013，以下简称《技术规范》），《技术规范》具体规定了利用水泥窑协同处置固体废物过程前端和末端控制的环保技术要求。2013 年国务院发布《国务院关于化解产能严重过剩矛盾的指导意见》（国发〔2013〕41 号）提出"支持利用现有水泥窑无害化协同处置城市生活垃圾和产业废弃物，进一步完善费用结算机制，协同处置生产线数量比重不低于 10%。"2014 年，国家发改委、科技部、工信部、财政部、环保部、住房城乡建设部、国家能源局等七部委联合发布《关于促进生产过程协同资源化处理城市及产业废弃物工作的意见》（发改环资〔2014〕884号）；2015 年 5 月，工信部、住房城乡建设部、国家发改委、科技部、财政部、环保部等六部委联合发布《关于开展水泥窑协同处置生活垃圾试点工作的通知》（工信厅联节〔2015〕28 号），通知提出了 5 项重点任务，包括优化水泥窑协同处置技术、强化工艺装备研发与产业化、健全标准体系、完善政策机制和强化项目评估。2016年，环保部发布《水泥窑协同处置固体废物污染防治技术政策》；2017 年，环保部发布《水泥窑协同处置危险废物经营许可证审查指南》，上述 4 项政策详见附录1。2010—2017 年，国务院及各部委发布的与水泥窑协同处置相关的政策达 26 项。这些直接和间接支持水泥窑协同处置的政策创新和政府主管部门的直接推动，加快了水泥窑协同处置的创新发展。可以预期，"十三五"期间乃至更长时间内，水泥窑协同处置垃圾工作将持续稳步推进。

第2章　水泥窑协同处置跨行业废弃物关键技术

2.1　我国水泥窑协同处置废弃物面临的主要问题

从国外水泥窑协同处置的发展来看，主要经验在于建立了较为成熟的标准体系、较完善的废弃物收集和预处理体系并争取政府的支持和公众的认可。自20世纪90年代开始，国内对水泥窑协同处置的技术、装备等开始进行研究，也积累了部分成果，推动了水泥窑协同处置技术的发展，但仍然存在许多问题，比较典型的是以下3个方面。

（1）水泥窑协同处置的技术体系不成熟

首先，以水泥窑协同处置城市垃圾来看，发达国家的一个核心就是城市垃圾的预处理，通过城市垃圾的分类和处置提高城市垃圾的性能稳定性，降低协同处置的难度，有利于推广应用。国内则缺乏这一成套的城市垃圾预处理体系，导致协同处置的效果稳定性差，技术推广不易。其次，水泥窑燃料及原料替代技术研究不足，如发达国家较成熟的生活垃圾制备RDF替代水泥窑燃料等先进工艺，在国内尚处于起步阶段。最后，我国目前正处于高速城镇化阶段，工业垃圾、生活垃圾种类繁多，产生量大，传统的水泥窑协同处置一般都是单一废弃物，若希望通过水泥窑协同处置技术实现废弃物减量，亟需开发水泥窑跨行业、多相态协同处置废弃物的相关技术和装备，这也是本书重点介绍的内容。

（2）国家配套政策不完善

前全国政协常委、国务院参事蒋明麟认为，水泥工业处置废弃物虽然得到了国家有关职能部门的认可和支持，但仍没有形成完整的、与国民经济发展相协调的法律法规和标准体系；且水泥工业协同处置废弃物的社会地位不明晰，重视程度不足。在这方面，发达国家已经有了较成熟的经验。例如欧盟国家不允许将可燃废弃物采用填埋的方式处理，限制采用专门的焚烧炉处理；废弃物填埋的收费很高，且逐年提高收费价格。对于产生废弃物的企业，政府管理部门规定不允许自行处置或丢弃，对协同处置废弃物的企业减免一定的税费或根据处置量向企业提供资金支持等。

现在我国废弃物的减量化、无害化、稳定化、资源化程度仍然较低。一方面不能有效地、完全地处置当年产生的和积存的废弃物，另一方面可以积极参与协同处置的水泥企业仍然较少，蒋明麟认为这可能会进一步增加我国潜在的环境风险。

（3）协同处置的推广速度较慢

我国自20世纪90年代就已开展水泥工业协同处置废弃物工作，虽通过十多年的努力形成了适应不同废弃物情况的几种技术工艺和装备，形成了适合国情的几种操作系统，但尚未形成标准体系。参与的水泥企业较少，处置量没有形成规模，发展速度较慢，行业没有实现全面推广。有统计分析指出，2010年全国污泥产生量为2 200万t，而水泥协同处理量只有80万t左右（约占4%）。而城市垃圾的协同处理量更少，2015年生活垃圾无害化处理的设计处理规模合计576 894 t/d，而水泥窑协同处置生活垃圾的设计处理规模合计8 350 t/d，仅占1.4%，可以说水泥工业还没有有效地参与。

发展速度慢的原因是多方面的：除了上述的技术装备需要进一步研究、缺乏政府的支持、法规标准不完善等原因，还有全民对协同处置的认知度不够、废弃物管理不良等一系列问题。

2.2　水泥窑协同处置跨行业废弃物关键技术

本书主要针对工业型城市及冶金工业园区发展过程中产生的废弃物量大、种类多且协同处置单一废料有效利用率不高的问题，以武安新峰工业园区水泥窑协同处置跨行业废弃物示范线为依托，介绍水泥窑协同处置多相态废弃物的4项关键技术，包括：

①生活垃圾城乡统筹一体化收运规划与设计。城乡垃圾一体化收运作为整套跨行业废弃物处置的最前端环节，需要与水泥窑协同处置系统配套，形成一条垃圾收运—水泥厂周边固体废物收集—水泥窑协同处置—水泥生产的完整固体废物资源化和产业化路线。

②生活垃圾制备水泥窑替代燃料（RDF）技术，包括RDF成型工艺、燃烧特性、特定添加剂研究等内容。

③水泥窑高温焚烧分解炉燃烧器、高温焚烧分解炉一体化设备的开发，包括废弃物高温焚烧的工艺参数控制研究、高温废弃物焚烧分解集成化设备设计、水泥窑多相态废弃物协同利用技术等。

④针对产业园区的废弃物和能量流动的监测、分析、管理、控制和优化技术，包括示范园区物质流监测管理平台的开发、能量实时监测设备及动态分析优化管理系统研发等。

2.3　以武安新峰工业园区为例的水泥窑协同处置跨行业废弃物实践

河北省武安市经过多年的发展，2005 年以来，经济实力已跃居河北省县域第三，并跻身全国经济百强县。河北省武安市新峰循环经济示范园区周边已集聚了钢铁、矿业、建材、电力和化工等重工业为主的产业集群，每年工业固体废物产生量接近 3 000 万 t，历年累积堆存量超过 1.5 亿 t，资源利用率低于 50%，下游资源化产品单一，附加值低。

2010 年，武安市新峰水泥有限责任公司的 3 条生产线实现了部分粉煤灰、炉渣、钢渣等的协同处置，但周边工业发展迅速，每年产生的固体废物并未实现充分规模化利用。另外，2011 年，武安市人均 GDP 已达 9 000 美元，居民消费升级加速，生活垃圾及市政污泥等社会废弃物产生量急剧增加，有毒有害物质处理难度大、成本高，以卫生填埋为主的方式占用大量城市土地资源。大量的生活垃圾、工业废弃物亟待处置。

武安新峰循环经济示范园在原有基础上以建材、冶金等典型产业为关键节点，以武安市工业与社会消费体系的固体废物资源化为突破，以园区内的水泥和钢铁企业作为构建资源循环利用生态链的关键节点，形成水泥窑协同处置粉煤灰、钢渣、脱硫石膏、污水污泥、生活垃圾等多相态废弃物的关键技术和装备，制备生态水泥、可燃性燃料和微晶玻璃等高附加值产品，构建生活垃圾收运、冶金-采选矿-电力-市政-建材资源循环利用产业链。

2.3.1　示范工程前期准备

（1）水泥窑协同处置多相态废弃物技术示范

在前期关键技术与装备研发的基础上，武安市新峰水泥有限责任公司于 2011 年完成项目可行性研究报告编制，并取得河北省固定资产投资项目备案证（证号：武发改备字〔2013〕9 号）。示范工程中最关键的水泥窑协同处置系统建设在新峰水泥厂区内。工艺流程设计及平面布置如图 2-1～图 2-4 所示。

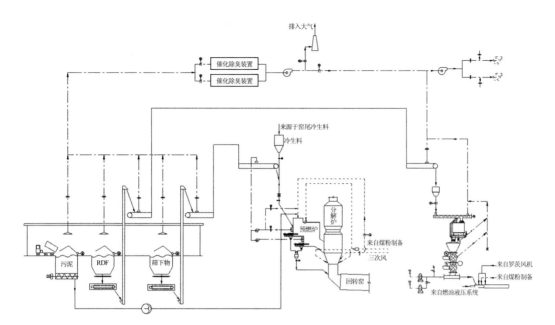

图 2-1　水泥窑系统协同处置废弃物工艺流程

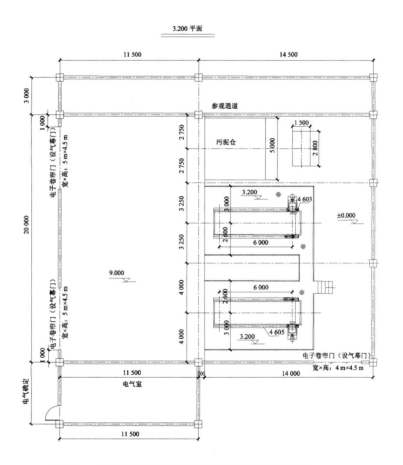

图 2-2　水泥窑系统协同处置废弃物储存平面布置

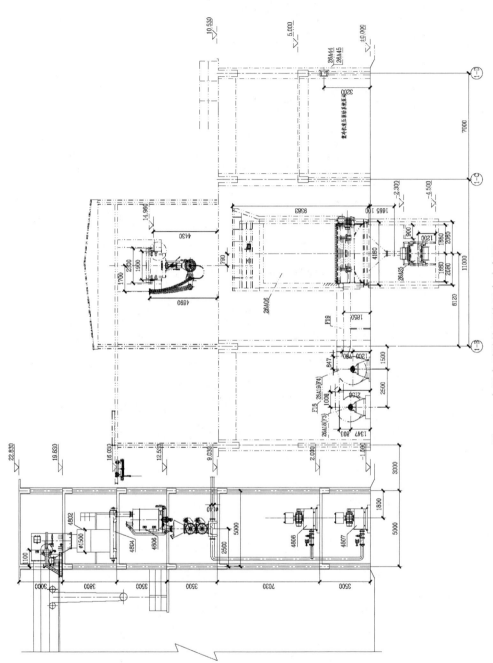

图 2-3　水泥窑系统协同处置窑头布置

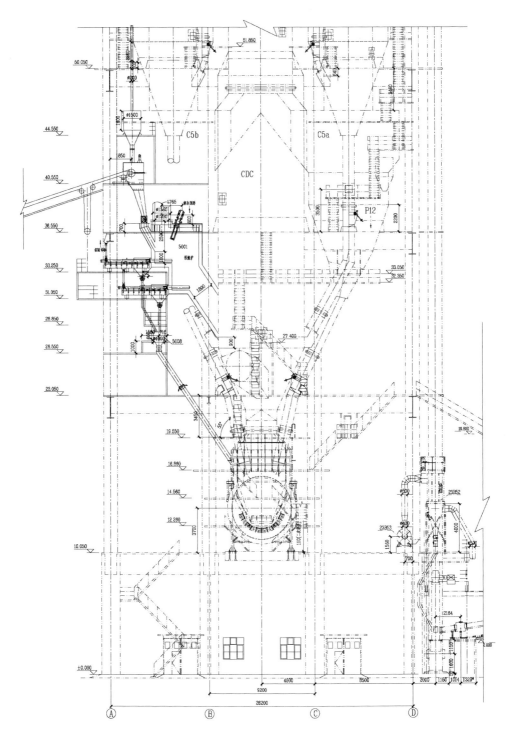

图 2-4　水泥窑系统协同处置窑尾布置

（2）生活垃圾制备 RDF 技术示范

武安市新峰水泥有限责任公司配合清华大学探讨研发生活垃圾制备 RDF 的适宜工艺方案，进行设备选型，并确定 RDF 制备项目选址。2012 年完成生活垃圾制备 RDF 适宜工艺研发（如图 2-5 所示），委托成都建筑材料工业设计研究院编制课题示范工程项目可行性研究报告、项目备案报告和合理用能分析报告。RDF 制备厂选址区位定于武安市徘徊镇铺上村，紧邻武安市生活垃圾填埋场，占地面积约 45 亩①，距离武安市新峰水泥公司约 5 km，选址临近 309 国道，交通运输条件便利。当年完成拟建厂址的地形图测绘（如图 2-6 所示）工作，并提交成都建筑材料工业设计研究院进行设计。

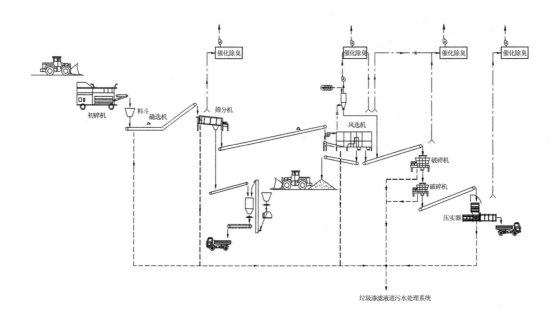

图 2-5　生活垃圾制备 RDF 示范工程工艺流程

————————

① 1 亩≈666.7 m²。

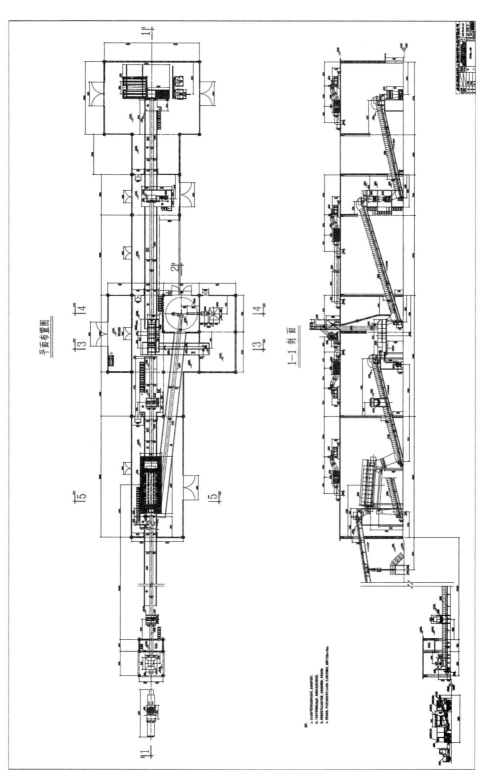

平面布置图

1-1剖面

图2-6 生活垃圾制备RDF平面布置

（3）生态链废弃物和能量流动的监控管理技术示范

2015年完成在武安市新峰园区的监测点位设置、数据采集及传输方式、监控管理机房选址、监测设备安装等相关事宜。

（4）武安市生活垃圾城乡统筹一体化收运处置示范项目

为贯彻落实国家"创新、协调、绿色、开放、共享"的发展理念，实现城市和乡村生活垃圾"减量化、资源化、无害化"处理目标，提升武安市的生活垃圾处理水平，改善人民群众的生活环境，全面实现小康生活，打造生态宜居美丽武安，2016年11月，武安市政府采取"政府购买服务、监督协调，企业投资建设、运营管理"的运营模式，与武安市新峰水泥有限责任公司签订武安市城乡生活垃圾、市政污泥一体化处理合作框架协议。

图 2-7 签约仪式现场

2.3.2 主要设备选型

（1）水泥窑协同处置多相态废弃物、生活垃圾制备 RDF 设备

2013 年 12 月，课题组完成主机设备设计并组织考察，现场考察了粗破碎机、细破碎机的工作状况，整理汇总出了项目主机设备考察报告，并在清华大学召开的项目进展情况会议上讨论了项目的工艺方案。

在北京、天津、济南、溧阳等地对示范工程建设所需的污泥泵、柱塞泵、污泥储仓、污泥输送管道、滚筒筛、压实器、TiO_2 除臭设备等主机设备进行了共同考察，实地察看了相关设备的实际运行状况，汲取了设备实际运行中的经验和注意事项，并和设备供应商进行了初步的接洽。

为更好地做好项目实施，在澳门、菲律宾、泰国和印度等地选择与项目处理垃圾成分相似的区域，对丹麦 M&J 初破碎机，美国 SSI 粗破碎、细破碎机的运行状况和设备维护保养情况进行了详细的考察工作。经过详实的考察及与设备供应厂家深入的交流，成都建筑材料工业设计研究院做了很多方案比较。经过与清华大学和武安市新峰水泥有限责任公司的多次沟通，最终确定了设备选型，并在此基础上全部完成了设备的集成设计，以及主体工艺开发和装备的生产制造。

（2）武安市生活垃圾城乡统筹一体化收运项目设备

项目采用"农村生活垃圾收集点（垃圾桶、垃圾池）—农村生活垃圾收集站—乡镇生活垃圾转运站"的三级农村生活垃圾收运体系。

1）农村生活垃圾收集点

以农村住户为单位，配套垃圾桶（396 030 个）、垃圾池（1 953 个）及密闭式垃圾箱（785 个），分别用来收集各户产生的生活垃圾和渣土。由村委会统一配备的保洁员根据实际情况选择小型机动车或人力车统一收集。其设施由武安市农工委负责。

2）农村生活垃圾收集站

在每个村（或大中型企业）建设 1 座生活垃圾收集站，共 510 座，其中，小型垃圾收集站（5 t/d）439 座，中型垃圾收集站（10 t/d）68 座，大型垃圾收集站（15 t/d）3 座。各村从收集点（垃圾桶、垃圾池、密闭式垃圾箱）所收集的生活垃圾经由保洁员输送至村生活垃圾收集站，全村的生活垃圾集中至收集站内。村庄收集点、收集站的日常保洁管理工作均由各村保洁员统一负责。农村生活垃圾收集站的垃圾通过中型摆臂运输车输送至乡镇生活垃圾转运站。

3）乡镇生活垃圾转运站

充分考虑各乡镇的垃圾产生量、转运能力等因素，建设乡镇垃圾转运站 23 座（规模 10～60 t/d 不等）。各村生活垃圾收集站内的生活垃圾通过中型摆臂运输车输送至乡镇生活垃圾转运站，然后通过生活垃圾压缩转运车输送至水泥窑协同处置终端系统。

4）主要收运设施和设备

所设计的主要设施和设备包括：生活垃圾收集点、生活垃圾收集站、生活垃圾转运站及各型运输车辆，具体如表 2-1 所示。

表 2-1　主要工艺生产设施和设备

编号	设施和设备名称、规格	单位	数量
1	垃圾收集点		
	垃圾桶	个	396 030
	垃圾箱	个	785
	垃圾池	座	1 953
2	垃圾收集站	座	510
	小型（基本规模 5 t/d，占地 29.52 m²）	座	439
	中型（基本规模 10 t/d，占地 59.04 m²）	座	68
	大型（基本规模 15 t/d，占地 88.56 m²）	座	3
3	垃圾转运站（转运规模 10～60 t/d，占地 451.98 m²）	座	23
4	垃圾收运车辆	辆	572
	人力或小型电动垃圾收集车	辆	488
	摆臂运输车（载重量 5 t）	辆	40
	压缩转运车（载重量 15 t）	辆	13
	ZL-06 型装载机	辆	25
	密闭式吸污车（载重量 5 t）	辆	2

2.3.3　示范工程项目建设

（1）生活垃圾制 RDF 水泥窑协同处置示范项目

2014 年完成主体工艺开发和装备生产制造，主要设备招标完成，与成都建筑材料工业设计研究院有限公司签订工程总承包合同，先后建设了技术较为成熟的粉煤灰、炉渣、钢渣、选铁尾矿、废石屑、脱硫石膏综合利用生产线和市政污泥及生活垃圾制 RDF 水泥窑协同处置示范工程项目。水泥厂区情况如图 2-8～图 2-10 所示。

图 2-8　水泥厂区废弃物原料库

图 2-9　输送廊道开挖

图 2-10　RDF 制备厂区施工现场

1）RDF 制备厂区生产系统

该生产线主要是将垃圾填埋场的陈腐垃圾进行初碎、分选、破碎、压实几个工艺单元处理后，制成 RDF 和筛下物，分别作为水泥生产的替代燃料和替代原料。

生活垃圾中 90%以上的物质被资源化、无害化有效利用，填埋场可长期使用，避免新建填埋场引起的二次占地和二次污染，节约了宝贵的土地资源。示范生产线紧邻填埋场建设，可以充分利用填埋场的设施，减少二次污染，示范线如图 2-11 所示。

图 2-11　生活垃圾制备 RDF 厂区

2）水泥厂区处置系统

以武安市新峰水泥有限责任公司的 4 800 t/d 新型干法水泥生产线为依托建立示范工程，其中包括替代原料参与配料、废弃物储存计量输送系统、废弃物焚烧系统、异味处置系统及配套设施。废弃物可从预燃炉、窑尾烟室、窑头燃烧器三处加入水泥窑系统，示范工程如图 2-12 所示。

图 2-12 水泥厂区处置系统

（2）农村生活垃圾城乡统筹一体化收运项目建设

项目建设地点为武安市下辖的 13 个镇、9 个乡和 1 个工业园区（武安工业园区）。自 2017 年 1 月开始前期选址、勘察工作，3 月正式开工建设，历时 4 个月，农村生活垃圾收集站和乡镇垃圾转运站全部建成、生活垃圾运输车辆全部配置到位，7 月正式投入运行。项目部分施工现场图如图 2-13～图 2-19 所示。

图 2-13 项目建设选址

图 2-14　生活垃圾收集站混凝土施工现场

图 2-15　生活垃圾收集站砌砖施工现场

图 2-16　生活垃圾收集站钢结构安装施工现场

图 2-17　建成的生活垃圾收集站

图 2-18　生活垃圾转运站钢结构安装施工现场

图 2-19　建成的生活垃圾转运站

2.3.4 示范工程运营情况

（1）生活垃圾制 RDF 水泥窑协同处置示范项目运行情况

1）试运行阶段设备运行参数及使用情况

2015 年 10 月开始试运行。试运行期间，筛上物台时 2 t/h，筛下物台时 7 t/h，熟料质量未发现明显变化，熟料整体工况较未投入时有小幅度影响，冲板喂料量由原来的 420 t/h 降至约 405 t/h。筛上物使用后，窑头煤粉节约量为使用筛上物用量的25%~30%，筛下物用煤量有小幅增长。通过生活垃圾的投入，环保各项数据均在国家标准范围之内，其中氮氧化物的排放量下降 20%以上。设备运行参数如表 2-2、表 2-3 所示。

表 2-2 筛下物运行参数

喂料量/t	板喂机频率/Hz	4903 皮带电流/A	预燃炉温度/℃	预燃炉进口压力/Pa	预燃炉出口压力/Pa	高温闸板开度/℃	预燃炉实时油温/℃
7	16	28	1130	781	970	20	28

表 2-3 筛上物运行参数

喂料量/t	双轴螺旋速度/(m/min)	双轴螺旋电流/A	4067 皮带电流/A	缓冲仓位/m	RDF 管道压力/kPa
2	50	19	57	1.0	26

试运行期间，RDF 喂料量为 0，只额外加入冷风量，其他工艺参数不变。在该工况下连续 8 h，回转窑工况未见变化，熟料结粒状况良好，f_{CaO} 合格（f_{CaO} 指游离氧化钙，是确定熟料质量的重要数据），未出现熟料煅烧不良的现象，因此可以认为新增的输送 RDF 的空气不会影响熟料的煅烧。

开启 RDF 输送系统罗茨风机，风量约 1 200 m³/h，RDF 喂料量逐次增加，由1 t/h 增加到 3 t/h，其他工艺参数不变，在此工况下连续运转 24 h，回转窑工况未见变化，熟料结粒状况良好，f_{CaO} 合格，未出现熟料煅烧不良的现象，因此可以认为新增的输送 RDF 的空气不会影响熟料的煅烧。

各工况中 RDF 焚烧量对回转窑煅烧的影响情况如表 2-4 所示。

表 2-4　RDF 焚烧量对回转窑煅烧的影响

项目 编号	运行时间/ h	输送风量/ (m³/h)	RDF 喂料量/ (t/h)	生料喂料量/ (t/h)	熟料游离钙
1	8	1 200	0	380	合格
2	8	1 200	1.0	380	合格
3	8	1 200	1.5	380	合格
4	24	1 200	2.0	380	合格
5	24	1 200	2.5	380	合格
6	24	1 200	3.0	380	合格

上述两种工况运行情况表明，回转窑窑头处置生活垃圾方式不会对水泥熟料煅烧构成明显的影响。

2）试运行期间常见设备、工艺问题及处理措施

①窑头管状皮带打卷。

措施：加强日常对托辊的检查，发现损坏及时更换，对皮带两头安装摄像头，加强对皮带的关注，及时发现、及时处理。

②窑头筛上物转子秤堵塞。

措施：尽量控制生活垃圾内的水分含量，降低筛上物粒径。

③锁风装置和管道堵塞。

措施：降低筛上物粒径，增大管道的直径，尽量减少转弯以降低阻力。

④筛上物、筛下物仓下料不畅。

措施：增加斜壁的光滑度，仓中保持适中仓位，避免物料过多积压。

⑤预燃炉双重翻板杆断裂。

措施：更换抗震性好的材质，并进行再次加固。增加配重，减小正常运动的振动幅度。

⑥预燃炉推动装置跳停。

措施：调整推动装置推动次数，检查冷却装置。

⑦预燃炉塌料。

措施：在预燃炉斜坡增加空气炮，定期对斜坡积料进行振打，防止积料过多造成严重塌料现象。

⑧烟室、下料管结皮增多。

措施：控制原材料的有害成分含量，降低下料管温度，加强烟室结皮清理，适当调整生料"三率"值。

3）正式运行及运营管理情况

2015 年 11 月开始连续运行，目前已实现了持续稳定运行。示范工程线实现了 6 种主要废弃物的协同处置，基本运行情况为：生活垃圾（筛上物，RDF）约 180 t/d，生活垃圾（筛下物）约 720 t/d；脱水污泥约 35 t/d；钢渣约 14 t/d；粉煤灰 1330 t/d；炉渣约 450 t/d；脱硫石膏约 480 t/d。

①示范工程资源与环境效益评价。

按稳定运行情况来看，水泥窑协同处置 6 种主要废弃物的年处理能力达到：生活垃圾处理 29.7 万 t，污泥处理 5.4 万 t，钢渣处理 35 万 t，粉煤灰处理 30 万 t，炉渣处理 2.7 万 t，石屑 182 万 t。此外，还将同步处理淤沙 11 万 t。固体废物综合处理能力将达到每年 300 多万 t，实现工业废弃物的减排与高值利用。

②示范工程尾气排放情况。

水泥窑生产线的尾气检测一直是水泥行业污染控制的重点，通过水泥窑协同处置多相态废弃物是否会对尾气排放产生不利影响也是本工程研究的重点。选取不同采样点的尾气样品，对其中的汞、重金属、二噁英类等重点指标进行检测，并与《水泥窑协同处置固体废物污染控制标准》（GB 30485—2013）进行对照，结果如表 2-5 所示。

表 2-5　工程运行尾气检测值与国家控制标准对比

序号	污染物	控制标准	实际检测值	与国标对比结果
1	氯化氢（HCl）	10 mg/m³	3.4 mg/m³	优于
2	氟化氢（HF）	1 mg/m³	0.94 mg/m³	优于
3	汞（Hg）	0.05 mg/m³	3.9×10^{-3} mg/m³	优于
4	重金属	0.5 mg/m³	0.025 mg/m³	优于
5	二噁英类	0.1 ngTEQ/m³	0.045 ngTEQ/m³	优于

示范工程的运行表明，尾气排放完全符合且优于国家标准，在处理废弃物的同时不会对大气环境造成显著性影响。同时也表明，水泥窑协同处置废弃物本身有其他方法所不具备的先天优势，但在处置废弃物的过程中，不能采取来者不拒的方式，其中不适合水泥窑处置的应该放弃，某些有害物质的产生与处置量有很大关联，需要严格控制处置量，应严格执行国家制定的排放标准，使废弃物乃至

危险废物的处置真正做到无害化，有效促进水泥窑协同处置生活垃圾技术模式的健康发展。

③示范工程运营管理情况。

该示范工程主要涉及的管理部门为质控处、中控室、岗位操作员。质控处负责垃圾配比及质量的管控；中控室负责运行数据的监控和记录，及时调整参数满足正常生产；岗位操作员负责现场设备的巡检和维护，保证设备的正常运行；各岗位人员严格按照职能要求及管理制度开展工作，保证垃圾的正常投运。

安全环保管理及排放要求如下。

安全方面：生产过程中采用的用电设备及机械设备较多，存在触电、机械伤害、粉尘、噪声等对人体的潜在危害。

防机械伤害：生产线上的许多设备运转对职工均存在着一定的危害，在人员可能靠近的部位均设隔离网、防护网，车间内人行安全通道大于 3 m，保证生产安全通道及事故发生后人员的疏散。

人身防护措施：在生产中有害气体、粉尘、噪声对职工均存在着一定的危害，应根据不同的工作岗位和环境特点，配备各种必需的防护用具和用品。

加强对职工的安全知识教育，建立健全的安全防范措施，抓好各项规章制度的建立和落实，新入职职工通过安全知识学习、培训、考试，达标后方可上岗。

环保方面：作为一个废弃物利用、变废为宝的工程，项目在生产过程中对环境产生的污染主要有 4 个方面，即粉尘、废气、废水和噪声。项目按照"三同时"的原则设计了治理污染的措施和设备，保证生产过程中的达标排放。

为了验证采用水泥窑协同处置生活垃圾的生产工艺对污染物的排放量的影响，分别设置了两种工况进行检测对比，工况 1 为生料喂料 380 t/h、RDF 喂料 0 t/h，工况 2 为生料喂料 380 t/h、RDF 喂料 3 t/h。详细检测结果如表 2-6 所示。

表 2-6 水泥窑窑头协同处置生活垃圾尾气排放检测结果

编号	检测项目	标准限值	工况 1	工况 2
1	NO_x/（mg/m³）	320	42.1	23.6
2	SO_2/（mg/m³）	50	3.9	3.6
3	HCl/（mg/m³）	10	9.5	9.6
4	HF/（mg/m³）	1	0.94	0.75
5	Hg/（mg/m³）	0.05	2.0×10^{-3}	2.0×10^{-3}
6	二噁英/（ngTEQ/m³）	0.1	0.045	0.018

编号	检测项目		标准限值	工况1	工况2
7	重金属/（mg/m³）	铍	0.5	2.58×10^{-5}	2.78×10^{-6}
		钒		3.11×10^{-5}	$<3.06\times10^{-5}$
		铬		6.87×10^{-3}	$<3.06\times10^{-4}$
		锰		1.20×10^{-2}	3.28×10^{-3}
		钴		3.37×10^{-4}	5.52×10^{-6}
		镍		$<1.04\times10^{-4}$	1.02×10^{-4}
		铜		5.43×10^{-3}	2.73×10^{-3}
		锑		$<2.08\times10^{-5}$	$<2.04\times10^{-5}$
		锡		2.19×10^{-4}	$<3.06\times10^{-4}$
		砷	1.0	5.88×10^{-4}	1.73×10^{-4}
		镉		2.13×10^{-5}	1.77×10^{-5}
		铊		$<8.30\times10^{-6}$	8.80×10^{-7}
		铅		1.85×10^{-3}	1.76×10^{-4}

（2）农村生活垃圾城乡一体化收运项目运行情况

1）项目收运模式

结合武安市多山地丘陵、农村面积广、人口相对分散、道路普遍曲折狭窄的实际情况，综合考虑各乡镇的生活垃圾产生量及距离 RDF 终端处置的运输距离，城乡垃圾一体化收运处置工程采用如图 2-20 所示的垃圾收运模式。

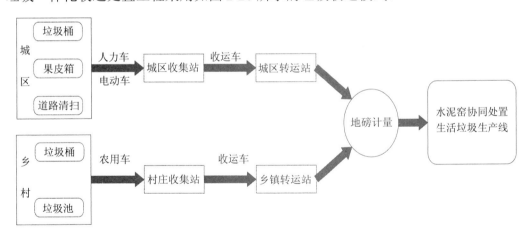

图 2-20　垃圾收运模式

①城区。

城区覆盖武安镇，主要由社区、机关、学校、大型商场、街道、公园等通过垃圾箱进行收集，由市政环卫处负责垃圾运输，经垃圾收集站收集后，统一运往城区垃圾转运站转至垃圾终端处置设施。

②乡村。

农村生活垃圾实行定点收集。以农村住户为单位，配套一定数量的垃圾箱和垃圾池，负责将其产生的生活垃圾送至邻近的生活垃圾指定收集点，由村委会配备的保洁员统一负责保洁管理和清运工作，一般采用小型机动车或人力车运至村庄垃圾收集站。

垃圾运至村庄垃圾收集站后，由各乡镇环卫所统一管理，新清成公司负责将垃圾再运往相应乡镇的垃圾中转站，距离垃圾处理设施较近的区域可直接运往垃圾处理厂。

以乡镇为单位建设垃圾转运站，新清成公司继续负责将各乡镇垃圾转运站垃圾运往垃圾终端处置设施，并由武安市农工委对各类垃圾收运设施运行情况进行监督检查。

2）村庄垃圾收集站

农村生活垃圾收集站建设主要有邻村合建和各村自建两种模式，但考虑到武安农村生活垃圾清运工作虽由农工委统一管理、考核，但实际工作是由各乡镇独立实施、镇以下村委会配合，加上农村地区面积大、道路狭窄，跨区域生活垃圾收运可能存在交通不便、权责不明、考核困难等问题，不利于生活垃圾一体化收运体系建设。因此，乡镇地区村庄垃圾收集站（如图 2-21 所示）采用相对分散的布局模式，即在每个行政村或相邻两个村建 1 座垃圾收集站，收集完毕后将垃圾运往所在乡镇的垃圾转运站。

图 2-21　村庄垃圾收集站

目前总共投放垃圾箱 481 个（如表 2-7 所示），合理安放在每个村庄的合适位置，以便村民将垃圾倒入垃圾箱中。摆臂车司机及时将垃圾箱拉到中转站，再拉回原处，避免出现垃圾溢满的现象。

表2-7 垃圾箱投放一览

乡镇	小型垃圾收集站		中型垃圾收集站		大型垃圾收集站	
	村庄（每座小型垃圾收集站1个垃圾箱）	垃圾箱数量/个	村庄（每座中型垃圾收集站2个垃圾箱）	垃圾箱数量/个	村庄（每座大型垃圾收集站3个垃圾箱）	垃圾箱数量/个
午汲镇	西广村、东广村、温村、贾庄、下泉村、张柏树村、北白石村、南白石村、玉泉岭村、峰店、大贺庄村、小贺庄村、东张瑑、南马庄、南河下村、均河、沿平、西张瑑、南贺庄村、店头、行孝村、城二庄村（共23座小型垃圾收集站）	23	上泉村、格村、午汲村、籍柏树村（共4座中型垃圾收集站）	8	无	0
武安镇	西竹昌村（2个）、洞上村、东洺远村、店子村（2个）、宋二庄（2个）（共8座小型垃圾收集站）	8	南小河（共1座中型垃圾收集站）	2	无	0
石洞乡	河业蛟村、南河底、坦岭（2个）、史二庄村、河东村、曹子巷村、青烟寺、三王村、什里店（2个）、石洞村、田二庄村、北河底村（共14座小型垃圾收集站）	14	百官（共1座中型垃圾收集站）	2	赵庄（共1座大型垃圾收集站）	3
管陶乡	万古城、马渠水村、小店、车谷、禅房、寺峪沟、大水峡村、龙井、水磨头、下站、小冶陶、坟峧、梁沟村、木作村（共15座小型垃圾收集站）	15	朝阳沟（共1座中型垃圾收集站）	2	无	0
西土山乡	东寨子村、西窑村、西土山西街、八里湾村、郭家岭村、儒山村、东湖村、西土山东街（共9座小型垃圾收集站）	9	西寨子、河渠、云驾岭、骈山村、西湖村、西马庄（共6座中型垃圾收集站）	12	杜庄、东马庄（共2座大型垃圾收集站）	6
上团城乡	团城一街、团城二街、南营井村、中营井村、崇义三街、小北庄村、大南庄村、北西庄村、南西庄村、下团城村、大南庄村（共11座小型垃圾收集站）	11	西营井、崇义一街、大北庄村、上团城三街、高村（共5座中型垃圾收集站）	10	无	0
西寺庄乡	井沟村、北庄村、北梁庄村、集乐村、东梁庄村、小保村、东万安、东高壁、北高壁、贺赵村（共10座小型垃圾收集站）	10	顿井（共1座中型垃圾收集站）	2	无	0

乡镇	小型垃圾收集站		中型垃圾收集站		大型垃圾收集站	
	村庄（每座小型垃圾收集站1个垃圾箱）	垃圾箱数量/个	村庄（每座中型垃圾收集站2个垃圾箱）	垃圾箱数量/个	村庄（每座大型垃圾收集站3个垃圾箱）	垃圾箱数量/个
磁山镇	上洛阳村、西万年村、中孔壁村、磁山二街、明峪村、西苑坡村、东孔壁村、南岗村、岩山村、吕天井村、刘天井村、吕天井村、花富村、小洛阳村、崔炉村、牛洼堡村、花孔壁村、西孔壁村、刘庄村（共20座小型垃圾收集站）	20	牛洼堡、崔炉村（共2座中型垃圾收集站）	4	无	0
贺进镇	贺进南街、郭家庄、梁市、北继城村、高庄村、红土坡、霍庄村、苏庄村、西梁沟村、豹子峪村、忽雷山村、北苇泉村、后临河村（共14座小型垃圾收集站）	14	沙洺、杨庄（共2座中型垃圾收集站）	4	无	0
阳邑镇	东井、柳河、坟岭村、柏林西街、盘峪村、北华、经济、大井、土岭村（共9座小型垃圾收集站）	9	南丛井、北丛井、阳邑西街、阳邑东街、阳邑北街、柏林东街、龙务村、南西井村、北西井村（共9座中型垃圾收集站）	18	无	0
矿山镇	矿山、郭二庄、张二庄、常石门、崔石门、史石门、上水头、下水头、洪山、东寨坡、西寨坡、焦寺一街、焦寺五街、令公、连凡、北山底、胡芦峪（共18座小型垃圾收集站）	18	北头山、西石门、李石门、蕙兰村、白鹿寺村（共5座中型垃圾收集站）	10	无	0
大同镇	罗义南庄、罗义北庄、罗义东庄、王里店村、南通乐村、马会、北冯昌、贾里店村、东通乐村（共10座小型垃圾收集站）	10	兰村、西马项村、东马项村、沙沟、西通乐村、迁城村、新里店村、南冯昌村（共8座中型垃圾收集站）	16	小屯村（共1座大型垃圾收集站）	3
康二城镇	南新庄村、北新庄村、兴盛庄、紫泉、临泉村（共5座小型垃圾收集站）	5	康东、康西、车辋口村（共3座中型垃圾收集站）	6	无	0
工业园区	永和、五胡、泉上、曹公泉、西乐远、东洞村、清华村（2个）、安二庄村（共9座小型垃圾收集站）	9	东竹昌、大旺、招贤（共3座中型垃圾收集站）	6	无	0

乡镇	小型垃圾收集站		中型垃圾收集站		大型垃圾收集站	
	村庄（每座小型垃圾收集站1个垃圾箱）	垃圾箱数量/个	村庄（每座中型垃圾收集站2个垃圾箱）	垃圾箱数量/个	村庄（每座大型垃圾收集站3个垃圾箱）	垃圾箱数量/个
北安庄乡	东大河、西大河、魏栗山、黄栗山村、张栗山村、西周庄、杜家庄、大洛远村（2个）（共9座小型垃圾收集站）	9	东周庄、同会（共2座中型垃圾收集站）	4	无	0
佰延镇	龙泉村、北文章、南文章、东万年、庄晏村（2个）、杨二庄、仙庄、双玉泉、先进街（2个）、和平街、胜利街、仁义街、罗峪村、建设街（共16座小型垃圾收集站）	16	无	0	无	0
冶陶镇	赵峪村、安子岭、南杨庄村、岭底村、后山村、王二庄、东安庄、冶陶村、琅矿村、牛头村（共11座小型垃圾收集站）	11	固镇村、固义村（共2座中型垃圾收集站）	4	无	0
邑城镇	邑城一街、二街、三街、四街、白府村、得意、南沟、赵店、丰里村、东阳苑村、中阳苑村、东万善村、西万善村、东三里、西二里、第二庄村、北哨河、南哨河、杨屯、南常顺村、紫罗村、溪家庄村、北常顺村、曹湾村、野河村（2个）（共25座小型垃圾收集站）	25	无	0	无	0
北安乐乡	北田、南安乐坡（2个）、上三里、赵峪、贾家庄（共7座小型垃圾收集站）	7	康宿、南田、近古（共3座中型垃圾收集站）	6	迁城村、康宿村（共2座大型垃圾收集站）	6
淑村镇	西淑村、董二庄、上流泉村、中流泉村、下流泉村、北大社、邵庄、白马寺、南阳坡、白沙、云台、北三乡村、南正峪、胡峪村、吴庄、暴家庄村、孟家场、拐头山、马家峪村、野河村（2个）（共21座小型垃圾收集站）	21	大淑村（共1座中型垃圾收集站）	2	无	0
活水乡	口上、陈家坪、阎庄村、前仙灵村、后仙灵村、常王庄村、庙上、常杨庄村、前渠村、七步沟村、楼上、阳鄄村、上店村、牛心山村、前柏山村、后柏山村、马店头村、大屯村、大洼村、孟五庄村、贸家村、白石庄村、大会庄村、后掌村、宅清沟村（共25座小型垃圾收集站）	25	秋树坪村（共1座中型垃圾收集站）	2	无	0

乡镇	小型垃圾收集站		中型垃圾收集站		大型垃圾收集站	
	村庄（每座小型垃圾收集站1个垃圾箱）	垃圾箱数量/个	村庄（每座中型垃圾收集站2个垃圾箱）	垃圾箱数量/个	村庄（每座大型垃圾收集站3个垃圾箱）	垃圾箱数量/个
马家庄乡	马家庄、宋家井、没粮店村、山根、大水庄、神南峪村、南果村、北果村、汶口峪村、小汶岭村、南坪村、武庄、白庄、刘庄村、万庄村、井湾村、夜合峪村、前龙村、北嵒村（共21座小型垃圾收集站）	21	井家峪村、大汶岭村（共2座中型垃圾收集站）	4	无	0
徘徊镇	新安、河峪村、上庄、夏庄（2个）、东山岭、上河村、铺上村（2个）、西河下、顺又庄、张家庄、天桥、前水峪村、后水峪村、庙庄、西峪峪村、赵南庄、桃花村、前嵧岭村、姚家峪村、后季甲村、蟀当村（共25座小型垃圾收集站）	25	花园村、茶口村（共2座中型垃圾收集站）	4	无	0
垃圾箱数量合计	481	335		128		18

3）生活垃圾转运站

转运站布局模式：在各乡镇分别建1～2座非压缩式垃圾转运站，并统一配置压缩转运车。

充分考虑各乡镇的垃圾产生量、转运能力等因素，建有乡镇垃圾转运站23座（转运规模10～60 t/d）。除马家庄乡外，其他22个乡镇的转运站全部运行。目前运行中转站22座，分别位于13个镇、8个乡和1个工业园区，大部分建立在每个区域的合理位置，有效地收集生活垃圾，提高垃圾箱运转效率，垃圾转运站如图2-22所示。

图2-22　垃圾转运站示意

4）垃圾收运车辆

①垃圾收集运输车。

垃圾收集车：农村一般为人力车或小型电动收集车，由保洁员定期上门收集每户村民产生的垃圾后送至村庄垃圾收集站，并将其余各村庄收集点的垃圾清至村庄垃圾收集站。

垃圾运输车：即从村庄垃圾收集站至乡镇垃圾转运站的摆臂车，载重一般为5 t，不具备压缩功能。垃圾收集运输车如图2-23所示。

共需配备中型摆臂运输车40辆（每镇1～2辆，载重5 t），目前已经全部到位投入运行。

②垃圾转运车。

转运车为运送生活垃圾由乡镇垃圾中转站至终端处置设施（RDF水泥窑协同处置设施、卫生填埋场）的车辆，配置情况如下：根据各乡镇垃圾产生量及配套垃圾转运站建设规模，每 2 个乡镇转运站配备 1 辆压缩转运车（转运能力 15 t），每座乡镇垃圾转运站配备 1 辆装载机，则共需垃圾压缩转运车 13 辆，ZL-06 型装载机 25 辆。目前已经全部到位，投入乡镇运行。

图 2-23　垃圾收集运输车示意

5）项目运行及管理情况

2017 年 7 月，农村生活垃圾城乡一体化收运处置示范工程项目正式启动，目前该项目运行稳定，形成了集"垃圾收集—中转—运输—终端处置"于一体的生活垃圾收运处置模式。项目启动仪式如图 2-24 所示。

图 2-24　项目启动会

同时为了加强运营管理，公司实行经理负责制，全面负责生活垃圾城乡统筹一体化收运处置工作。并设立 3 个部门，车队负责车辆管理和垃圾收运工作，车间负责垃圾处置工作，办公室负责日常行政等事务。具体人员如表 2-8 所示。

表 2-8　劳动定员表

序号	岗位	劳动定员/人
1	经理	1
2	车间主任	1
3	副主任	1
4	生产班长	1
5	机电班长	1

序号	岗位	劳动定员/人
6	厂内车队及绿化班长	1
7	岗位工	20
8	电工	4
9	维修工	4
10	运输工	14
11	保卫员	3
12	车队队长	1
13	副队长兼调度员	1
14	综合管理员	1
15	督察员	3
16	压缩车班长	1
17	压缩车司机	12
18	摆臂车司机	40
19	转运站管理员兼铲车司机	23
20	主管	1
21	行政专员	1
22	安环专员兼备品备件	1
23	村垃圾收集点管理员	392
合计		528

6）示范项目效益情况

营造一个清洁优美、文明有序的城乡环境，是改善农村居民生产生活质量的需要，项目在处理垃圾的同时，也是建设"美丽乡村"的重要内容。武安市新峰水泥有限责任公司以建设"全域武安、清洁武安"为目标，按照"城乡一体、科学布点"的原则，提出建设覆盖武安市整个行政区域的农村生活垃圾收集转运系统，收运规模为 600 t/d。

项目已建成投运，实现了将武安市农村生活垃圾（21.9 t/a）收集、转运到武安市生活垃圾无害化填埋场，完成废弃物的最终资源化、无害化处理，提高资源、能源利用率的同时，推动了"环卫装备智能化，环卫作业精细化，环卫管理数字化，垃圾处理产业化"进程，显著改善了武安市的城乡生态环境。

同时，项目的实施有效实现了减量化、资源化和无害化的处置原则，填埋场可长期使用，避免新填埋场建设引起的二次占地和二次污染现象，节约了宝贵的土地资源。

第3章 生活垃圾城乡统筹一体化收运处置规划

3.1 规划总论

3.1.1 规划背景

近年来，我国城镇生活垃圾收运处置基础建设投入快速增长，"十二五"末全国设市城市的生活垃圾无害化处理率已经达到 93.8%，但多数农村地区基础设施建设仍比较落后，后端处置方式粗放，整体环境面貌较差。国务院以及河北省政府高度重视农村生活环境治理，出台了多项政策文件，从加强城乡环境综合治理、推行垃圾强制分类、建立再生资源回收体系和发展"两网融合"体系等方面提出了多项要求。

武安市农村面积广、人口多，农村生活垃圾收运处置需求大，作为国内较早开展循环经济建设的地区，武安市在水泥窑协同处置生活垃圾方面具有较好的实践基础，规划建设生活垃圾城乡一体化收运处置体系，并逐步发展"两网融合"体系，对提高全市生活垃圾资源化水平，提升城市综合面貌，打造生活垃圾一体化收运和资源化处理样板工程，具有重要的现实意义和示范意义。

（1）武安市垃圾一体化收运处置需求急迫

基于环境改善需求和建设基础，开展生活垃圾城乡一体化收运处置，建设绿色新武安。截至 2015 年，武安市城区生活垃圾已全部实现清运处理，但农村生活垃圾收运处理体系建设仍处于初级阶段，基础设施相对落后，整体环境有待改善。目前武安市的生活垃圾处置仍以填埋为主，后端处置压力大；此外，由武安市新峰水泥有限责任公司实施的 RDF 水泥窑协同处置生活垃圾项目运行稳定，对生活垃圾的减量化、资源化作用显著，但城区生活垃圾已不能满足项目运行需求，亟须建立城乡一体化的生活垃圾收运体系，充分挖掘乡镇地区生活垃圾资源化潜力，提高全市生活垃圾处理率，助力美丽乡村建设，打造绿色新武安。

基于循环经济引领示范作用，积极探索发展"两网融合"体系，融入京津冀发展圈。武安市在循环经济建设工作中始终发挥着"先试先导"作用，早在"十一五"时期就面向工业领域全面开展了循环经济建设，并与清华大学循环经济产业研究中心共同建立起武安市循环经济产学研合作基地。作为循环经济发展"排头兵"，武安市应深入贯彻国家垃圾处理和分类的政策方针，紧跟邯郸市生活垃圾分类示范城市建设，打造具有全国示范意义的生活垃圾城乡一体化收运处置样板工程；同时，作为国家重点开发区域——冀中南经济区的重要节点城市，积极探索发展"两网融合"体系，以期从"两网融合"产业发展、城乡统筹推进、制度顶层设计、创新管理、回收运营模式等方面提供参考、借鉴，打造京津冀废弃物资源化示范工程。

（2）基本国情彰显垃圾处置行业发展诉求

农村生活垃圾处置需求大，基础设施建设落后。随着经济发展和城市化进程的加快，我国城市生活垃圾总量呈快速增加趋势。2015年全国设市城市生活垃圾清运量达到1.92亿t，"十二五"期间累计增加约17%，无害化处理率达到93.8%，处理程度不断提升。相对城市，我国农村生产生活废弃物数量保守估计在1.5亿t/a以上，但整体处置情况欠佳，配套基础设施建设薄弱，处理模式更显粗放，呈现"六四六"格局，即超过六成农村生活垃圾未得到任何处理，超过四成行政村垃圾收集点还是空白，超过六成行政村未对垃圾进行处理。

垃圾后端处置问题多，多元化处置方式待发展。在生活垃圾处置需求快速增长的情况下，农村地区相对粗放的生活垃圾处置方式引发了环境卫生条件差、面源污染等问题，因此亟须建设城乡一体化生活垃圾收运处置体系。目前，卫生填埋、焚烧、堆肥等主要生活垃圾处置方式均存在无法忽视的弊端，多元化处置方式有待探索和优化；RDF水泥窑协同处置是"十三五"时期国家鼓励发展的生活垃圾处理方式，在生活垃圾减量化、资源化、无害化方面优势显著。

（3）国家战略指明垃圾处置行业发展方向

党中央、国务院高度重视生态文明建设，并将其与经济建设、政治建设、文化建设、社会建设统筹推进。国家出台了《中共中央　国务院关于加快推进生态文明建设的意见》、《住房城乡建设部等部门关于全面推进农村垃圾治理的指导意见》和《生活垃圾分类制度实施方案》等一系列宏观政策文件，提出了加强城乡环境综合治理、推行垃圾强制分类、建立再生资源回收体系和发展"两网融合"体系等多项要求，河北省也出台环境治理、生活垃圾分类等一系列涉及城乡生活垃圾处理的政策方针。国家和省级层面多项政策方针驱动，推进武安市融入生态文明建设的大潮流中。

表 3-1　国家及河北省出台关于城乡生活垃圾收运处置的政策文件

政策、法规、制度等	发布时间	相关内容
《中共中央　国务院关于加快推进生态文明建设的意见》	2015 年 4 月	加快美丽乡村建设 支持农村环境集中连片整治,开展农村垃圾专项治理
《住房城乡建设部等部门关于全面推进农村垃圾治理的指导意见》	2015 年 11 月	以实现农村垃圾的全面长效治理为目标 改善人居环境 科学确定不同地区农村垃圾的收集、转运和处理模式 到 2020 年全面建成小康社会时,全国 90%以上村庄的生活垃圾得到有效治理
《关于公布第一批生活垃圾分类示范城市（区）的通知》	2015 年 4 月	2020 年,各示范城市(区)建成区、居民小区和单位的生活垃圾分类收集覆盖率达 90%
《垃圾强制分类制度方案（征求意见稿)》	2016 年 6 月	把生活垃圾强制分类作为推进绿色发展和创新城市管理的一项重要举措,指出强制分类城市,提出分类要求和目标,推进城镇环卫系统与再生资源回收利用体系的有效衔接和融合
《生活垃圾分类制度实施方案》	2017 年 3 月	在河北省邯郸市等第一批生活垃圾分类示范城市的城区范围内先行实施生活垃圾强制分类。 到 2020 年年底,基本建立垃圾分类相关法律法规和标准体系,生活垃圾回收利用率达到 35%以上
《关于推进再生资源回收行业转型升级的意见》	2016 年 5 月	推动有条件的城市创新工作体制机制,试点开展再生资源回收与生活垃圾分类回收体系的协同发展
《再生资源回收体系建设中长期规划（2015—2020 年)》	2015 年 1 月	到 2020 年,在全国建成一批网点布局合理、管理规范、回收方式多元、重点品种回收率较高的回收体系示范城市
《关于全面推进农村垃圾治理的实施方案》(河北省住房和城乡建设厅等 13 个部门联合印发)	2015 年 12 月	推进垃圾源头减量,全面治理生活垃圾。2017 年年底,河北省 90%以上村庄的生活垃圾得到有效治理
《河北省乡村环境保护和治理条例》	2016 年 7 月	建立以政府公共财政为主导的乡村环境保护和治理经费多元化投入机制和监督举报制度,实行乡村环境保护和治理目标责任制
《关于加强"以奖促治"农村环境基础设施运行管理的意见》	2015 年 7 月	明确设施运行管理的责任主体和资金渠道,建立健全规章制度,加强管护队伍建设,强化监督管理,不断提高设施运行管理水平

专栏 3-1　生活垃圾处理的基本国情分析

城市生活垃圾总量大，无害化处理率逐步提高，处理方式以卫生填埋为主、焚烧为辅。随着经济发展和城市化进程的加快，我国城市生活垃圾总量呈快速增加趋势，"十二五"期间总清运量累计增加约17%，2015年全国设市城市生活垃圾清运量达到1.92亿t，无害化处理量为1.80亿t，无害化处理率达到93.8%（如图3-1所示）；处理方式以卫生填埋、焚烧为主，2015年卫生填埋处理量为1.15亿t，焚烧处理量为0.61亿t，其他处理方式处理量为0.04亿t（如图3-2所示）。

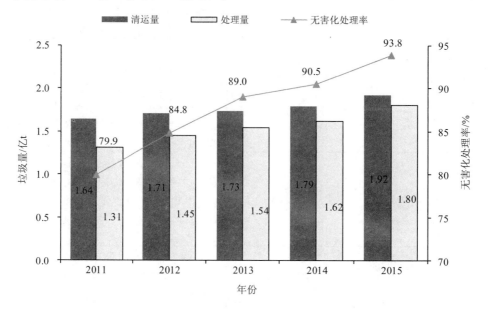

图 3-1　"十二五"期间城市生活垃圾清运与处理情况

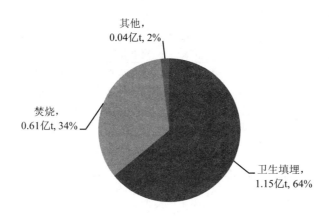

图 3-2　2015年我国城市生活垃圾无害化处理情况

　　农村生活垃圾处置呈"六四六"格局，基础设施建设薄弱，处理模式显粗放。①我国农村生产生活废弃物数量保守估计在1.5亿t/a以上，整体处置情况欠佳，呈"六四六"格局，即超过六成农村生活垃圾未得到任何处理，超过四成行政村垃圾收集点还是空白，超过六成行政村未对垃圾进行处理。②农村生活垃圾处置区域性差异大，从设垃圾收集点的行政村比例上看，东部地区可达82%，中部、东北地区超50%，西部地区相对滞后。③2015年，农村生活垃圾处理缺乏资金支持和有效的管理机制，收运设施建设薄弱，村民垃圾随意丢弃现象严重，已有处理模式也多为简易填埋，环境污染问题严重。

3.1.2 规划范围与期限

（1）规划范围

　　本规划的范围覆盖武安市整个行政区域（如图3-3所示），包括下辖的13个镇[武安镇（武安城区）、邑城镇、矿山镇、贺进镇、大同镇、阳邑镇、康二城镇、午汲镇、徘徊镇、冶陶镇、淑村镇、伯延镇、磁山镇]，9个乡（活水乡、管陶乡、北安乐乡、西土山乡、上团城乡、西寺庄乡、石洞乡、北安庄乡、马家庄乡），1个工业园区（武安工业园区）。总面积1 806 km^2。

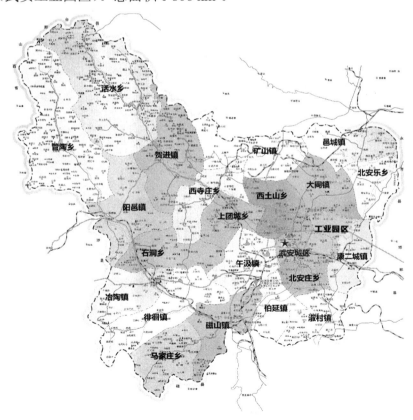

图3-3 武安市行政区划

（2）规划期限

本规划以 2015 年相关数据为基准，规划期限为 10 年。

近期：2016—2020 年；

远期：2021—2025 年。

3.2 生活垃圾收运处置现状

3.2.1 武安市概况

（1）区位交通

地理区位：武安市地处河北省邯郸市西北部的太行山区，太行山东麓，晋、冀、鲁、豫四省交界地带（如图 3-4 所示）。武安市地理区位优越，属于国家重点开发区域冀中南地区，全国"两横三纵"城市化战略格局中京哈、京广通道纵轴的中部，也是环首都绿色经济圈和环渤海经济圈的重要能源资源支撑区。

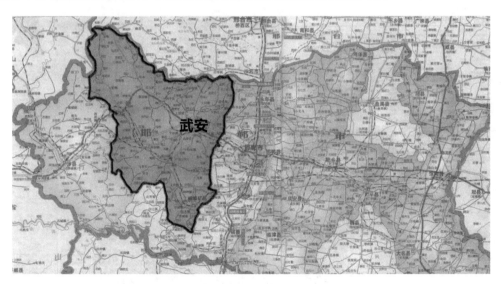

图 3-4　武安市地理位置

交通条件：武安市区主要对外交通设施为铁路和公路。市区东距京广铁路邯郸站 26.5 km，市区东西向 309 国道、邯武快速路加强了武安市区与邯郸主城区的交通联系，是武安市区首要联系方向；邯长铁路与南北向邢都公路交汇于城区，在市区设有Ⅳ等客货站。

（2）行政区划

武安市下辖 13 个镇、9 个乡、1 个省级工业园（如表 3-2 所示），根据《武安市统计年鉴（2016 年）》最新统计数据，2015 年武安市总人口约 83.7 万人。

表 3-2　武安市分行政区人口基本情况

序号	乡镇	村庄数量	年末人口数/人
1	武安镇（城区）	14	110 098
2	北安庄乡	12	18 789
3	康二城镇	9	11 350
4	午汲镇	28	46 315
5	西土山乡	19	55 309
6	伯延镇	15	22 695
7	上团城乡	18	36 355
8	淑村镇	21	27 468
9	管陶乡	38	21 516
10	活水乡	36	27 309
11	磁山镇	23	30 478
12	阳邑镇	24	49 867
13	矿山镇	30	47 050
14	贺进镇	32	28 765
15	大同镇	21	48 454
16	邑城镇	25	45 239
17	北安乐乡	11	34 296
18	石洞乡	15	25 788
19	冶陶镇	21	26 001
20	徘徊镇	29	31 498
21	马家庄乡	28	22 102
22	西寺庄乡	21	46 211
23	工业园区	12	24 092
合计		502	837 045

（3）自然条件

地势地貌：处于太行山隆起与华北平原沉降带接触部，地势西北部最高，境内山峰险峻，海拔多在 1 000 m 以上；北部、西部、西南部岗峦层叠，构成山乡；南部鼓山耸立，成天然屏障；东部紫金山绵延，逶迤边界；唯中部少崇山，形成局部约 300 km² 的小平原，称武安盆地，但间有丘陵，沟壑纵横，市区位于盆地开阔地段北端（如图 3-5 所示）。

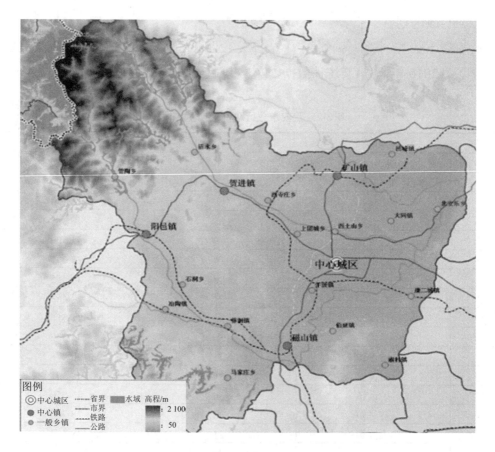

图 3-5　武安市地貌特征

　　气候条件：武安市属暖温带大陆性气候，四季分明，境内地形、植被各有差异，局部小气候明显。全市年日照时数平均为 2 297 h，年日照百分率平均为 52%，年平均气温为 11～13.5℃，历年平均无霜期为 196 d，平均降水量为 560 mm，夏季降水量占全年的 66.2%。风力资源较丰富，地形风屡起西北风、西南风及西风，春季尤其盛行。

　　资源环境：武安市多山地丘陵，不宜耕种，耕地后备资源短缺，土地资源开发潜力小，未来应集约利用土地资源；南洺河、北洺河为武安市的两条主要河流（如图 3-6 所示），武安市水资源相对短缺，属资源性缺水地区，水环境质量较差；铁矿资源丰富，储量在全省具有重要地位；煤炭消耗量大，煤炭为全市最主要的能源消费形式，多来自山西省。

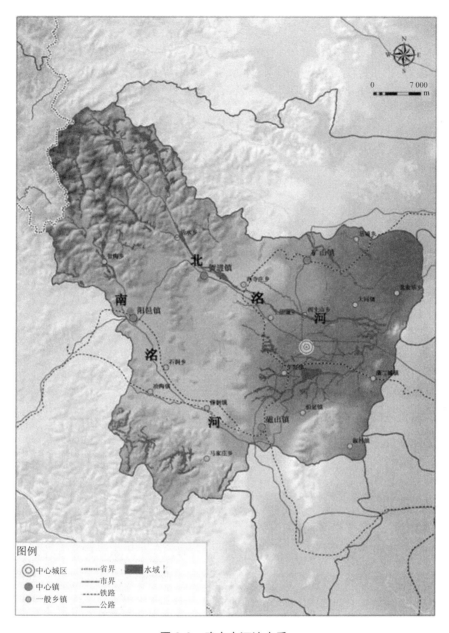

图 3-6 武安市河流水系

（4）经济发展

经济发展综合实力较强，处于河北省县域经济前列。2015 年，完成地区生产总值 606 亿元，河北省县域经济综合实力排名前十强；财政总收入为 58.8 亿元，一般公共预算收入达到 32.6 亿元；全社会固定资产投资为 289.8 亿元，社会消费品零售总额为 138.4 亿元，分别同比增长 13.6% 和 13.3%；城乡居民人均可支配收入分别达到 26 861 元、11 290 元，分别同比增长 9% 和 10.3%。

第二产业长期占据优势，工业是经济发展主动力。2015 年，武安市三次产业结构为 3.2：66.9：29.9，已形成以钢铁、建材、化工等为主导，能源、装备制造、农副产品加工等在内的较为完备的工业体系（如图 3-7 所示）。其中，规模以上工业增加值完成 292.6 亿元，同比增长 9.7%，高新技术产业增加值首次突破 100 亿元。农业资源丰富，林果、小米、有机蔬菜、瘦肉型猪四大主导产业不断壮大。第三产业以传统型服务业为主，现代服务业发展相对滞后。

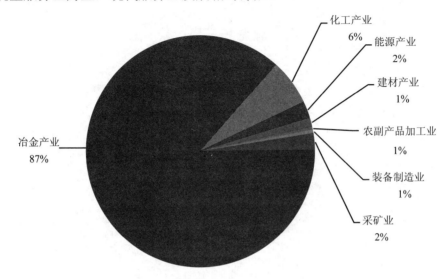

图 3-7　规模以上工业企业总产值结构

（5）城市发展

城市规模：武安市城区面积已发展到 26 km^2，人口达到 22.5 万人。2015 年，河北省政府明确提出"在邯郸西部依托武安市，积极培育新的区域次中心城市"。

城市定位：晋、冀、鲁、豫四省交界区域次中心城市，冀中南以发展现代装备制造、精品钢材和现代服务业为主的山水生态宜居城市。

城市职能：晋、冀、鲁、豫四省交界区域次中心城市，冀中南经济区节点城市；冀中南现代装备制造基地、精品钢材基地、新能源产业基地、四省交界区域现代服务业基地；洺河源旅游休闲胜地，承接晋、冀、鲁、豫地区休闲、观光、度假职能；国家级低碳经济示范区、国家级现代农业示范区。

发展目标：转变经济发展方式，构建现代产业体系，优化生产力布局，建设实力武安；统筹城乡发展，保障和改善民生，建设和谐武安；保护生态环境，加强节能减排，建设绿色武安。

3.2.2　生活垃圾产生现状分析

（1）垃圾产生量

"十二五"期间，全市生活垃圾总量快速增加。2015 年，武安市城乡生活垃圾总量达到 36.0 万 t。其中，中心城区生活垃圾日产生量约 280 t，年产生总量约 10.08 万 t，但由于生活垃圾日常清运并未与部分建筑垃圾、园林垃圾等其他垃圾区分开来，实际日清运量可达 330 t，总量可达 11.9 万 t；农村生活垃圾日产生量为 670 t，产生总量约 24.1 万 t。具体统计如表 3-3 所示。

表 3-3　武安市生活垃圾年产生量统计　　　　　　　　　　　　　　单位：万 t

年份	生活垃圾总量	城区生活垃圾	农村生活垃圾
2011	29.6	11.0	18.6
2012	31.2	11.2	20.0
2013	32.0	10.5	21.5
2014	35.3	12.2	23.1
2015	36.0	11.9	24.1

注：城区生活垃圾年产生量数据由武安市环卫部门提供，农村生活垃圾年产生量由经验数据估算而得。

武安农村生活垃圾清运处置需求急迫。由表 3-3 可知，"十二五"期间，受人口增长、经济发展、居民消费水平提高等因素影响，武安市生活垃圾产生总量逐年增加；城区生活垃圾总量趋于稳定，而农村生活垃圾总量增长较快，占全市生活垃圾总量的比例较高，2015 年达到 65.7%（如图 3-8 所示）。

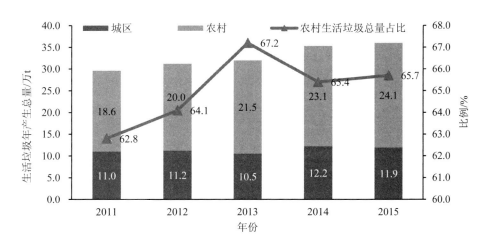

图 3-8　武安市城区、农村生活垃圾年产生总量情况

（2）垃圾组分分析

组分分析方法：2015 年，武安市城区每日清运的生活垃圾，全部送往生活垃圾填埋场进行集中处置，部分在填埋场进行粉碎后，输送至邻近的 RDF 项目，生活垃圾组分由填埋场抽样分析所得；农村尚未开展生活垃圾组分的调查工作，现有组分构成由实际调研情况和同类地区的相关文献研究结果结合而得。

组分分析结果：厨余垃圾等有机物占比近 50%，是城区生活垃圾的主要成分（如表 3-4 所示）；农村地区生活垃圾组分在采暖期和非采暖期差别较大，非采暖期占比较高的也是厨余垃圾等有机物，而采暖期灰渣为生活垃圾的主要成分（如表 3-5 所示）。因此，在规划近期的农村生活垃圾产生量预测和垃圾收运体系规划中，需将采暖期、非采暖期分开。

表 3-4　武安城区生活垃圾组分分析　　　　　　　　　　　　单位：%

组分	比例	组分	比例
纸类	5.22	金属	2.71
橡塑	16.28	灰土	15.02
织物	1.77	砖瓦陶瓷	5.32
竹木	3.65	厨余	44.13
玻璃	4.59	其他	1.85

表 3-5　农村地区生活垃圾组分分析　　　　　　　　　　　　单位：%

组分	非采暖期比例	采暖期比例
厨余垃圾	63.80	25.00
灰渣、陶瓷、砖瓦	11.76	64.00
废旧塑料	9.10	4.00
可回收纸类	9.75	2.00
有害垃圾等	5.59	5.00

3.2.3　收运及处置模式分析

（1）城区：全部实现清运和规范化处置

1）垃圾处置现状

总体来讲，武安城区生活垃圾已全部实现清运，处置方式以卫生填埋为主，水泥窑协同处置为辅。武安市生活垃圾填埋场、RDF 水泥窑协同处置工程（RDF 项目、武安市新峰水泥有限责任公司）等末端处置设施分布如图 3-9 所示。

图 3-9　武安市生活垃圾处置设施分布

　　武安市垃圾填埋场卫生填埋：①城区生活垃圾终端处置主要依靠卫生填埋，现有生活垃圾无害化填埋场 1 座（如图 3-10 所示），位于徘徊镇铺上村东北侧，距市中心 20 km，设计处理能力 400 t/d，设计服务年限为 10 年。②按照目前 300 t/d 的处置规模，该填埋场剩余服务年限仅有 4～5 年，不能满足未来武安市城区快速发展的需求，也不符合目前武安多数农村地区尚未实现生活垃圾规范化处置的现实状况，因此拓展垃圾终端处置路径迫在眉睫。

图 3-10　武安市生活垃圾无害化填埋场

专栏 3-2　武安市生活垃圾无害化填埋场介绍

　　武安市生活垃圾无害化填埋场位于武安城区西部偏南,铺上村东北侧山沟内,距309国道 1 000 m,占地面积约 300 亩,建设规模为日处理生活垃圾 400 t,处理方式为卫生填埋,使用期限为 10 年。填埋场具体建设工程如表 3-6 所示。目前武安市城区及部分周边农村、两个水源地乡镇（管陶、活水）的生活垃圾均运至该填埋场填埋处置,基本可以满足目前的处置需求。

表 3-6　武安市生活垃圾无害化填埋场建设工程内容

序号	主体工程	序号	辅助工程	序号	公用工程
1	场地处理	1	生产生活管理区构筑物	1	供电
2	防渗工程	2	辅助设施	2	给排水
3	地下水导排	3	电气系统	3	采暖通风
4	雨水导排	4	仪表自控系统		
5	防洪工程	5	消防系统		
6	渗滤液收集系统	6	交通运输		
7	渗滤液处理系统（包括调节池）	7	绿化		
8	填埋气体收集及处理系统				
9	封场及护坡				
10	监测井				
11	覆土区				

　　填埋场采用分层摊铺、往返碾压、分单元逐日覆土的作业方式,生活垃圾经地磅计量后,通过作业平台和临时通道进入填埋库区的填埋作业小区卸车,然后由填埋机械摊铺、碾压和覆盖,工艺流程如图 3-11 所示。

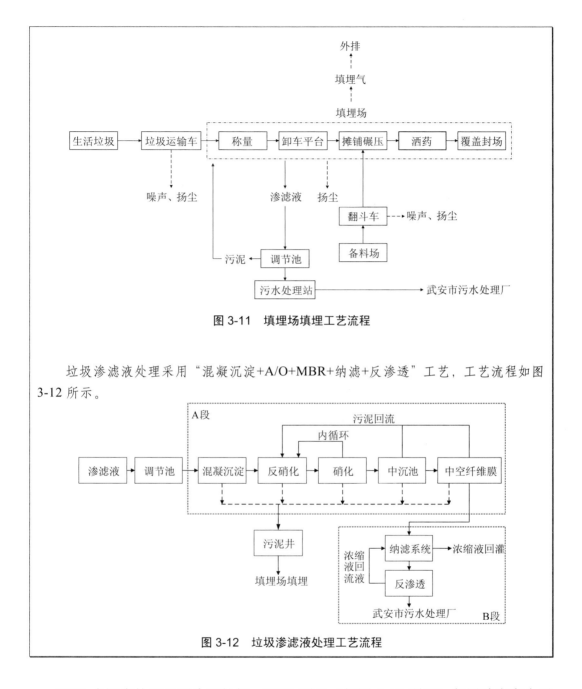

图 3-11　填埋场填埋工艺流程

垃圾渗滤液处理采用"混凝沉淀+A/O+MBR+纳滤+反渗透"工艺，工艺流程如图 3-12 所示。

图 3-12　垃圾渗滤液处理工艺流程

RDF 水泥窑协同处置生活垃圾：RDF 项目（如图 3-13 所示）邻近武安市生活垃圾填埋场建设，起初以处置填埋场陈腐垃圾为主，目前已逐步开始处理城区清运新垃圾。RDF（约占 20%）和筛下物（约占 80%）均进入武安市新峰水泥有限责任公司，前者作为水泥窑燃料，后者作为水泥熟料生产原料（如图 3-14 所示）。现有项目处置能力 40 t/h，无固体废物排出，并配套建设了除臭装置。

图 3-13　RDF 生产车间及电子监控室

图 3-14　RDF 和筛下物入水泥窑协同处置

2）垃圾收运现状

2015 年，武安市城区生活垃圾收运体系已经基本成熟，形成了集"垃圾收集—收集站中转—转运站运输—终端处置（卫生填埋、RDF 水泥窑协同处置）"于一体的生活垃圾收运处置模式（如图 3-15 所示），实现了城区生活垃圾的"日产日清"。

图 3-15　武安市城区生活垃圾收运处置模式

大型转运站：目前，城区有大型垃圾转运站 1 座（如图 3-16 所示），位于城区东侧，占地 10 亩，垃圾转运量 300 t/d 左右，可满足城区及部分近郊农村地区的生活垃圾转运需求。

图 3-16 武安市城区垃圾转运站

垃圾收集站：目前，武安城区共配置垃圾箱点 327 处、果皮箱 1 000 余个，垃圾收集站 33 座（如图 3-17、表 3-7 所示）。其中，垃圾收集站多采用与公厕合建形式建设，不具备压缩功能，由环卫处统一管理运营。环卫工人负责将周边街区的垃圾桶中的和街道清扫的垃圾运送到收集站，再由垃圾运输车统一运往城区垃圾转运站，实现了当日收集、清理。

图 3-17 武安市城区垃圾收集站

表 3-7 城区公厕、垃圾收集站建设情况统计

序号	街道名称	数量	位置	建设年份	占地面积/m^2
1	三街大队后街	1	三街大队后	—	—
2	建东街	1	中兴路与建东街交叉口南行路西	1999	94
3	富强路	1	富强路北头路西	2000	84
4	中兴路	1	二中西	2001	57.6
5	体育路	1	发改委后	2001	77.1
6	矿建路	1	七星园广场西南角	2002	67.2
7	建东街	1	建东街与放射路交叉口东北角	2002	72.1
8	塔西路	1	老教委对面	2004	67.6
9	塔南街	1	塔南街中段路东	2004	95.7

序号	街道名称	数量	位置	建设年份	占地面积/m²
10	塔西路	1	塔西路大桥西侧路南	2005	59.74
11	中兴路	1	人大东侧	2005	191.5
12	同安街	1	一建公司南侧路东	2005	29.7
13	中兴路	1	东片林西	2005	32.5
14	同安街	1	一建公司北行路东	2005	61.7
15	广场南路	1	广场南路西段路南	2006	33
16	建华街	1	建华街南段路西	2006	64.3
17	塔西路	1	塔西路十处加油站东	2006	34.56
18	中山大街	1	金桥北行 20 m 路西	2007	33.5
19	南关街	1	安监局旁	2007	68.25
20	育英街	1	三中家属院前	2008	58.6
21	富强街	1	富强幼儿园南	2008	28.5
22	中山街	1	四街游园旁	2008	37.76
23	中山街	1	四街大队旁	2008	59.4
24	塔西路	1	大西关	2008	58.24
25	桥西路	1	油厂坡北	2009	24.8
26	光明街	1	银山小区旁	2009	33
27	光明街北沿	2	教堂后路西	2009	48
28	光明街	1	日新小区旁	2009	28.6
29	兴安街	1	银泉小区北	2011	70
30	建东街	1	北辰小区北	2011	60
31	向阳路	1	雅园旁	2014	—
32	桥西路	1	南关学校西	2014	—
33	中兴路	1	法院对面	2014	翻建中

环卫车辆配备：2015 年，城区共有 15 辆用于环境卫生执法、执勤的督察车，43 辆用于垃圾收集、装卸、运输、公厕清掏吸污、道路洒水、道路机扫等工作的生产作业车（如图 3-18 所示），实现了主城区和部分城乡接合部生活垃圾的"日产日清"。城区环卫车辆统计情况如表 3-8 所示。

图 3-18　武安城区垃圾清运车

表 3-8　武安市城区环卫车辆统计

用途	车辆类型	数量/辆
环境卫生执法、执勤	轿车	1
	面包车	8
	客货车	6
垃圾收集、装卸、运输、公厕清掏吸污、道路洒水、道路机扫等	摆臂车	17
	自卸车	9
	装载机	5
	叉车	3
	收集车	3
	扫路车	2
	水车	2
	压缩车	1
	真空车	1

（2）农村地区：大部分未实现规范化收运处置

武安市农村垃圾收运工作处于起步阶段，收运处置体系有待完善。农村地区面积较大、人口多，且村庄分布相对分散，收集和转运路线曲折，严重制约了垃圾的有效收集、处置；农村生活垃圾也未实行源头分类，且受地理位置、交通状况、经济发展水平等因素影响，各乡镇生活垃圾处置水平差异较大，除武安城区周边少数农村和两个水源地所在乡镇（管陶、活水）外，多数乡镇的生活垃圾仍以简易填埋为主。

少数农村已实现城乡生活垃圾一体化收运处置。① 城区周边少数农村（约 2.5 万人）已纳入城区生活垃圾处理系统的服务范围，在生活垃圾收集、清运、处置环节实现了城乡一体化；② 管陶、活水两个位于水源地的偏远乡镇，现有大型压缩运输车 2 辆、装载机 2 辆，垃圾中转站 3 个（活水 2 个、管陶 1 个），实行"保洁公司收集、中转—环卫处运输—填埋场处置"的生活垃圾收运处置模式（如图 3-19、图 3-20 所示），生活垃圾清运量为 50～60 t/d。同时，由于两个乡镇处于武安市风景旅游区，旅游旺季的生活垃圾清运量会有一定增加。

图 3-19　管陶乡、活水乡生活垃圾收运处置模式

水泥窑协同处置生活垃圾关键技术及城乡统筹一体化应用

图 3-20　活水乡垃圾收集箱、垃圾中转站

多数农村地区仍以"村收集、中转，乡镇简易填埋"为主。多数乡镇生活垃圾收运基础设施建设相对落后，目前由政府财政出资为村里统一配备了垃圾池、清运车辆等相关基础设施，同时各乡镇均按照相关标准建设了生活垃圾填埋场。总体来讲，此类地区生活垃圾收运体系基本处于散乱状态，配套收集转运设施多落后陈旧，末端处理以简易填埋为主，且仍存在随意丢弃现象（如图 3-21 所示）。

图 3-21　武安市多数农村地区生活垃圾收运现状

3.2.4　运营管理现状分析

（1）管理体制机制

武安市城乡环境卫生配套基础设施建设工作由住建局统筹负责。

城区生活垃圾清运处置工作全部由环境卫生管理处负责。环卫处有干部职工1 000 余人，主要负责城区所辖范围内的垃圾、废弃物的清运、处理，城市道路清扫保洁、垃圾收集等工作质量的实施监督和指导协调，以及环境卫生规划、管理制度等的制定工作。

乡镇生活垃圾收运处置的日常管理工作由农工委统筹。乡镇以下各行政村生活垃圾日常清运由各村委会负责，由村里按照 300 人/个的统一标准配备保洁员。

（2）经费配套情况

城区环卫经费：环卫资金主要来自政府拨款，基础设施投资另计，一般由环卫处向住建局申请，再由住建局向武安市政府申请拨款。

农村环卫经费：武安农村生活垃圾治理资金主要来自于邯郸市政府、武安市政府两级拨款，此外还有部分社会资本。2015 年，武安市乡镇以下生活垃圾治理总投入超过 1 000 万元，其中邯郸市下拨的农村环境综合整治市级专项资金实行分档奖补制度，由武安市农工委根据各乡镇考评情况进行分配。

专栏 3-3　农村环境综合整治市级专项资金分档奖补制度

　　邯郸市下拨到各县（区）的农村环境综合整治市级专项资金，不完全按人口和村数平均分配，而以县级资金拨付为前提，以每季度市级农村环境综合整治乡镇联查考评排名为主要依据，对各乡镇进行分档奖补。

　　当季足额拨付农村环境综合整治县级专项资金的县（市、区），以市财政原分配资金数额为基础，对市级农村环境综合整治乡镇联查季度考评中排名 1～10 名的乡镇，分别增加奖补 3 万元，排名 11～20 名的乡镇，分别增加奖补 2 万元，排名 21～30 名的乡镇，分别增加奖补 1 万元，排名倒数 1～10 名的乡镇，分别减少奖补 3 万元，排名倒数 11～20 名的乡镇，分别减少奖补 2 万元，排名倒数 21～30 名的乡镇，分别减少奖补 1 万元。当季农村环境综合整治县级专项资金未及时足额拨付的，市级专项资金当季不再奖补。

3.2.5　现状总体评价

（1）建设基础及优势

武安市垃圾收运、处理处置工作具有较好的基础，主要环卫设施基本满足城区目前需求。

①城区已建立了完善的生活垃圾收运处置体系。系统运行稳定，基本满足城区生活垃圾收运需求，目前全部实现清运和处理。

②部分农村地区已实现生活垃圾规范化收运处置。武安市政府高度重视农村垃圾清运工作，部分农村地区已纳入城市生活垃圾处理系统的服务范围，后端处置体系也逐步完善。如管陶、活水两个水源地乡镇生活垃圾的收运体系已实现了与城区的全面统一。

③垃圾后端处置方式逐步多元化。在建设武安市生活垃圾填埋场的基础上，依

托水泥窑协同处置项目逐步实现生活垃圾最大限度的资源化处理，完善生活垃圾无害化处理体系。

（2）存在的问题

①农村地区的生活垃圾收运体系需进一步健全。农村地区生活垃圾处理区域性差异较大，除活水、管陶两个乡镇外，大部分地区收运体系不完善，垃圾处理基本以简易填埋为主，随意倾倒现象仍存在，未来需分批次、分阶段地逐步扩大城乡一体化收运体系的覆盖范围。

②生活垃圾填埋场处置压力大，未来需充分挖掘水泥窑协同处置潜力。目前城区清运的生活垃圾仍以填埋处理为主，现有生活垃圾填埋场处置压力大，且 RDF 水泥窑协同处置项目挖掘陈腐垃圾存在一定污染，也难以满足未来项目运作需求。因此 RDF 水泥窑协同处置项目需加快向处置新清运垃圾转变，以满足城乡垃圾处置需求，同时生产工艺也有待进一步优化。

③垃圾产生量持续增长，源头减量工作需逐步开展。考虑垃圾产生量呈现不断增长的趋势，未来某个阶段武安市生活垃圾处置仍可能面临较大压力。因此需逐步试点、推行生活垃圾源头分类，从源头控制生活垃圾清运量，并建立城镇规范化再生资源回收体系。

④环卫工作运营管理的体制机制有待完善。政府主导、缺乏市场化运营，导致环卫工作推进压力较大，环卫经费严重不足；农村环境治理积极性较差，主要是生活垃圾收运和处理工作宣传、执法力度不够，环保意识较淡薄；未实施信息化的管控手段，不能保障生活垃圾清运各个环节的顺利和高效运作。

3.3 规划目标

3.3.1 总体目标

以《中共中央 国务院关于加快推进生态文明建设的意见》《住房城乡建设部等部门关于全面推进农村垃圾治理的指导意见》《生活垃圾分类制度实施方案》为宏观指导，针对武安市农村垃圾清运基础设施建设滞后、终端处置能力严重不足的问题，紧密依托国家、省、市政府高度重视的政策优势和武安市水泥窑协同处置生活垃圾的项目建设优势，强化第三方企业市场化运营和政府公众服务，构建城乡一体、布局合理、安全高效的生活垃圾分类、收集、转运、处置体系，明确合理约束、激励政策，并积极探索具有武安特色的"两网融合"体系建设，实现农村环境面貌显著改善、城乡生活垃圾高效资源化利用，打造全国生活垃圾城乡统筹一体化收运处置样板。

3.3.2　阶段目标

（1）近期目标（2016—2020 年）

实现全市生活垃圾一体化收运处置，建设生态宜居武安。

——改造提升城区生活垃圾收运基础设施，促进收运体系向机械化、密闭化、压缩式、多样化转变；

——引入第三方企业，完善农村地区生活垃圾收运基础设施，形成"户分类—村收集—第三方企业分类转运和资源化处理"的农村垃圾收运处理模式，实现农村生活垃圾清运覆盖率超过 75%；

——城乡一体化垃圾收运处置体系基本形成，实现武安农村环卫市场化运营，水泥窑协同处置项目潜力充分释放，生活垃圾资源化利用率超过 75%；

——在全市范围内布局再生资源回收网点，同时在重点乡镇、城区重点小区试点生活垃圾分类收集。

（2）远期目标（2021—2025 年）

生活垃圾分类及资源化利用水平持续提高，处于国内领先行列。

——城乡一体化生活垃圾收运处置体系趋于完善，农村生活垃圾清运覆盖率达到 100%，全市生活垃圾资源化利用率达 90% 以上，生活垃圾回收利用率达到 35% 以上；

——覆盖全市的再生资源回收网络体系基本形成，垃圾分类收运与再生资源回收体系顺利衔接，市域"两网融合"体系基本建成。

3.4　生活垃圾产生量及组分估算

3.4.1　人口预测

预测说明：常规的人口总量预测，需根据城市总体规划，结合人口总量和城镇化水平，分别对城区人口和农村人口进行预测，然后根据人均垃圾产生量预测出城区和农村的垃圾产生情况。

由于武安市暂不统计全部乡镇的常住人口，因此根据武安市历年户籍人口增长情况，结合武安市在河北省、邯郸市经济发展水平和人口增长的排名等基本情况，对武安市总户籍人口进行预测，预计到 2020 年武安市总户籍人口可达到 92.6 万人，

水泥窑协同处置生活垃圾关键技术及城乡统筹一体化应用

到 2025 年可达到 102.8 万人（如表 3-9 所示），各规划阶段的预测人口总数与《武安市城乡总体规划（2013—2030 年)》基本相符。

表 3-9　武安市各地区户籍人口预测　　　　单位：人

乡镇	2015 年	2020 年	2025 年
武安镇（城区）	110 098	172 159	246 280
北安庄乡	18 789	19 489	20 215
午汲镇	46 315	48 040	49 829
伯延镇	22 695	23 540	24 417
淑村镇	27 468	28 491	29 552
磁山镇	30 478	31 613	32 790
石洞乡	25 788	26 748	27 745
冶陶镇	26 001	26 969	27 974
徘徊镇	31 498	32 671	33 888
马家庄乡	22 102	22 925	23 779
西土山乡	55 309	57 369	59 505
上团城乡	36 355	37 709	39 113
阳邑镇	49 867	51 724	53 651
矿山镇	47 050	48 802	50 620
贺进镇	28 765	29 836	30 947
大同镇	48 454	50 259	52 130
西寺庄乡	46 211	47 932	49 717
康二城镇	11 350	11 773	12 211
工业园区	24 092	24 989	25 920
邑城镇	45 239	46 924	48 671
北安乐乡	34 296	35 573	36 898
管陶乡	21 516	22 317	23 148
活水乡	27 309	28 326	29 381
总计	837 045	926 178	1 028 381

3.4.2　垃圾产生量预测

（1）预测方法

常用的垃圾产生量预测方法有人均产生量法、线性回归法、灰色理论法与移动平均法。其中，线性回归法、灰色理论法与移动平均法是依据往年垃圾产生量的变化情况进行预测。人均产生量法是基于人口和经验数值，是一种较为准确的预测方法，也是目前在基础数据不完整时通常采用的预测方法。在本规划中采用人均产生量法进行预测，其公式为

$$R = P \times M \times 10 \qquad (3\text{-}1)$$

式中：R——垃圾产生量，t/d；

P——规划人口数，万人；

M——人均垃圾日产生量，kg/（人·d）。

（2）人均垃圾产生量分析

根据调研结果，武安市城区垃圾日清运量为 330 t，实际服务人口 25 万人（城区人口为 22.5 万人，服务范围包含了近郊村镇），分析得出城区人口生活垃圾平均产生量为 1.32 kg/（人·d），但该数字只能作为人均垃圾产生量预测的参考，并不能真实反映武安人均垃圾产生情况。主要原因如下：一是随着城市的扩大，垃圾收运服务人口一直处于动态的增长之中，但统计数据一般都相对滞后；二是垃圾总清运量多以车吨位估算，要高于实际产生量。

根据对国内相关城市的统计分析，目前国内城市生活垃圾人均产生量为 0.8～1.3 kg/（人·d），其中深圳、广州、上海等大城市人均生活垃圾产生量约为 1.2 kg/（人·d），威海、中山、台州等沿海中等城市人均垃圾产生量约为 0.9 kg/（人·d）。从表 3-10 中可以看出，人均垃圾产生量与经济发展水平相当。

表 3-10　大中型城市垃圾产生量参考值　　　　　　　　单位：kg/（人·d）

城市		人均垃圾产量
大城市	深圳	1.11
	广州	1.20
	上海	1.20
中等城市	威海	0.98
	中山	0.90
	台州	0.99

（3）人均垃圾产生量预测

经济发展水平：武安市各项经济运行指标均高于全省平均水平，经济实力较为雄厚。2015 年武安市人均 GDP 达 11 000 美元，除略低于唐山市的 12 607 美元外，高于其他 10 个地级市的平均水平，且远高于河北省的平均水平（6 481 美元）。

城乡差异突出：武安市是工业大市，人口相对向城镇集中，农村常住人口流失较明显。同时，调研情况显示，城镇和农村存在较大差异，人均垃圾产生量应按不同标准处理。

根据"十二五"时期武安市城区垃圾清运统计数据和同类地区经验数据，得出武安市城镇和农村人均垃圾产生量（如表 3-11 所示）。

表 3-11　武安市人均垃圾产生量预测数值　　　单位：kg/（人·d）

规划期限	城区	农村	
		非采暖期	采暖期
2020 年（规划近期）	1.2	0.8	1.2
2025 年（规划远期）	1.3	0.9	

城镇地区：参考表 3-10 国内大中型城市垃圾产生情况（随着经济水平的持续增长，该数据也会有所增加），因此，规划近期城镇人均垃圾产生量取 1.2 kg/（人·d），远期取 1.3 kg/（人·d）。

农村地区：由于武安市农村天然气普及率偏低，农村在采暖期使用煤炭量明显增加，因此采暖期与非采暖期间的垃圾产生量相差很大。"十三五"期间，武安市全面铺开天然气建设工程，因此规划近期，采暖期取 1.2 kg/（人·d），非采暖期取 0.8 kg/（人·d）；规划远期不再区分采暖期和非采暖期，人均垃圾产生量取 0.9 kg/（人·d）。

（4）垃圾日产生量预测

根据《武安市城乡总体规划（2013—2030 年）》，规划近期，武安市中心城区范围将由武安镇基本覆盖到工业园区、西土山乡、北安庄乡、午汲镇、康二城镇等地区，其人均生活垃圾产生量取城区数值；规划远期将继续覆盖到伯延镇、上团城乡、淑村镇 3 个乡镇，其人均生活垃圾产生量取城区数值。根据人口预测结果和人均垃圾产生情况，综合考虑武安市乡镇地区人口和外来人口向武安城区流动等因素，预计到 2020 年武安市城区常住人口可达 32.5 万人，2025 年可达 45.1 万人。

预测 2020 年，武安市域生活垃圾产生总量平均为 1 042 t/d，其中中心服务区生活垃圾产生量为 419 t/d，其他服务区生活垃圾产生量平均为 623 t/d；预测 2025 年，武安市域生活垃圾产生总量为 1 170 t/d，其中中心服务区生活垃圾产生量为 586 t/d，其他服务区生活垃圾产生量为 584 t/d。具体如表 3-12 所示。

表 3-12　5 个服务区生活垃圾产生量预测　　　单位：t/d

服务区	2015 年		2020 年		2025 年
	非采暖期	采暖期	非采暖期	采暖期	
中心服务区	330		419		586
北部服务区	30	54	34	60	39
中南部服务区	146	276	180	313	197
中部服务区	184	344	220	388	244
东部服务区	70	126	94	143	104
总计	760	1 130	947	1 323	1 170

注：规划期内，按照《武安市城乡总体规划（2013—2030 年）》，对于新划入城区范围的乡镇，人均垃圾产生情况均按城区生活垃圾产生水平估算。服务区覆盖范围详见表 3-16。

3.4.3　垃圾重要组分估算

城市生活垃圾产生量和组分是城市生活垃圾从清运到最终处置整个决策系统的关键参数，估算这些参数是对生活垃圾进行全过程管理的基础性工作。在科学估算生活垃圾产生量的基础上，准确预测生活垃圾组分是合理进行城市生活垃圾规划的先决条件。

（1）影响因素分析

影响生活垃圾组分的因素有直接影响因素和间接影响因素。直接影响因素主要包括人口、居民生活水平、城市发展建设状况等直接导致生活垃圾组分变化的因素，一般用于定量分析预测；间接影响因素主要包括自然因素（城市所处气候等）、个体因素（个体行为习惯、生活方式、受教育程度等）、社会因素（社会行为准则、社会道德规范、法律规章制度）等通过影响居民行为而间接改变生活垃圾组分的因素，由于难以选取定量指标，在实际预测应用中仅用于定性分析。

（2）预测方法选择

目前的生活垃圾组分预测方法依照使用数据的不同，可分为基于历史数据的直接预测法和借鉴相似城市的类比法。

基于历史数据的直接预测法。选取影响生活垃圾组分的社会经济因素，利用影响因素和历年生活垃圾产生量数据构造数理统计模型，通过预测影响因素的变化，得到预测结果。然而，由于很多城市的生活垃圾产生量等统计数据缺失，实际预测中直接预测法的应用较少。

借鉴相似城市的类比法。该预测方法以影响城市生活垃圾产生的因素为类比指标，确定可类比城市，以可类比城市数据作为预测基础数据，建立预测模型。

（3）垃圾组分预测

由于武安市缺乏生活垃圾组分的历年统计数据，本规划确定以京津冀某地区为类比城市，根据类比城市的模型预测结果，综合考虑人口、居民消费水平、能源利用结构变化等因素影响，结合《武安市城乡总体规划（2013—2030年）》和全市"十三五"规划，预测规划期内：

①随着"十三五"时期武安市天然气工程的建设，天然气普及率将大大增加，农村生活垃圾中灰土等将明显减少；②生活垃圾组分中占比最高的仍然是厨余垃圾，但比例将逐年下降；③纸类、橡塑、玻璃、金属等可回收垃圾的比例也比较高，并将有一定增加；④砖瓦、陶瓷组分含量无明显变化；

武安市城区和农村地区在2020年、2025年的生活垃圾组分预测结果分别如表

3-13 和表 3-14 所示。

表 3-13　武安市城区生活垃圾组分预测　　　　　　　　单位：%

年份	纸类	橡塑	织物	竹木	玻璃	金属	灰土	砖瓦、陶瓷	厨余	其他
2015	5.22	16.28	1.77	3.65	4.59	2.71	15.02	5.32	44.13	1.85
2020	7.04	18.99	3.28	3.21	5.66	3.50	10.03	5.14	41.80	1.35
2025	8.12	20.84	4.63	2.97	6.78	4.24	5.42	5.05	40.55	1.40

表 3-14　武安市农村地区生活垃圾组分预测　　　　　　　　单位：%

组分	2015 年		2020 年		2025 年
	非采暖期	采暖期	非采暖期	采暖期	
厨余垃圾	63.80	25.00	59.80	35.00	56.40
灰渣、陶瓷、砖瓦	11.76	64.00	9.20	47.00	7.30
废旧塑料	9.10	4.00	12.20	6.80	14.90
可回收纸类	9.75	2.00	12.50	5.00	14.70
有害垃圾等	5.59	5.00	6.30	6.20	6.70

注：武安市"十三五"时期规划建设天然气工程，因此规划远期农村生活垃圾组分中的渣土量将大幅减少，采暖期、非采暖期垃圾组分相差不大，不再单独划分。

（4）重要组分产生量预测

规划近期，农村地区采暖期渣土量较大，因此规划采暖期渣土单独收集、转运；规划远期，规划建立城镇再生资源规范化回收体系。因此结合前文对垃圾日产生量和垃圾组分的预测分析，对规划近期采暖期渣土量和规划远期再生资源量分别进行估算。

规划近期，非采暖期全市生活垃圾清运量达到 947 t/d，采暖期全市生活垃圾清运量达到 1 323 t/d，其中需单独清运的渣土量为 316 t/d；规划远期，城乡生活垃圾清运量达到 1 170 t/d，其中再生资源组分量为 279 t/d。具体如表 3-15 所示。

表 3-15　生活垃圾重要组分产生情况统计　　　　　　　　单位：t/d

	2020 年			2025 年	
	非采暖期	采暖期		再生资源	其他
		渣土	其他		
中心城区	419			279	307
农村地区	528	316	588	—	584
总计	947	1 323		1 170	

3.5　主要任务

3.5.1　总体规划思路

　　引入第三方企业和社会资本，并成立由武安市政府和第三方企业组成的武安市城乡环卫一体化管理办公室，搭建环卫系统信息化管理平台，实现武安市城乡生活垃圾收运一体化及规范化、垃圾资源化、运营市场化、管理信息化（如图 3-22 所示）。

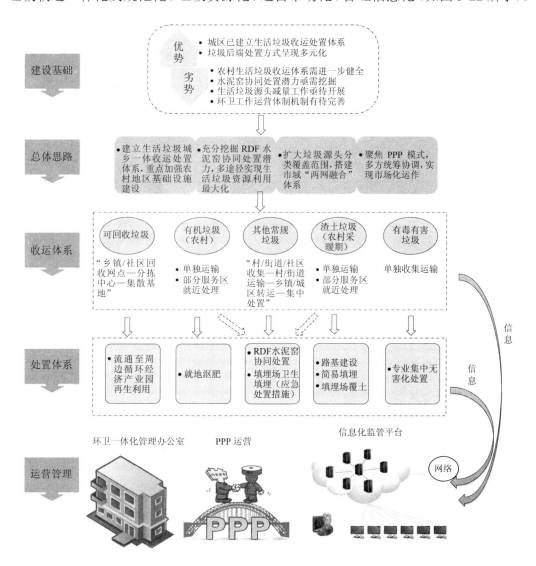

图 3-22　武安市城乡统筹的生活垃圾收运处置规划思路框架

规划近期：以改造提升城区垃圾收运基础设施、完善乡镇地区生活垃圾收运体系为重点，建设武安市生活垃圾城乡一体化收运处置体系；提升 RDF 工艺水平，适时启动二期项目建设，逐步扩大 RDF 水泥窑协同处置覆盖范围；在重点乡镇、城区重点小区试点生活垃圾源头分类，布局覆盖城乡的再生资源回收网点。

规划远期：生活垃圾城乡一体化收运处置体系趋于完善，RDF 水泥窑协同处置服务范围基本覆盖全市域；规划重点是扩大生活垃圾源头分类覆盖范围，完善城镇再生资源回收网络体系，搭建武安市生活垃圾分类收运与再生资源回收"两网融合"体系。

3.5.2 规划分区

结合城区、各乡镇垃圾收运处置现状，综合考虑人口分布情况和垃圾产生情况，以最大限度地降低运输压力和加强资源化、协同利用为原则，将武安市域划分成 5个生活垃圾收运处理服务区（如表 3-16 所示）。

表 3-16 武安市生活垃圾收运处理服务区范围

序号	服务区划分	覆盖范围
1	中心服务区	武安镇（城区）
2	北部服务区	管陶乡、活水乡
3	中南部服务区	石洞乡、冶陶镇、徘徊镇、磁山镇、午汲镇、伯延镇、马家庄乡、北安庄乡、淑村镇
4	中部服务区	阳邑镇、矿山镇、西寺庄乡、上团城乡、大同镇、西土山乡、贺进镇
5	东部服务区	邑城镇、北安乐乡、康二城镇、工业园区

3.5.3 生活垃圾处理体系规划

（1）规划思路

规划期内，以充分挖掘 RDF 水泥窑协同处置潜力为重点，同时生活垃圾填埋场作为补充、应急处置场所，实现武安市生活垃圾资源化利用最大化。在改造提升现有 RDF 水泥窑协同处置项目工艺基础上，逐步扩大项目服务范围，并适时启动 RDF 水泥窑二期项目，项目全部建成后，生活垃圾总处理能力可达 80 t/h，可以满足规划近期、远期武安整个市域的生活垃圾处置需求。

（2）生活垃圾处理技术分析

现阶段，常见的生活垃圾处理方法有填埋、堆肥、焚烧等，不断提升了垃圾无害化、资源化水平。RDF 水泥窑协同处置是近年较热门的生活垃圾处置方式，与常用生活垃圾终端处理模式相比（如表 3-17 所示），RDF 水泥窑协同处置具有占地面积小、可实现垃圾分选、资源化利用率高等突出优势。武安市可充分挖掘 RDF 水泥窑协同处置潜力，实现生活垃圾减量、资源化利用，缓解填埋终端处置压力等问题。

表 3-17　常见生活垃圾终端处理模式的对比分析

处理模式	技术特点	优势	劣势	适用性
RDF 水泥窑协同处置	利用垃圾分选筛上物制备的垃圾衍生燃料（RDF）作为替代燃料，焚烧飞灰水洗除氯后进水泥窑协同处置	减少了对不可再生资源的开发，可彻底解决占用土地、二次污染、二噁英排放及焚烧灰渣的处理问题，真正实现"减量化、资源化、无害化"的要求	所生产水泥质量难以保证，垃圾中含有的有机氯和无机氯会对水泥生产过程、水泥产品质量和烟气中重金属排放产生不利影响；设备投资大	适用于经济较发达地区，目前未得到广泛推广
卫生填埋	属传统方法，选择相对封闭的地质环境作为天然屏障，利用工程措施构筑人工衬层，将其作为人工屏障，对填埋物进行预处理以减少其环境危害，将生活垃圾堆置在一个相对封闭的环境中	建设投资较省，运营成本较低，技术成熟，作业简单，对处理对象的要求较低	场地受地理、地质和水文条件限制较多，选址较困难；减量化、资源化程度最低；场地使用年限短；远离城区，垃圾运输费用较高；填埋气的综合利用率低；垃圾渗滤液溢出和发沼气聚集带来的环境问题不容忽视	适用于土地资源丰富的地区，在世界范围内被广泛应用，近年来在发达国家的发展渐呈颓势
焚烧发电	采用高温技术将生活垃圾中的有机物（包括人工合成物质）彻底分解为气体物质，排放到大气之中	占地小，场地选择易，处理时间短，减量化效果显著，无害化较彻底，可回收垃圾焚烧余热	建设投资、运营成本较高；技术含量较高，对运营操作者要求较高；垃圾燃烧不稳定，烟气治理难达标	适用于人口密度较大、经济发达的地区
堆肥	针对垃圾中的可生物降解组分，在厌氧或者好氧条件下进行微生物分解，使其返回到土壤环境中	能有效实现垃圾的资源化、减量化、无害化；能有效使垃圾中的有机物稳定下来，得到堆肥产品；建设投资较省，设施占地相对较少	只能处理垃圾中的可腐有机物，且可腐有机物的含量应大于40%；处理过程中的恶臭较难控制，产品肥效不佳且重金属含量较高；垃圾堆肥产品销路较少，难以进入市场	其应用受堆肥产品销路的制约；发达国家因前期分类工作到位，使得堆肥厂建设稳步增加

（3）生活垃圾处理系统布局

目前，武安中心服务区、北部服务区（管陶乡和活水乡）的生活垃圾收运体系已经形成，为 RDF 水泥窑协同处置先行区；同时，中部、中南部、东部 3 个服务区为 RDF 水泥窑协同处置扩展区。随着武安市城乡一体化生活垃圾收运体系的逐步完善，RDF 水泥窑协同处置的服务范围将覆盖整个市域（如图 3-23 所示）。

图 3-23　武安市生活垃圾处理系统布局规划

（4）生活垃圾处理设施规划

改造提升 RDF 一期项目。继续处理填埋场陈腐垃圾，同时根据实际需求适当提高 RDF 水泥窑项目日运行时间，以处置有机物含量高的城乡新鲜垃圾为主。同时对 RDF 项目进行升级改造，增加前端垃圾干燥设施，改善项目运行条件，提高运行效率；由于干燥设备投资大，耗能高，可考虑采用压缩方式，进一步降低垃圾含水率。

适时启动 RDF 二期项目建设。RDF 水泥窑二期项目现已具备建设条件，设计处理能力为 40 t/h，根据武安市垃圾产生量预测情况，规划未来 2～3 年内启动实施，届时 RDF 水泥窑协同处置生活垃圾项目的最大处置能力将达到 1 600 t/d，在旅游旺季景区垃圾量较大、采暖期渣土量较大、冬季外出务工人员返乡潮等可能导致垃圾产生量增加的特殊时期，也可充分满足规划期内武安市全部生活垃圾的处置需求。

发挥垃圾填埋场补充、应急功能。①生活垃圾填埋场作为辅助处理设施，原则上不再处置新鲜垃圾，主要用于处置 RDF 项目分选的小部分无法焚烧垃圾，同时也是全市生活垃圾的应急处理场所。对于已填埋场区，进行无害化封场绿化，并进行沼气和渗滤液导排。②此外，填埋场渗滤液处理设施也用于处理乡镇新建垃圾转运站和压缩转运车产生的部分垃圾渗滤液。③垃圾填埋场的陈腐垃圾应继续运往 RDF 项目做最终处置。

充分利用现有设施多途径处置采暖期渣土。以减少运输成本、就地减量化为原则，综合多类方式处置。一是充分利用现有农村简易垃圾填埋场进行填埋处置，二是就近用于道路建设，三是运至武安市生活垃圾填埋场作为覆盖土，四是适当利用水泥窑协同处置。

农村有机垃圾就地资源化利用。积极推行有机垃圾就地生态处理和沤肥还田，如与秸秆、畜禽粪污等农业废弃物协同处理后生产农家肥，从而实现有机垃圾源头减量和就地资源化利用。

专栏 3-4　武安市 RDF 水泥窑协同处置项目基本情况

● RDF 制备项目：由武安市新清成再生资源利用有限公司建设，项目位于中南部服务区的午汲镇，紧邻生活垃圾卫生填埋场，一期已稳定运行，处理能力 40 t/h，二期项目也已具备建设条件，设计处理能力 40 t/h。

● 水泥窑协同处置项目：由武安市新峰水泥有限责任公司实施，目前有水泥熟料生产线 3 条，其中 2 条 4 800 t/d、1 条 3 000 t/d。除极少部分不能燃烧的垃圾进入填埋场外，RDF 及大部分筛下物进入新峰水泥窑协同处置项目，在完全消纳 RDF 及筛下物的基础上（图 3-24），还可协同处置武安市污水处理厂的部分市政污泥。

水泥窑协同处置生活垃圾关键技术及城乡统筹一体化应用

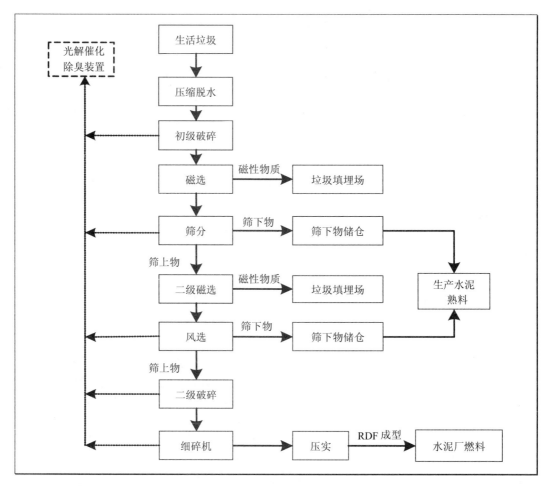

图 3-24　RDF 水泥窑协同处置生活垃圾工艺流程

专栏 3-5　武安市农村生活垃圾就地资源化处理方案

　　由于武安市农村地区占地面积较大，部分村庄道路狭窄，因此亟待因地制宜开展农村生活垃圾就地资源化工作。武安农村生活垃圾组分在采暖期和非采暖期差别较大，非采暖期厨余垃圾等易腐有机垃圾占比较高，而采暖期渣土为生活垃圾的主要成分。为便于试点地区居民具体落实垃圾源头粗分类工作，可将武安市农村地区生活垃圾分为易腐有机垃圾、渣土垃圾和其他垃圾，为减少运输和劳动力成本，部分地区（如北部、东部服务区）有机垃圾、渣土垃圾应实现就地消纳。

　　采暖期渣土多途径处置。规划近期，农村采暖期产生渣土 316 t/d，以减少运输成本、就地减量化为原则，应充分利用现有基础设施，综合多类方式解决渣土处置问题。①充分利用现有农村简易垃圾填埋场（填埋坑）进行填埋处置；②就近用于村庄道路路基建设；③运至武安市生活垃圾填埋场作为覆盖土；④适当利用水泥窑协同处置。

农村有机垃圾就地资源化利用。规划近期，农村厨余类有机垃圾产生量约为 320 t/d，其中北部和东部两个服务区到终端处置设施运输距离较远，为降低运输成本，上述服务区可积极推行有机垃圾就地沤肥还田，将其与秸秆、畜禽粪污等农业废弃物经协同处理后生产农家肥，促进农村有机垃圾就地消纳不出村，从而实现有机垃圾源头减量和就地资源化利用。

3.5.4　生活垃圾收运体系规划

（1）规划思路

对于中心服务区（武安镇）、北部服务区（管陶乡、活水乡）两个生活垃圾收运体系相对完善的区域，城乡一体化收运体系建设的主要任务是对现有基础设施的改造升级和规划增建。

对于中部、中南部、东部服务区等基本未形成生活垃圾收运体系的区域，城乡一体化收运体系建设的主要任务是每户居民垃圾桶的配备及垃圾收集池、收集站、转运站、转运车辆等基础设施的配套完善，并逐步形成生活垃圾"户分类—村收集—第三方企业分类转运和资源化处理"的一体化收运模式。

（2）常见生活垃圾收集转运模式

常见的生活垃圾收集转运模式有直运模式和中转模式两种。其中，直运模式根据收运设施的不同又分为非压缩直接收运、压缩式直接收运、钩/摆臂式收运 3 种模式；中转模式根据收运设施、压缩次数等的不同又分为非压缩式垃圾中转收运、一次压缩收运、二次压缩收运 3 种模式。

专栏 3-6　常见的生活垃圾收集转运模式

（1）直运模式

● 非压缩直接收运模式：利用 3～5 t 装垃圾车、侧装垃圾车等，将居民直接投放于垃圾收集点的生活垃圾进行收集后直接运输到垃圾处理场所，较适用于人口密度低、垃圾产生量小的中小县城或乡镇，车辆可方便进出和收集点距离处理场所不远（＜15 km）的地区。

- 压缩式直接收运模式：采用自带压缩设备的 5～8 t 压缩式垃圾运输车，前端配备与之相适应的垃圾收集桶，适用于垃圾产生分散、前端收集设施配备整齐、交通条件较好且具有一定经济实力的地区。

- 钩/摆臂式收运模式：将有投放口的垃圾箱作为垃圾收集容器，置于道路两侧或居民区，垃圾收集至一定程度后，由配套钩/摆臂式垃圾车直接运往垃圾处理场。根据垃圾箱是否带有压缩设备，该种模式又可分为压缩式和非压缩式两种，一般压缩式载重较高（8～12 t），可进行长距离运输，非压缩式载重 3～5 t，不适宜进行长距离运输。

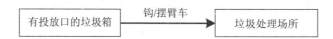

(2) 中转模式

- 非压缩式垃圾中转收运模式：前端主要采用人力车、小型电动收集车等将居民区投放于垃圾桶（箱）的垃圾运输到非压缩式的垃圾收集站，然后由垃圾转运车辆将转运站的垃圾运往垃圾处理场，单次运输能力为 3～5 t，转运站处理负荷一般低于 100 t/d。

- 一次压缩收运模式：前端主要采用人力车、小型电动收集车等将垃圾桶、收集点的垃圾运输到压缩式的垃圾转运站，由转运站将垃圾压缩后通过转运车辆运往垃圾处理场，单次运输能力为 8～12 t，转运站处理负荷一般低于 150 t/d。

- 二次压缩收运模式：前端主要采用人力车、小型电动收集车等将垃圾桶、收集点的垃圾运输到压缩式的垃圾收集转运站，由转运站将垃圾压缩后通过转运车辆运往垃圾处理厂，单次运输能力为 8～12 t，转运站日处理负荷一般高于 300 t/d；或由小型垃圾收运车将垃圾收集点的垃圾运至小型垃圾转运站，再经中型运输车辆运往大型二次压缩转运站，压缩后通过转运车辆运往垃圾处理场，中型运输车单次运输能力为 8～10 t，大型运输车单次运输能力为 12～20 t。

（3）城乡一体化收运模式与权责体系

在对常见生活垃圾收集转运模式优缺点、适用性进行分析的基础上，结合武安市多山地丘陵、农村面积广、人口相对分散、道路普遍曲折狭窄的实际情况，并综合考虑各服务区、各乡镇的生活垃圾产生量及距离 RDF 终端处置的运输距离，规划除人口密集、交通条件较好的中心服务区实行一次压缩收运模式外，其他地区均采用非压缩式中转收运模式。

根据前述对武安市生活垃圾处理系统布局规划及生活垃圾收集转运模式的选择，结合各服务区的生活垃圾收运现状和目前武安城乡"县—乡镇（街道）—村（社区）"的三级管理体系，规划确定武安市生活垃圾城乡一体化收运模式与权责体系，如图 3-25 所示。

1）中心服务区

中心服务区的生活垃圾主要由社区、机关、学校、大型商场、街道、公园等通过垃圾箱收集，由所在街道办负责垃圾运输，经垃圾收集站收集后，统一运往城区垃圾转运站转至垃圾终端处置设施。考虑到武安市城区生活垃圾已基本实现"日产日清"和无害化处置，近期规划重点是城区垃圾转运站升级改造，远期规划重点是推行生活垃圾源头分类及构建再生资源规范化回收体系。

2）其他服务区

武安市农村地区占地面积较大，各村镇分布较为散乱，部分村庄道路狭窄，大型垃圾收集运输车辆无法深入村庄收集垃圾，因此规划其他服务区建设"村垃圾收集点（村户保洁桶、垃圾箱、垃圾池）—村垃圾收集站—乡镇垃圾转运站"的三级生活垃圾收运设施。

同时，结合武安农村生活垃圾收运处理权责划分情况，配套三级清运设施"村保洁员—村委会—乡镇环卫所/第三方企业"的三级生活垃圾收运权责体系。

村户收集：农村生活垃圾实行定点收集。各村按户配备保洁桶，按人口和垃圾产生量在村庄公共区域配备密闭式垃圾箱、规范化垃圾收集池。由各村保洁员定时上门回收村户保洁桶垃圾送至村庄垃圾收集站，其他各收集点、村庄收集站的日常保洁管理工作均由各村保洁员统一负责。

村庄运输：垃圾运往村庄垃圾收集站后，由各乡镇环卫所统一管理，第三方企业负责将垃圾再运往相应乡镇的垃圾转运站，距离垃圾处置设施较近的区域可直接运往垃圾处理厂。此外，为降低运输成本，距离垃圾处置设施较远的北部服务区和东部服务区的部分垃圾（如渣土、有机垃圾等）尽量村内消化，就近处置。

水泥窑协同处置生活垃圾关键技术及城乡统筹一体化应用

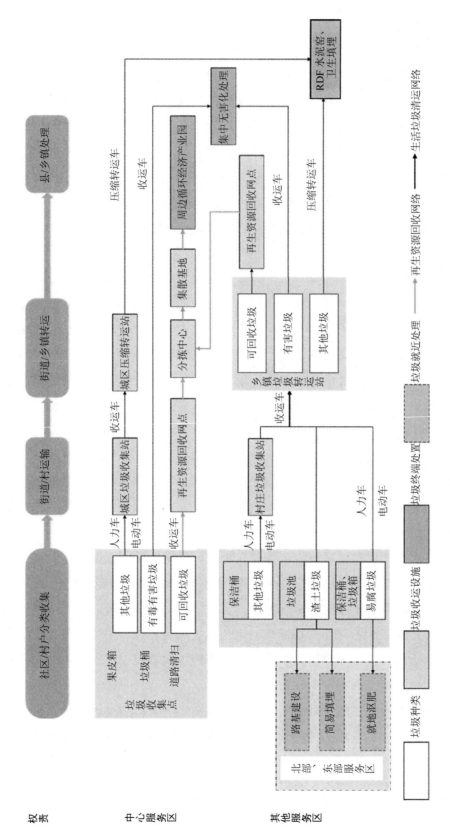

图 3-25 武安市生活垃圾城乡一体化运行模式与权责体系

乡镇转运：由武安市农工委协同住建局根据设施情况统一规划统筹，以乡（镇）为单位建设非压缩式垃圾转运站，第三方企业继续负责将各乡镇垃圾转运站垃圾运往垃圾终端处置设施，并由武安市农工委对各类垃圾收运设施运行情况进行监督检查。

（4）收集转运站建设规划

1）建设标准和原则

参照《环境卫生设施设置标准》（CJJ 27—2012）、《生活垃圾转运站技术规范》（CJJ 47—2006），生活垃圾收集点、收集站（城区、农村）及生活垃圾转运站的建设原则如下。

专栏 3-7 生活垃圾收集点、收集站、转运站建设原则

（1）城区生活垃圾收集点、收集站建设原则
- 大于 5 000 人的居住区宜单独设置收集站，小于 5 000 人的居住区可与相邻区域提前规划，联合设置收集站。
- 有条件的居住区，可设置专门的垃圾运输通道。
- 大于 1 000 人的学校、企事业等社会单位宜单独设置收集站，小于 1 000 人的学校、企事业等社会单位，可与相邻区域提前规划，联合设置收集站。
- 城区收集站应建设在交通便利、方便收集转运车辆作业的地点，并具备供水、供电、污水排放等条件。
- 收集站的设计规模应考虑远期发展的需要，收集站设计收集能力不宜大于 30 t/d，可分为三个等级：≤10 t/d、10～20 t/d、20～30 t/d。

（2）农村生活垃圾收集点、收集站建设原则
- 村庄垃圾收集点的服务半径不宜超过 200 m。
- 各村收集点根据垃圾量设置垃圾箱或垃圾桶，每个收集点宜设置 2～10 个垃圾桶。
- 采用人力收集，收集点的服务半径宜为 0.4 km 以内，最大不宜超过 1 km；采用小型机动车收集，服务半径不宜超过 2 km。
- 原则上，每个乡镇建设 1 座独立式的垃圾收集压缩站，同时应配套建设相关建筑、排水设施及停车场。

（3）生活垃圾转运站建设原则
- 当垃圾运输距离超过经济运距且运输量较大时，宜设置垃圾转运站，转运站应设在交通便利、易安排清运线路的地方，且满足供水、供电、污水排放的要求。
- 原则上，每县建设 2～3 座大中型垃圾压缩转运站，处理规模不低于 150 t/d，负责将生活垃圾压缩后运往末端处理设施。
- 当垃圾处理设施距垃圾收集服务区平均运距大于 30 km 且垃圾收集量足够时，应设置大型转运站，必要时宜设置二级转运站（系统）。
- 采用小型转运站转运的城镇区域宜按每 2～3 km^2 设置 1 座小型转运站。

- 常规（一级）转运站的规模可按表 3-18 选择，通常是 II 类、III 类、IV 类，其配套的二次运输车辆可以是中型、大型（有效载重从几吨到十几吨，箱体容积从几米³到几十米³）。但二级转运站必须是大型规模，与其配套的二次运输车辆通常是超大型集装箱式运输车（有效载重通常在 15 t 以上，箱体容积大于 24 m³）。

表 3-18　垃圾转运站类型

类型	大型		中型	小型	
	I 类	II 类	III 类	IV 类	V 类
设计转运量/（t/d）	1 000～3 000	450～1 000	150～450	50～150	≤50

2）生活垃圾收集点

①城区生活垃圾收集点。

城区生活垃圾收集点主要指中心城区沿街道设置的若干垃圾桶、垃圾箱、果皮箱等。将中心城区划分 10 个作业区（如图 3-26 所示），根据规划近期、远期人口分布及垃圾产生情况，配备相应数量的垃圾箱、垃圾桶（如表 3-19 所示）。

图 3-26　中心城区生活垃圾收运作业区划分

表 3-19　中心城区生活垃圾收集点数目估算　　　　单位：个

分区	覆盖范围	2020 年		2025 年	
		需求	新增	需求	新增
一分区	中兴路以北、西环西侧道路以西，包括崇义精密铸造产业园	26	4	37	11
二分区	西环西侧道路以东、新华大街以西、中兴路以北	35	5	50	15
三分区	新华大街以东、中山大街以西、中兴路以北	79	11	112	33
四分区	中山大街以东、东环路以西、中兴路以北	61	9	87	26
五分区	东环路以东、南环路以北	26	4	37	11
六分区	中兴路以南、建设大街以西、南环路以北	26	4	37	11
七分区	中兴路以南、建设大街以东、中山大街以西	52	7	74	22
八分区	南环路立交桥西北角	52	7	74	22
九分区	中兴路以南、西侧环城公路以东、南侧公路以北、东环路以西	9	1	12	4
十分区	东环路以东、南侧公路以北、南环路以南、东侧公路以西	17	2	25	7
合计		383	54	545	162

注：垃圾箱容量按 2 m³ 计，规划远期新增垃圾箱数量基于近期规划数量计算。

②农村地区生活垃圾收集点。

生活垃圾收集池改建、垃圾箱及保洁桶配置：农村地区的生活垃圾收集点主要指各村按户配备的保洁桶，按人口和垃圾产生量配备的规范化垃圾收集池、密闭式垃圾箱。其中，各村按户配备保洁桶，由各村保洁员定时上门回收送至村庄垃圾收集站；垃圾收集池主要用于收集村民采暖期渣土，主要是对各村现有垃圾池的改造升级，实现垃圾池半封闭化、规范化，彻底杜绝尘土飞扬、雨污水横流现象；密闭式垃圾箱则设在各村广场、村委会或旅游景区等公共场所，用于收集该区域产生的垃圾，再由村保洁员清运至村垃圾收集站。

农村采暖期渣土单独清运：由于农村地区采暖期渣土产生量较大，考虑在采暖期单独运输处理。同时结合北部服务区和东部服务区采暖期渣土产生量较少、运输距离较远的情况，规划近期北部服务区和东部服务区的渣土均由各村建立的垃圾池统一收集后用作村庄道路路基建设或简易填埋处理，而中部服务区、中南部服务区采暖期产生的渣土经垃圾池收集后均由渣土运输车辆运至 RDF 项目或填埋场处置。

规划近期，在部分乡镇村庄试点生活垃圾源头分类（如表 3-20 所示），各村按户配备 2 个具有明显标志的保洁桶，分别用来收集村户日常产生的易腐有机垃圾和其他垃圾，未试点乡镇地区的村庄按户配备 1 个保洁桶。

表 3-20　武安市农村生活垃圾源头分类试点乡镇

服务区	试点乡镇	试点村庄数量/个
中心服务区	武安镇（城区）	6
中南部服务区	北安庄乡	12
	午汲镇	28
	石洞乡	15
	徘徊镇	29
	小计	84
中部服务区	西土山乡	19
	矿山镇	30
	大同镇	21
	小计	70
东部服务区	康二城镇	9
	工业园区	12
	小计	21
北部服务区	管陶乡	38
	活水乡	36
	小计	74
总计		255

注：生活垃圾源头分类试点乡镇主要为紧邻城区的乡镇、水源地乡镇及部分人口众多的乡镇。

各乡镇保洁桶、垃圾收集池、密闭式垃圾箱数量如表 3-21 所示。其中，武安全市 494 个行政村（不含城区街道），规划近期共需为农村居民配备 285 999 个保洁桶（每户按 4 口人计算），改造或新建 1 953 个垃圾池，配置 785 个密闭式垃圾箱。规划远期，考虑到人口增长和逐渐在全市乡镇村庄推行垃圾分类的情况，新增 110 029 个保洁桶；此外，由于"十三五"时期武安市将全面铺开天然气建设工程，采暖期渣土产生量将大幅减少，因此远期不再增设垃圾池。

表 3-21　武安市乡镇地区垃圾收集点数量估算　　　　　　　　单位：个

服务区	乡镇	村庄数量	保洁桶数量		垃圾池数量	密闭式垃圾箱数量
			2020 年	2025 年		
中心服务区	武安镇（城区）	6	4 800	179	20	9
中南部服务区	北安庄乡	12	9 744	363	49	18
	午汲镇	28	24 020	895	124	46

服务区	乡镇	村庄数量	保洁桶数量		垃圾池数量	密闭式垃圾箱数量
			2020年	2025年		
中南部服务区	伯延镇	15	5 885	6 323	60	22
	淑村镇	21	7 123	7 653	74	29
	磁山镇	23	7 903	8 492	80	32
	石洞乡	15	13 374	498	67	23
	冶陶镇	21	6 742	7 245	73	26
	徘徊镇	29	16 336	608	76	29
	马家庄乡	28	5 731	6 158	60	27
	小计	192	96 858	38 235	663	252
中部服务区	西土山乡	19	28 684	1 068	143	50
	上团城乡	18	9 427	10 129	94	33
	阳邑镇	24	12 931	13 894	126	44
	矿山镇	30	24 401	909	125	45
	贺进镇	32	7 459	8 015	78	32
	大同镇	21	25 129	936	127	44
	西寺庄乡	21	11 983	12 876	119	42
	小计	165	120 014	47 827	812	290
东部服务区	康二城镇	9	5 886	219	41	16
	工业园区	12	12 495	465	71	27
	邑城镇	25	11 731	12 605	118	41
	北安乐乡	11	8 893	9 556	91	32
	小计	57	39 005	22 845	321	116
北部服务区	管陶乡	38	11 159	416	64	52
	活水乡	36	14 163	527	73	66
	小计	74	25 322	943	137	118
总计		494	285 999	110 029	1 953	785

注：①规划近期，试点乡镇村庄每户配备2个保洁桶，非试点乡镇村庄每户配备1个保洁桶，规划远期保洁桶数量基于规划近期配备数量计算；②垃圾池为半封闭小房式结构，收集采暖期渣土，每350人建1座，部分人口少于350人的村庄建1座，采暖期保证一周一清；③在各村公共场所设置一定数量的密闭式垃圾箱（各村数量由村庄实际规模确定），适当增加管陶、活水两个乡镇景区的垃圾箱数量；④武安镇（城区）下辖鼓楼街、南关街、西关街、白鹤观街、北关街、东关街、庄子营村、三小河村、宋二庄村、店子村、西竹昌村、高坡村、东洺远村、南小河村14个行政村（街道），其中，宋二庄村、店子村、西竹昌村、高坡村、东洺远村、南小河村等6个行政村未建设完善的垃圾收储设施，亟待开展相关建设工作。

3）生活垃圾收集站

①城区生活垃圾收集站。

2015年，武安市城区有生活垃圾收集站34座，规模基本为8~10 t/d，规划期内随着生活垃圾产生量的增加，现有收集站将无法满足清运需求，规划近期新建17个垃圾收集站，规划远期新建20个垃圾收集站（如表3-22所示）。

表3-22　武安市城区生活垃圾收集站数目估算

城区垃圾日产生量/（t/d）		垃圾收集站数量/个				备注
2020 年	2025 年	2020 年		2025 年		
		需求	新建	需求	新建	
419	586	51	17	71	20	收集站基本规模为 10 t/d

注：规划远期新建数量基于规划近期新建数量计算。

②村庄垃圾收集站。

垃圾收集站布局模式：农村生活垃圾收集站建设主要有邻村合建和各村自建两种模式（如表 3-23 所示）。考虑到武安农村生活垃圾清运工作虽由农工委统一管理、考核，但实际工作是由各乡镇独立实施、镇以下村委会配合，加上农村地区面积大、道路狭窄，跨区域生活垃圾收运可能存在交通不便、权责不明、考核困难等问题，不利于生活垃圾一体化收运体系建设。综合考虑，规划乡镇地区村庄收集站采用相对分散的布局模式，即在每个行政村建 1 座垃圾收集站（共 494 座），收集完毕后将垃圾运往所在乡镇的垃圾转运站，具体建设规模如表 3-24 所示。

表3-23　农村生活垃圾收集站布局模式比选

布局模式	建设方式	优点	缺点
相对集中模式	邻近村庄合建	投资相对较少、收运设施利用率高	运输距离相对较远、跨村庄管理困难
相对分散模式	各村自行建设	提高村庄设施水平、可实施性强	基建成本较高、管理队伍庞大、压缩设备利用率低

表3-24　武安市农村生活垃圾收集站数目估算　　　　　单位：座

服务区	乡镇	数量	说明
中心服务区	武安镇（城区）	6	小型 6 座
中南部服务区	北安庄乡	12	小型 10 座，中型 2 座
	午汲镇	28	小型 24 座，中型 4 座
	伯延镇	15	小型 15 座
	淑村镇	21	小型 19 座，大型 2 座
	磁山镇	23	小型 21 座，中型 2 座
	石洞乡	15	小型 12 座，中型 3 座
	冶陶镇	21	小型 18 座，中型 2 座，大型 1 座
	徘徊镇	29	小型 26 座，中型 3 座
	马家庄乡	28	小型 28 座
	小计	192	—

服务区	乡镇	数量	说明
中部服务区	西土山乡	19	小型 10 座，中型 9 座
	上团城乡	18	小型 13 座，中型 5 座
	阳邑镇	24	小型 18 座，中型 6 座
	矿山镇	30	小型 27 座，中型 3 座
	贺进镇	32	小型 31 座，中型 1 座
	西寺庄乡	21	小型 15 座，中型 6 座
	大同镇	21	小型 13 座，中型 8 座
	小计	165	—
东部服务区	康二城镇	9	小型 6 座，中型 3 座
	工业园区	12	小型 8 座，中型 4 座
	邑城镇	25	小型 24 座，中型 1 座
	北安乐乡	11	小型 6 座，中型 3 座，大型 2 座
	小计	57	—
北部服务区	管陶乡	38	小型 38 座
	活水乡	36	小型 35 座，中型 1 座
	小计	74	—
总计		494	小型 423 座，中型 66 座，大型 5 座

注：农村生活垃圾收集站规模由村庄人口、垃圾产生量等因素决定，一般在少于 2 500 人的村庄设置小型收集站（5 t/d），在 2 500～5 000 人的村庄设置中型收集站（10 t/d），在多于 5 000 人的村庄设置大型收集站（15 t/d）。

③大中型企业垃圾收集站。

参照《生活垃圾收集站技术规程》（CJJ 179—2012）、《环境卫生设施设置标准》（CJJ 27—2012）相关要求，大于 1 000 人的学校、企事业等社会单位宜单独设置收集站；结合武安市实际生活垃圾的收集需求，规划在武安市较大、人口密集的 17 家钢铁、焦化企业单独设垃圾收集站（如表 3-25 所示）。

表 3-25 武安市单独设垃圾收集站的大中型钢铁、焦化企业统计

序号	企业名称	所在地	职工/人	生活垃圾产生量估算/（t/d）	
				2020 年	2025 年
1	武安市裕华钢铁有限公司	上团城乡崇义四街	10 500	4.2	4.6
2	河北新金钢铁有限公司	武安城区西北角	6 500	2.6	2.8
3	河北文丰钢铁（集团）有限公司	武安市南环路南侧	5 500	2.2	2.5
4	武安市文安钢铁有限公司	武安市南环路	4 600	1.8	2.0
5	河北兴华钢铁有限公司	上团城西	4 000	1.6	1.8
6	武安市明芳钢铁有限公司	城北工业区	4 500	1.8	2.0
7	河北普阳钢铁有限公司	阳邑镇	8 000	3.2	3.5
8	武安东山冶金有限公司	武安市东段（邯郸市向西 25 km）	3 000	1.2	1.3

序号	企业名称	所在地	职工/人	生活垃圾产生量估算/(t/d)	
				2020 年	2025 年
9	武安市广耀铸业有限公司	北环与东环交界往北 5 km 处	3 000	1.2	1.3
10	武安市鑫山钢铁有限公司	磁山镇东 500 m	2 000	0.8	0.87
11	河北远盛钢铁有限公司（总公司）	磁山镇一街	1 500	0.6	0.65
12	武安市鑫汇冶金工业有限公司	午汲镇下白石村北	2 000	0.8	0.87
13	河北省武安市龙凤山冶金工业有限公司	上团城乡	1 620	0.65	0.7
14	武安市烘熔钢铁有限公司	冶陶镇	2 000	0.8	0.9
15	河北运丰冶金工业有限公司	矿山镇	2 458	0.98	1.1
16	河北玉洲煤化工业股份有限公司	东环路与309国道交叉处	1 200	0.48	0.52
17	河北华丰煤化电力有限公司	磁山镇	1 800	0.72	0.78

4）生活垃圾转运站

转运站布局模式：县域、乡镇大中型垃圾转运站主要有完全集中、相对集中、相对分散 3 种布局模式（如表 3-26 所示）。基于 3 种模式的对比分析，考虑到武安农村地区面积大、道路窄及跨区域收运垃圾存在的交通不便、权责不明、考核困难等诸多方面的问题，结合前述对各服务区生活垃圾收集点、收集站的规划布局及农村生活垃圾清运实际工作由各乡镇独立实施的具体现状，规划在中心服务区建设 1 个压缩转运站（在原有转运站基础上改建），其他服务区各乡镇分别建 1～2 个非压缩式垃圾转运站，并统一配置压缩转运车。

表 3-26　生活垃圾转运站布局模式比选

布局模式	建设方式	优点	缺点
完全集中模式	全市集中建设 2～3 个	集中建设投资省、污染集中控制、设施管理方便	收运距离远、整体成本高、实施阻力大
相对集中模式	服务区单独建设或区域乡镇合建	整体收运成本降低、污染得到一定程度控制、转运设施利用率高	实施困难、管理成本高
相对分散模式	各乡镇单独建设	服务区域更加具体、村镇管理权责明确、可操作性强	基建成本较高、管理队伍庞大、压缩设备利用率低

①城区垃圾转运站改造升级。

城区中兴路东头现有垃圾转运站仅为一露天堆场，缺乏高端配套设施，不具备压缩密闭功能，易对周边环境造成二次污染，影响市容市貌。规划对该转运站进行改造升级，配备垃圾压缩设备、喷雾除尘设备和除臭设备，配建污水收集和垃圾渗滤液处理设施，同时配套建设公共厕所、环卫工人休息点、工具房等基础环卫设施。转运站外型应美观，并与周围环境相协调，操作应实现封闭、减容、压缩，设备力求先进，飘尘、噪声、臭气、排水等指标应符合相应的环境保护标准。

专栏 3-8　垃圾转运站压缩工艺比选

目前，国内的压缩式转运站广泛采用垂直压缩式和水平压缩式两种压缩工艺。其特点如表 3-27 所示。

表 3-27　垃圾转运站常见压缩工艺

指标类型	垂直压缩	水平压缩
原理	利用垃圾重力，直接将垃圾导入垂直放置的容器(车厢)，并依靠液压装置，对容器（车厢）内的垃圾进行垂直压实，并完成转运作业	将垃圾导入水平放置的容器（车厢）内，并依靠机械动力（刮板或活塞推板）将容器（车厢）填满压实，并沿水平方向完成转运作业
动力消耗	依靠垃圾自重及压实器自上而下压实容器内垃圾，满足压实要求的最大功率仅为 30 kW	垃圾依靠压缩机构压实，满足要求的最大功率高达 75 kW
垃圾散落	被压缩的垃圾会反弹，但仍在容器内，不会散落在容器外	集装厢满载时，反弹的垃圾就会从接口处散落到地面上，造成重复污染
对垃圾分类收集和餐厨垃圾转运的适应性	垃圾直接卸入容器，容器和泊位均独立设置，很容易实现分类垃圾的转运	垃圾只能卸入贮存大槽，混合装入集装厢，不能进行垃圾分类转运，水平放置的厢体，无法承装"固液混合"状态的餐厨垃圾
占地面积	竖式工艺，无须料槽、推料机、压缩机等设备，设备占地面积小，卸料车间下层可充分利用	设备水平布置，占地面积大，占用整个卸料车间下层空间，另需占用土地建设辅助设施
技术评价	环保、节能、高效、管理、维护方便，环境条件佳	环节烦琐，易造成二次污染；不能实现垃圾分类转运；动力消耗较大
经济评价	投资较低、运行费较省	投资较高，运行费较高

综上考虑，建议压缩转运站选择垂直压缩工艺。

规划近期，城区原垃圾转运站改造升级为压缩式转运站，转运站升级后转运规模可达到 550 t/d（如表 3-28 所示），转运站配套设施如表 3-29 所示；规划远期，由于推广城镇再生资源的规范化回收，中心服务区需要清运的垃圾量与 2020 年相当，因此远期不再规划新建或扩大垃圾转运站规模。

表 3-28　武安市城区生活垃圾压缩式转运站规划

序号	压缩转运站	建设地点	规模/（t/d）	服务范围	备注
1	城区转运站	城区中兴路东头，距 RDF 项目 20 km 左右	550	中心服务区	原址改造升级为压缩式转运站

表 3-29　武安市城区压缩转运站基本设施配置

压缩转运站配套设施		备注
垃圾压缩系统	垂直式垃圾压缩机	—
	钩臂车	车厢可卸
	集装箱	—
	液压系统	向所有设备提供动力
	平移装置	用于空、满厢转换，缩短换厢时间
除尘除臭及高压清洗系统	高压喷雾喷头	抑制垃圾倾倒扬尘，防止细菌滋生
	负压抽风系统吸气罩和风管系统	处理臭气
渗滤液处理系统		—
车辆自动称重系统		自动采集车号、重量、图像等相关信息
电气控制系统		压缩控制系统，监测主要设备运行状态
转运站办公区		—
环卫工人休息点		—
停车场		用于停放转运站配套钩臂转运车

②乡镇生活垃圾转运站分散配备。

由于生活垃圾转运站的设计规模应综合考虑服务区域、转运能力等因素，结合远期发展需要，充分考虑各乡镇的生活垃圾产生量，以规划近期的非采暖期垃圾日产生量为标准，生活垃圾产生量变化系数取 1.2，规划近期建设 23 个乡镇垃圾转运站（其他服务区每个乡镇独立建设 1～2 个），具体规模和选址如表 3-30 所示，布局如图 3-27 所示。规划远期，乡镇生活垃圾在垃圾转运站实现二次分选，进一步分出可回收垃圾、有害垃圾和其他垃圾，并配套建设有害垃圾临时存放点。考虑渣土量的大幅减少及生活垃圾源头分类的减量化作用，实际垃圾清运量增长不大，不再规划新建乡镇垃圾转运站。

表 3-30　武安市乡镇垃圾转运站规划

服务区	乡镇	乡镇垃圾转运站		
		数量/个	规模/（t/d）	位置
中南部服务区	北安庄乡	1	20	北安庄村西
	午汲镇	不设乡镇垃圾转运站		
	伯延镇	1	20	仁义村北
	淑村镇	1	20	流泉村
	磁山镇	1	25	刘庄村西北
	石洞乡	1	25	石洞村
	冶陶镇	1	25	冶陶村
	徘徊镇	1	25	茶口村南
	马家庄乡	1	20	宋家井村
	小计	8	—	—
中部服务区	西土山乡	1	60	西土山村
	上团城乡	1	30	崇义一街村西
	阳邑镇	1	40	柏林寨上
	矿山镇	1	40	矿山村
	贺进镇	1	25	北街村西
	西寺庄乡	1	40	西寺庄村南
	大同镇	1	40	大同村
	小计	7	—	—
东部服务区	康二城镇	1	15	康西村南
	工业园区	1	30	大旺村南
	邑城镇	1	40	赵店村
	北安乐乡	1	30	北安乐村西北
	小计	4	—	—
北部服务区	管陶乡	2	10	管陶村南、里富村西南
	活水乡	2	10/15	石河湾村南、楼上村东
	小计	4	—	—
总计		23	—	—

注：因午汲镇各村距离垃圾终端处置设施较近，故不设乡镇垃圾中转站，由各村垃圾收集站直接运至垃圾终端处置设施。

图 3-27 武安市垃圾转运站布局规划

（5）垃圾收运车辆规划

1）垃圾收集运输车

车辆类型和用途：垃圾收集运输车主要有两类：①垃圾收集车，农村一般为人力车或小型电动车，由保洁员定期上门收集每户村民产生的垃圾后送至村庄垃圾收集站，并将其余各村庄收集点的垃圾清至村庄垃圾收集站；城区一般为与垃圾桶配套的密闭式垃圾车或电动收运车，由环卫工人负责将生活垃圾从垃圾桶（箱）、果皮箱清运至垃圾收集站。②垃圾运输车，即从"村垃圾收集站—乡镇垃圾转运站"或从"街道（社区）垃圾收集站—城区压缩转运站"的摆臂车，载重一般为 5 t，不具备压缩功能。

车辆配置规划：根据垃圾收集站实际服务人口数，参照前述标准、建设原则和计算方法，估算各服务区生活垃圾收集车载重、数目等。

①中心服务区：新增 25 辆电动收集车（按每两个收集站配 1 辆的标准核算），6 辆人力收集车，9 辆摆臂式运输车（按每两个收集站配备 1 辆的标准核算，载重 5 t），收运频次为 4 次/d。

②其他服务区：共配备 488 辆小型垃圾收集车（村庄数量多、分布广，按一村一辆人力车或电动车标准核算，具体车型根据各村实际需求酌情配备），41 辆中型摆臂式运输车（1 镇 1~2 辆，具体数量由各乡镇规模决定，载重 5 t），垃圾收运频次根据各收集站垃圾量确定。

2）垃圾转运车

转运车辆数量计算：转运车为运送生活垃圾由乡镇垃圾中转站/城区垃圾压缩转运站至终端处置设施的车辆，转运站配套垃圾转运车辆计算公式如下：

$$n_v = Q \cdot \eta / (q_v \cdot n_T) \tag{3-2}$$

式中，n_v —— 配备的转运车辆数量，辆；

Q —— 转运站规模，t/d；

q_v —— 转运车实际载运能力，t；

n_T —— 转运车日转运次数，次；

η —— 转运车备运系数，取 1.2~1.3，若转运站配置了同型号规格的转运车辆时，η 可取下限值。

转运车转运频次：根据各级收集站或转运站的垃圾量、车辆配置情况及与垃圾终端处置设施的距离等实际情况确定。以城区压缩转运站为例，其距离垃圾填埋场和 RDF 项目的运输半径均在 30 km 以内，按转运车时速 40 km 计，转运频次为 4 次/d。

中心服务区压缩转运站：根据式（3-2），考虑到城区压缩转运站车辆站内调度备用、维修保养等情况，规划中心服务区配备 12 辆非压缩式钩臂转运车（与城区压缩转运站配套），每辆钩臂车配备 1 个垃圾专用集装箱（转运能力 10 t），再多加 2 个周转备用（如垃圾进站高峰时段临时储存垃圾），共需 14 个转运集装箱。

其他服务区乡镇垃圾转运站：根据式（3-2），结合各服务区乡镇垃圾产生量及配套垃圾转运站建设规模，规划每两个乡镇转运站配备 1 辆压缩转运车（转运能力 15 t），每辆转运车配备 1 辆铲车，则共需 13 辆垃圾压缩转运车，13 辆铲车。

3）垃圾收运车辆规划汇总

规划近期，新增 614 辆垃圾收运车，包括 569 辆收集运输车，14 辆压缩转运车，14 辆配套铲车，12 辆非压缩式钩臂转运车，5 辆密闭式吸污车（如表 3-31 所示）。规划远期，生活垃圾分类范围覆盖全市，垃圾清运量与规划近期相当，不再增设垃圾收运车辆。

表 3-31　武安市垃圾收集运输车辆配置规划　　　　单位：辆

服务区	收集运输车/辆		转运车/辆				密闭式吸污车
			压缩转运车		钩臂式转运车		
	人力车/电动车	摆臂车（5 t）	15 t	配套铲车数量	非压缩式（10 t）	配套转运集装箱/个	
中心服务区	31	9	—	—	12	14	1
东部服务区	57	5	2	2	—	—	1
北部服务区	74	6	4	4	—	—	1
中南部服务区	192	16	4	4	—	—	1
中部服务区	165	14	4	4	—	—	1
小计	519	50	14	14	12	—	5
总计	614						

注：①每个服务区配备 1 辆密闭式吸污车，负责定期将各乡镇垃圾转运站的垃圾渗滤液运至填埋场或城区压缩转运站渗滤液处理系统；

②中心服务区配备 31 辆电动收集车，其他服务区共配备 488 辆人力收集车，采暖期可匀出部分车辆单独收集渣土。

（6）垃圾收运路线

中心服务区垃圾收集站：垃圾全部运送至城区垃圾压缩转运站，运输距离基本在 20 km 以内，再由城区垃圾压缩转运站运送至终端处置设施，运输距离为 22.4 km（如表 3-32 所示）。

其他服务区的 23 个乡镇垃圾转运站：垃圾从乡镇转运站直接由压缩转运车运输至终端处置设施，除北部服务区和东部服务区部分相对偏远的乡镇外，其他乡镇垃圾转运站至终端处置设施的运输距离基本在 30 km 内（如表 3-32 所示）。

乡镇垃圾转运站、城区垃圾压缩转运站的转运路线如图 3-28 所示。

表 3-32　各服务区垃圾至终端处置设施运输距离

服务区	乡镇	垃圾转运站位置	至垃圾终端处置设施距离/km	备注
中心服务区		城区中兴路东头	22.4	压缩式
中南部服务区	北安庄乡	北安庄村西	16.4	非压缩式
	伯延镇	仁义村北	20.3	
	淑村镇	流泉村	28.1	
	磁山镇	刘庄村西北	9.7	
	石洞乡	石洞村	13.5	
	冶陶镇	冶陶村	13.2	
	徘徊镇	茶口村南	5.9	
	马家庄乡	宋家井村	18.8	

服务区	乡镇	垃圾转运站位置	至垃圾终端处置设施距离/km	备注
中部服务区	西土山乡	西土山村	21.3	
	上团城乡	崇义一街村西	22.0	
	阳邑镇	柏林寨上	23.7	
	矿山镇	矿山村	30.8	
	贺进镇	北街村西	25.1	
	大同镇	大同村	28.8	
	西寺庄乡	西寺庄	24.6	
东部服务区	康二城镇	康西村南	26.6	非压缩式
	北安乐乡	北安乐村西北	37.0	
	邑城镇	赵店村	38.7	
	工业园区	大旺村南	19.9	
北部服务区	管陶乡	管陶村南	31.7	
		里富村西南	41.2	
	活水乡	石河湾村南	35.4	
		楼上村东	45.7	

图 3-28 武安市生活垃圾收运路线

3.5.5　"两网融合"体系建设规划

（1）规划思路

探索适合城乡特色的不同分类模式，在中心服务区主要街道、小区和其他服务区部分乡镇逐步试点生活垃圾源头分类，实现垃圾源头减量。规划期内，按照每个垃圾收集站配套建设 1 个回收网点的标准在全市范围内布局再生资源回收网点，建设城镇规范化再生资源回收体系，从回收体系、配套设施、运营管理和体制机制等多个层面探求融合点，建立具有武安特色的"两网融合"发展模式。

规划至 2025 年，城区生活垃圾分类收集覆盖率达 90%以上，生活垃圾回收利用率达到 35%以上，全市生活垃圾资源化利用率达 95%以上。

（2）分类模式探索

中心服务区主要街道、小区和其他服务区部分乡镇村庄试点生活垃圾源头分类，规划期内，结合中心服务区与其他服务区生活垃圾产生种类的差异，探索适合地方特色的不同分类模式，逐步推广生活垃圾源头分类减量。

专栏 3-9　城乡生活垃圾分类指南

武安市城乡生活垃圾组分差异较大，应采用不同的分类方法。

● 分类标准

按照"大类粗分"的原则，中心服务区生活垃圾可分为可回收物、有毒有害垃圾、其他垃圾三类，其投放标准详见表 3-33，其他服务区生活垃圾可分为易腐有机垃圾、渣土垃圾、其他垃圾三大类，其投放标准详见表 3-34。

表 3-33　中心服务区生活垃圾分类标准

垃圾类别	说明		投放标准
可回收物	回收后经过再加工可成为生产原料或经过整理可再利用的物品	废纸类	纸张、书刊杂志、纸板纸箱、纸袋、洗净的牛奶盒、洗净的饮料盒、纸杯等
		废塑料	塑料瓶（罐、盒）、塑料盆桶、塑料餐具、塑料日用品、洗净的酸奶杯、泡沫塑料、橡胶球类等
		玻璃类	玻璃瓶罐、平板玻璃、酒瓶、镜子等
		废金属	易拉罐、罐头盒、金属厨具餐具、剪刀、铁钉等
		废纺织品	纺织物（旧衣服、毛巾、浴巾、帽子、袜子、棉被、枕头、床单、围裙、桌布、包等）
		废电子产品	电脑、电视机、空调机、电风扇、洗衣机、电冰箱、DVD 机等废旧家电，手机等小型电子产品

垃圾类别	说明		投放标准
有毒有害垃圾	对人体健康或自然环境造成直接或潜在危害的物质	电池类	废镍镉电池和氧化汞电池（如手机、平板电脑、照相机等使用的充电电池、纽扣电池等）
		废灯管类	日光灯、节能灯等废荧光灯管
		日用品类	过期化妆品、过期药品及其包装物，废杀虫剂和消毒剂及其包装物，废水银温度计、废水银血压计、废胶片及其废相纸、废晒鼓墨盒等
		其他类	废油漆和溶剂及其包装物，废矿物油及其包装物
其他垃圾	可回收物和有毒有害垃圾之外的所有垃圾		

表 3-34 其他服务区生活垃圾分类标准

垃圾类别	说明	投放标准
易腐有机垃圾	普通存放条件下容易腐烂变质的有机废弃物	厨余物、秸秆、杂草树叶、菜叶菜梗、瓜果皮核等
渣土垃圾	—	炉灰、煤渣、扫地灰、废弃砖瓦等
其他垃圾	易腐有机垃圾和渣土垃圾之外的所有垃圾	废纸、废旧橡胶、废旧塑料、废弃农用膜、废农药瓶等

● 分类投放要求

可回收物、有害垃圾和其他垃圾等须按照所设置的分类容器对应投放。

可回收物投放要求：鼓励居民直接将可回收物纳入再生资源回收系统，如需分类投放，应尽量保持清洁干燥，避免污染，轻投轻放。其中，废纸应保持平整，立体包装物应清空内容物，清洁后压扁投放；废玻璃等有尖锐边角的，应包裹后投放。

有害垃圾投放要求：有害垃圾投放时，应注意轻放。其中，废旧灯管等易破损的有害垃圾应连带包装或包裹后投放；废弃药品应连带包装一并投放；杀虫剂等压力罐装容器，应破孔后投放；在公共场所产生有害垃圾且未发现对应收集容器时，应将有害垃圾携带至设置有害垃圾收集容器的地点妥善投放。

同时应根据武安市实际情况，设置城乡生活垃圾分类收集设施。

专栏 3-10 城乡生活垃圾分类收集设施配置要求

● 设置原则

生活垃圾分类收集容器要从便利市民投放、便于实现垃圾分类实效的角度出发，按照统一的分类标准，考虑不同场所各类垃圾产生量、产生频率等差异，进行合理配置。

● 分类收集容器类别要求及摆放位置原则

住宅小区：住宅小区应设置可回收物、有害垃圾、其他垃圾三类收集容器，其中可回收物、有害垃圾收集容器应选择小区内较方便位置摆放，如居民出入道路两侧、公共休闲区等，一般每200户居民设置1组可回收物、有害垃圾收集容器。

单位和学校生活：其垃圾收集容器配置要求参照住宅小区相关内容。

机关、企事业单位和社会团体：同样设置可回收物、有害垃圾、其他垃圾三类收集容器，其中可回收物、有害垃圾收集容器设置于投放方便的公共区域，一般每个办公楼层设置1组，或明确投放地点。企事业单位分类收集的可回收物、有害垃圾应妥善存放，并在达到一定量后联系经备案或有资质的企业上门收运。学校教学区根据实际情况，在合理位置设置可回收物、有害垃圾、其他垃圾收集容器，如每幢教学楼出入口，其他垃圾收集容器按原投放习惯设置。

公共场所：道路、广场、公园、公共绿地、机场、客运站、轨道交通以及旅游、文化、体育、娱乐、商业等公共场所成组设置可回收物、其他垃圾两类收集容器。

其他服务区：为生活垃圾分类试点村庄各村户配备具有明显标志的保洁桶，用于收集村户每日产生的有机易腐垃圾和其他垃圾；在各村广场、村委会或旅游景区等公共场所设置有机易腐垃圾、其他垃圾两类垃圾桶，用以收集村庄公共场所日常产生的落叶、杂草、烂菜叶及其他垃圾；同时按服务人口建立的密闭式垃圾池用于收集采暖期产生的渣土类垃圾。

● 特殊要求

有细化分类要求的区域可根据实际，增设分类收集容器，如：细化可回收物分类投放品种，增设废纸张、饮料瓶、废玻璃、废旧衣物、电子废弃物等专用收集容器；细化有害垃圾分类投放品种，增设废荧光灯管等专用收集容器。

1）中心服务区生活垃圾分类及组分去向

武安市中心服务区（即城区）可回收垃圾通过"回收—中转—分拣—集散或处理"系统进入再生资源回收网络进行再生回用；有毒有害垃圾则由环卫部门单独收集后进行临时存储，再送至有资质的处置单位进行集中无害化处置；其他垃圾纳入生活垃圾清运网络，集中运往城区各垃圾收集站，再经压缩转运站送往垃圾最终处置场所。中心服务区生活垃圾分类收运处理模式如图3-29所示。

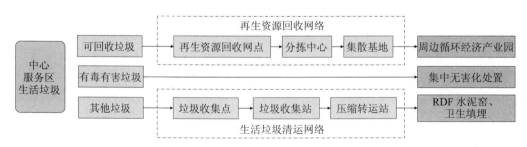

图3-29　中心服务区生活垃圾分类收运处理模式

95

第3章 生活垃圾城乡统筹一体化收运处置规划

2）其他服务区生活垃圾分类及组分去向

规划近期，其他服务区部分乡镇按照易腐有机垃圾、渣土垃圾、其他垃圾进行源头粗分类试点，其中部分地区的易腐有机垃圾可就地资源化利用，积极推行生态处理和沤肥还田，实现生活垃圾源头减量；采暖期渣土垃圾则可部分作为农村道路路基建设原材料，部分运往垃圾终端处置场所；其他垃圾则纳入生活垃圾清运网络，集中运往乡镇各垃圾转运站后送往垃圾最终处置场所。

规划远期，在扩大生活垃圾源头分类范围的基础上，在乡镇垃圾转运站将可回收垃圾和有害垃圾进一步分出，其中可回收垃圾进入再生资源回收网络进行下一步整合，有害垃圾则集中运往有资质的处置单位进行集中无害化处置。其他服务区生活垃圾分类收运处理模式如图3-30所示。

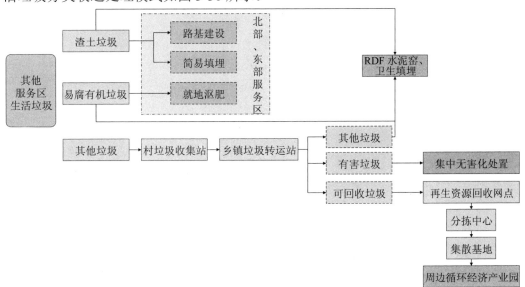

图 3-30　其他服务区生活垃圾分类收运处理模式

（3）设施协同建设

从分类回收体系和配套基础设施建设两方面考虑，探索"两网融合"可协同点建设情况，为"两网融合"的顺利实施提供可靠保障。"两网融合"体系建设如图3-31所示。

户级点协同建设：由每家每户进行生活垃圾源头分类，再生资源得以分出并回收，其他未经就地处理的生活垃圾进入清运网络。

服务区点/镇区点协同建设：在服务区点/镇区点建立生活垃圾转运站，配套建设再生资源分拣中心。

城区点协同建设：城区点建立垃圾处置中心和再生资源集散基地。

水泥窑协同处置生活垃圾关键技术及城乡统筹一体化应用

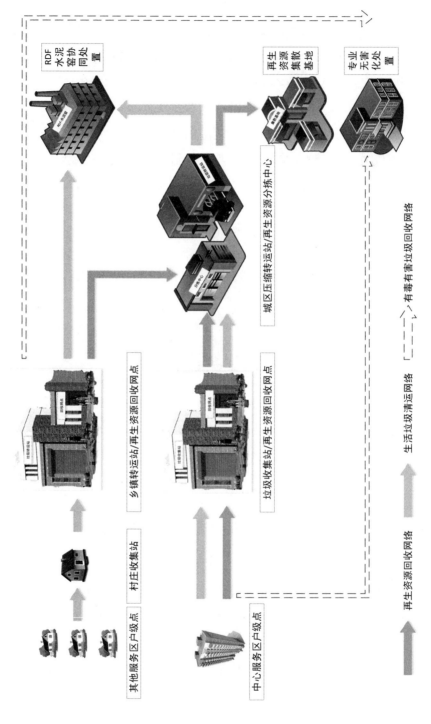

图 3-31 武安市 "两网融合" 体系建设示意

专栏 3-11 "两网融合"构建情况

（1）协同环节

● 户级点：针对垃圾分类设置不同收集设施，实现再生资源的有效回收。

● 服务区点/镇区点：同步配套设立生活垃圾转运站和再生资源回收网点。

● 城区点：对清运到垃圾处置中心的生活垃圾进行最后分拣，分拣出的各类可回收垃圾送往再生资源集散中心。

● 工作人员：整合农村再生资源回收人员，使用同一批人员对生活垃圾进行清运。

（2）区分环节

● 运输环节：生活垃圾的可回收组分、有毒有害组分不在各村设收集点，与其他生活垃圾一起运至乡镇转运站进行二次分选后分类储存，可回收物达到一定数量后运至武安市再生资源分拣中心，有毒有害垃圾则由专业团队定期清运。

● 处理中心：再生资源通过分拣中心进一步分拣后运往武安市再生资源集散基地，运往周边各产业园再生利用；生活垃圾则进入垃圾处理场。

"两网融合"协同环节详见表 3-35。

表 3-35　"两网融合"协同环节

设点级别		再生资源网络	生活垃圾清运网络
户级点		✓	✓
村级点		✓	
服务区点/镇区点		✓	✓
城区点	再生资源集散中心	✓	
	垃圾处理中心		✓

1）回收网点

①建设标准。

按照一般布局的理论经验，结合各服务区垃圾收集站的建设情况，中心服务区每个垃圾收集站配套 1 个回收网点，其他服务区每个乡镇垃圾转运站配套 1 个回收网点，则规划近期武安市中心服务区共建设回收网点 51 个，其他服务区建设回收网点 23 个；规划远期，中心服务区新增回收网点 20 个。

②建设方案。

基础回收网点的经营，宜采取合作与自建相结合的方式。目前，全市拥有正规回收网点 1 个，以回收报废汽车为主，不做本地拆解，主要供给邯郸市的 2 家报废汽车拆解厂；其余多是社会性质的小废品回收站，数量未统计。网点经营不仅是场地建设、设备购置和人员雇佣，关键在于上游再生资源供给渠道的建立和维护，如果所有网点全部采用新建方式，将在建设用地供给、资源和渠道建设方面面临较大的压力。

建议武安市采用自建与合作相结合的方式，一方面，用 1 年左右的时间在中心服务区部分垃圾收集站和各乡镇垃圾转运站分别配套建设回收网点，作为自有回收网络的核心点，在回收渠道稳定后逐步扩张，规划近期共新建回收网点 40 个（中心服务区新建 17 个，其他服务区新建 23 个），规划远期新增 20 个；另一方面，与当前已有网点的经营者达成合作协议，就网点统一建设、设备统一购置、再生资源标准化收运和加工等关键问题达成一致，形成连锁式或联盟式经营。

2）分拣中心和集散基地

①建设标准。

按照一般布局理论，单一类别分拣配送中心占地在 20 亩（1.3 hm^2）以上，年集散转运能力在 5 万 t 以上；综合型分拣配送中心占地在 100 亩（6.7 hm^2）以上，年集散转运能力在 30 万 t 以上。

②建设方案。

武安市城镇再生资源年产生量为 12 万 t。综合考虑转运分拣中心的理论布局和武安市的实际情况，单个转运分拣中心的规模以 15 万 t 为宜。以当前的回收点布局和资源产生量为依据，结合武安市再生资源回收网点分布情况，分拣中心可与城区压缩转运站配套建设，建设数量约 1 个。

③小型集散基地。

武安市不具备再生资源深加工基础，不建议在本地发展末端加工产业。由于武安市地处京津冀地区，周边循环经济产业园众多，再生资源经过分拣后，可通过在城区周边建立 1 处小型的集散基地，实现再生资源的集中高效流通。

3）资源回收车辆配备

再生资源运输车辆：为避免与生活垃圾清运网络运输车辆混淆，专门配备 20 辆左右再生资源运输车辆（乡镇每 2 个网点配 1 辆，城区配 10 辆），车上喷有再生资源明显标识，用来定期将各回收网点的可回收垃圾运往分拣中心，经分拣后运往周边循环经济产业园进行再生利用。

有害垃圾运输车辆：为避免有害垃圾混入其他垃圾，降低环境风险，由专人专车定期去各垃圾分类试点乡镇垃圾转运站有害垃圾存放点收集后运至无害化处置场所，共配备 5 辆有害垃圾运输车（每个服务区 1 辆）。"两网融合"基础设施情况详见表 3-36。

表3-36 武安市"两网融合"基础设施情况

回收处置环节			配套设施及运营管理		
			基础设施	人员	管理
收集环节	农村	再生资源	由村民自行放置，待收集人员到来时交给收集人员	原有再生资源回收人员	PPP模式，政府与第三方企业签订特约许可，由环卫部门配合，第三方企业统一管理
		生活垃圾	每户设立垃圾倾倒装置		
	城镇	再生资源	由市民自行放置，待送至合约商户，或放入小区再生资源筐	小区再生筐—环卫人员；商户—商户物流人员	
		生活垃圾	小区、街道设置垃圾桶	环卫工作人员	
转运环节	农村	再生资源	每个村选取一处房屋作为村级收集点	原有再生资源收运人员	
		生活垃圾	根据服务区划分建设农村服务区点		
	城镇	再生资源	修建城镇片区点	环卫工作人员	
		生活垃圾			
处理环节			修建县级处理厂，处理厂包含再生资源整理包装中心和生活垃圾处理厂	处理厂工人及相关技术人员	

（4）保障体系构建

1）运营管理体系

立足武安城乡环卫系统管理现状，强化住建局、商务局、农业农村局等多部门协作力度，统筹协调，多环节重点推进、互相监督。

采用PPP模式，引入第三方机构统一管理，探索市场化运作。整合再生资源及生活垃圾清运线路、人员、设备，聘请第三方机构运用现代化管理手段进行"两网融合"管理。由政府组织授权第三方运营，利用"互联网""物联网"等平台手段实现再生资源、生活垃圾的统筹管理、分类而治。第三方机构对回收人员、回收线路、回收物品进行统一联网管理，整合成同一套管理体系，节约管理成本，提高回收、清运效率。

2）奖惩机制建设

规划近期以推行奖励机制、提高民众参与的积极性为主，积极推进"绿色账户"垃圾分类激励机制，根据日常考核情况，年终对积极参与垃圾分类、再生资源回收的民众给予一定的物资奖励、荣誉表彰，并与五星级文明户评比进行挂钩。规划远期协同邯郸乃至河北省出台相关条例进一步规范民众行为。

3.5.6 运营管理体系建设规划

（1）运营管理模式

成立城乡环卫一体化管理办公室。成立武安市城乡环卫一体化管理办公室，统筹负责城乡一体化垃圾收运处置体系建设，办公室成员由武安市住建局、农业农村局、商务局等部门和第三方企业主要领导组成，实行多方统筹协调、分工推进、互相监督的工作模式，主要负责制定管理办法、重大决议讨论论证和常态化监督，强化各部门沟通协调，环卫工作考核与评价等。运营管理体系架构如图3-32所示。

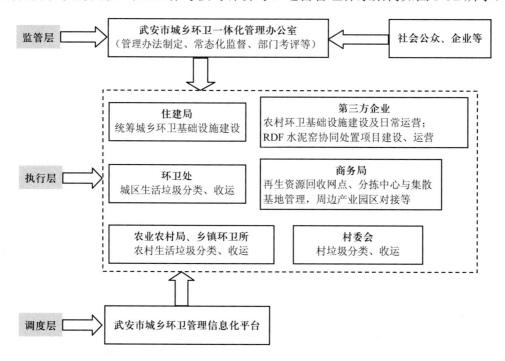

图3-32　武安市生活垃圾城乡一体化运营管理体系架构

多方统筹协调，多环节重点推进、互相监督。武安市城乡生活垃圾收运基础设施建设由住建局统筹。①住建局下属环卫处主要负责城区生活垃圾的分类、收运；②农业农村局、乡镇环卫所负责农村地区生活垃圾分类、收运工作的日常监管，农村地区生活垃圾收运基础设施建设及日常运营由第三方企业负责，农村地区生活垃圾分类、收运由各村委会负责；③商务局主要负责对接环卫处（城区）、第三方企业（乡镇地区）的垃圾分类工作，推进再生资源回收网点建设，并积极引入或培育第三方企业建设再生资源分拣中心和小型集散基地，促进武安市再生资源向周边循环经济产业园区流动。

聚焦PPP模式，实现政府监督、市场化运作。引入或培育第三方企业作为投资运营主体，以市场化行为引导武安市生活垃圾收运处置体系以及未来"两网融合"体系的规范化运作，构建以市场化运作为主体，以政府监督为保障的环卫运作模式。武安市新峰水泥有限责任公司既是循环经济示范企业，又是RDF水泥窑项目的运作主体，为实现生活垃圾收运处置功能的一体化和高效化，可鼓励武安市新峰水泥有限责任公司成为第三方运营主体。

（2）运营队伍建设

基于生活垃圾清运及处置体系的运营管理模式，配套运营管理队伍建设，包括管理人员及清理、收集、转运、处置等主要环节的参与人员，根据全市人口、面积、生活垃圾量及配套基础设施的规模及数量，参照相关标准，合理确定队伍人员配备及主要职责。规划近期、规划远期整个收运体系运营管理人员配置情况如表3-37所示。

表3-37　运营管理人员配置情况

分区	人员	配置标准	主要职责	数量/人	
				近期	远期
中心服务区（城区）	环卫工、保洁员、管理人员	按照现有人数和垃圾量测算	清理城区垃圾箱、垃圾池，包括收集、分拣可回收垃圾、有毒有害垃圾等；沿街垃圾及城区垃圾收集点的维护等	168	234
	压缩转运站运营人员	按大型垃圾转运站核算	负责转运站压缩设备、渗滤液处理系统等的运行、维护，转运站环境维护，转运车辆管理	8	12
	垃圾运输车司机	摆/钩臂式运输车3人/2车	负责"垃圾收集点—转运站"和"转运站—终端处置设施"间垃圾装卸、运输等	32	32
	信息化平台管理人员	—	垃圾运输车辆优化配置、调度，垃圾清运数据库建设	3	5
	再生资源回收网点人员	网点与垃圾收集站配套建设，每个网点1人	回收周边居民、环卫工、保洁员、垃圾收集站收集的再生资源	51	71
	再生资源分拣中心人员	16~20人	将各回收网点回收的再生资源进行分拣、打包	16	20
	再生资源集散基地人员	小型集散基地6~8人	负责将分拣后的再生资源外售至周边循环经济产业园	6	8
企业垃圾收集站管理人员		对于人口较多企业单独设置	由企业派专人负责日常维护	25	35
其他服务区（乡镇地区）	村保洁员	全市494个行政村，按照300人/个配置	清理农村垃圾池、垃圾箱、道路垃圾，包括收集、分拣可回收垃圾、有毒有害垃圾等，通过人力车或小型机动车将垃圾运送至村垃圾收集站，并负责村垃圾收集站的日常维护工作	2 513	2 607

水泥窑协同处置生活垃圾关键技术及城乡统筹一体化应用

分区	人员	配置标准	主要职责	数量/人	
				近期	远期
其他服务区（乡镇地区）	乡镇垃圾中转站管理员	23个乡镇大中型垃圾收集站，按照2人/个标准配置，规划远期垃圾量较大的收集站可适当增加管理员	进行垃圾收集站的日常维护，监督村垃圾收集站的垃圾清运工作，垃圾清运量、清运车次的日常记录，协调垃圾运输车调度等	46	55
	垃圾运输车司机	中型运输车按照1人/1车、压缩转运车按3人/2车标准配置	负责"村垃圾收集站—乡镇垃圾中转站"和"乡镇垃圾中转站—终端处置设施"间生活垃圾的装卸、运输等	83	83
合计				2 951	3 162

（3）管理平台建设

搭建武安环卫系统信息化管理平台，由武安市城乡环卫一体化管理办公室设专人统一监控、调度、统计，实现环卫系统的高效信息化管理，提高武安市生活垃圾收运处置效率及其经济效益、环境效益。信息化监管平台架构如图3-33所示。

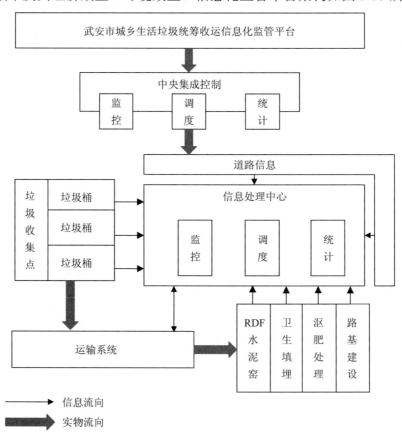

图3-33 武安市"两网融合"体系信息化监管平台

实行全过程监管，建设武安环卫信息数据库。在垃圾收集站、转运站、运输车辆和 RDF 水泥窑协同处置工程等环节，建设物联网监管系统，对生活垃圾分类、收运、处置的各个环节进行实时监管，并对日常数据进行统计、分析，建设武安市环卫信息数据库，不断促进环卫系统优化升级。

优化系统运营，提高经济效益、环境效益。结合智慧城市建设，将环卫系统信息化管理平台与城市交通、气象数据对接，及时掌握可能影响垃圾收集转运的道路交通、天气等信息，合理确定垃圾转运时间、频次，优化转运线路，降低垃圾转运对日常交通、生活造成的影响。实时记录各类垃圾的收运情况，合理进行转运车辆及人力调度。在着力促进再生资源回收，有机垃圾、采暖期渣土就地减量化利用，有毒有害垃圾专业化处理的基础上，对因旅游旺季、采暖期提早或延长、冬季外出务工人员返乡等可能引起垃圾产生量激增的情况做好应急调度。

第4章　城乡生活垃圾制备垃圾衍生燃料技术

4.1　应用背景和技术路线

4.1.1　应用背景

社会经济的快速发展，导致城市生活垃圾的产生量日益增加，生活垃圾处理已成为许多国家及大城市发展中必须解决的问题。生活垃圾造成的大气、土壤、水体污染，不仅严重影响城市环境质量，而且威胁人体健康，成为社会公害之一。根据年鉴数据，2015 年，我国垃圾清运量达到 1.92 亿 t。垃圾的处理和处置已经成为目前我国城市环境卫生所面临的最紧迫问题之一。实现垃圾减容化、减量化、资源化以及无害化处理是解决我国城市生活垃圾问题的根本途径。我国城市生活垃圾管理工作还处于初期阶段，不同时期的产生量和成分存在较大差异，处理技术和管理手段还不完善。因此应结合我国国情，建立适合当前经济科技发展水平的可持续垃圾管理和处理体制。

随着环境污染防治的重点由工业污染防治向生活污染防治转移，城市生活垃圾的处理已成为生活污染防治工作的当务之急。卫生填埋法、堆肥法和焚烧法是目前处理城市生活垃圾主要采用的 3 种技术。

目前我国以卫生填埋为处理城市生活垃圾的主要方式，"十二五"期间，城市生活垃圾填埋比例约为 63.7%。2003—2011 年我国 3 种城市生活垃圾处理方法的处理量如图 4-1 所示，卫生填埋法占主要比例。垃圾填埋场的建立在一定程度上缓解了垃圾污染问题，但填埋场占地面积大，且部分填埋场缺乏相应的处理设施，没有彻底解决防渗问题，导致场区附近的土地和水资源被污染，造成被占用的土地永远丧失耕种价值，地下水严重污染。

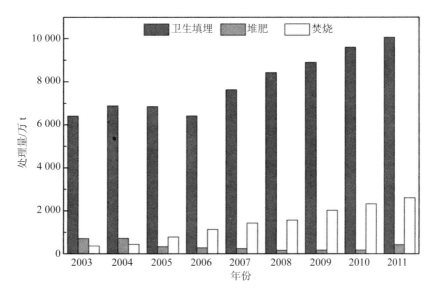

数据来源:《中国统计年鉴》(2004—2012年)。

图4-1 2003—2011年我国3种城市生活垃圾处理方法处理量

目前我国垃圾填埋场主要存在以下三方面问题:

①处置效果差,二次污染突出。大部分垃圾填埋场仅经过氧化塘或沉淀池对渗滤液进行简单处理后就排出,导致渗滤液处理不达标,普遍存在污染物超标现象,环境污染严重。②填埋气的低综合利用率。填埋场直接排放时所产生的填埋气不加以利用,不仅影响所处区域的空气质量,威胁填埋场的安全运行,而且还浪费资源。③"超期服役"衍生出很多新的环境问题。目前,我国许多的垃圾填埋场处于超负荷运行,被填满后仍然继续接收新垃圾,并且随意处置,导致垃圾渗滤液溢出、蚊蝇滋生,严重影响当地的环境卫生和居民的正常生活。

堆肥处理是我国城市生活垃圾处理使用最早也是在早期阶段使用最多的方法,但是由于我国绝大部分地区的生活垃圾没有进行分类,垃圾中的玻璃、塑料等杂质多,造成堆肥效率低、堆肥产品质量差、堆肥成本高,同时堆肥产品的销售低迷,使得大量的堆肥厂倒闭。

焚烧是一种对城市生活垃圾进行高温热化学处理的技术,可以有效实现垃圾的减量化、资源化及无害化处理目标。垃圾作为固体燃料在800~1 000℃高温条件下,其可燃分与空气中的氧气发生剧烈化学反应,从释放出的高温气体中可以进行热回收,剩余的固态残渣性质稳定,能够直接进行填埋处置而不产生二次污染问题。垃圾中的有害微生物(如细菌、病毒等)在焚烧过程中被彻底摧毁,各种恶臭气体被高温分解,经过简单处理后的烟气可达标排放。在一些垃圾热值较高的地区,已经开始采用垃圾焚烧发电。若尾气处理设施处理效果不佳，焚烧设备选型不合理，运行工况不稳定，将导致焚烧发电厂的二次污染问题。

将生活垃圾制成垃圾衍生燃料 RDF 是解决上述问题的有效方法，并且在一些发达国家已经得到了广泛应用。此外，将垃圾中的资源进行有效利用，并进一步替代化石燃料应用于社会生活中，其社会效益、环境效益及经济效益均较好。

4.1.2　技术路线

在国内外已有研究的基础上，项目依托武安垃圾填埋场的陈腐垃圾，开展生活垃圾制备适合水泥窑协同处置的 RDF 技术研究。具体研究内容包括：

①生活垃圾成分特性的研究；

②生活垃圾制备 RDF 的成型工艺研究，分析成型压力、添加剂含量及垃圾粒径对 RDF 成型效果的影响；

③添加剂含量对 RDF 成分和性质的影响研究；

④RDF 燃烧动力学特性研究；

⑤RDF 的脱氯固氯特性和影响因素研究；

⑥RDF 燃烧排放烟气中污染物的研究，分析燃烧温度、添加剂种类、添加剂含量对燃烧性能的影响。

研究技术路线如图 4-2 所示。

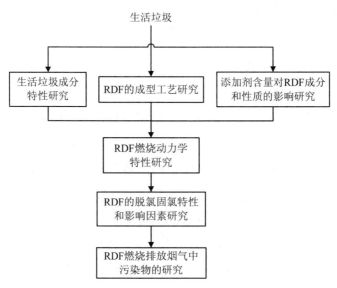

图 4-2　制备 RDF 研究技术路线

4.2 RDF 成型工艺关键因素研究

以武安市生活垃圾填埋场的陈腐垃圾为原料，分析武安生活垃圾的成分组成，研究生活垃圾制备 RDF 工艺。

4.2.1 垃圾样品现场采样及分析

采样点：武安垃圾填埋场。

采样方法：在间隔的每辆车内或在其卸下的垃圾堆中采用立体对角线法（如图 4-3 所示）在 3 个等距点采等量垃圾共 20 kg，最少采 5 车，总共 100～200 kg。

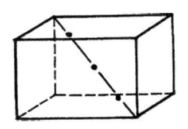

图 4-3　立体对角线布点采样法

垃圾的物理成分、化学成分和元素组成分别如表 4-1～表 4-3 所示。

表 4-1　武安生活垃圾物理成分分析（质量比）

组成	纸类	橡塑	织物	竹木	玻璃	金属	灰土	砖瓦、陶瓷	厨余	其他
比例/%	5.22	16.28	1.77	3.65	4.59	2.71	15.02	5.32	44.13	1.25

表 4-2　武安垃圾化学成分分析

组成	纸类	橡塑	织物	竹木	混合垃圾
含水率/%	52.53	31.75	50.34	39.16	38.00
湿基所占比例/%	19.38	60.47	6.59	13.57	
干基所占比例/%	14.83	66.54	5.28	13.31	
灰分含量/%	8.93	3.46	0.65	9.89	5.21
挥发分含量/%	32.40	64.84	45.00	41.67	54.10
湿基发热量/（MJ/kg）	5.9	20.8	8.4	9.0	16.4
干基发热量/（MJ/kg）	13.2	30.5	16.8	14.8	25.2

表 4-3 武安垃圾元素分析（质量百分比）   单位：%

	C	H	O	N	S	Cl
纤维	41.69	5.95	45.65	2.14	0.16	0.46
竹木	36.54	5.60	41.24	2.35	0.41	0.36
塑料	70.17	12.14	10.23	0.48	0.18	1.66
纸张	41.33	5.90	39.12	0.30	0.29	0.42
混合干垃圾	59.89	10.01	20.51	0.79	0.23	1.24

4.2.2 RDF 制备方法

　　将获取的生活垃圾进行分类后干燥，分别破碎至不同的粒径，然后将煤和 CaO 作为添加剂与垃圾按不同比例混合，充分混合样品以确保垃圾中各成分均匀分布。将原料装入模具，放入成型机中成型。使压力达到预定压力，保压（约 1 min）后进行卸压。成型工艺流程如图 4-4 所示。

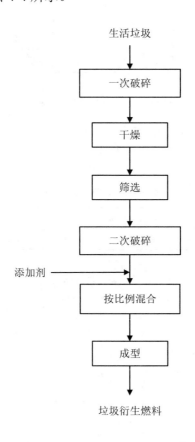

图 4-4 RDF 成型工艺流程

  RDF 制备过程所用的装置主要由鼓风干燥箱、生活垃圾破碎机、粉末压片机三部分组成。图 4-5 为粉末压片机的示意图，图 4-6～图 4-8 为各单元的实验设备图。

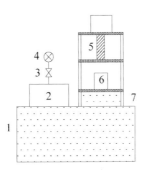

1.注油箱；2.油泵；3.调压阀；4.压力表；5.推杆；6.模具；7.油罐

图 4-5　RDF 成型设备示意

图 4-6　恒温鼓风干燥箱

图 4-7　760YP-24B 粉末压片机

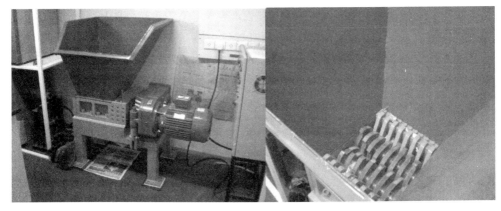

图 4-8　双轴生活垃圾破碎机

4.2.3　RDF 成型工艺评估方法

为了考察各种因素对 RDF 制备工艺的影响，根据生活垃圾本身的特点，以产品的落下强度作为评价指标，通过正交实验得到工艺优化参数。

由于目前国内外尚未规范 RDF 落下强度的测定方法，因此本研究借鉴相关标准《工业型煤落下强度测定方法》（MT/T 925—2004）测定 RDF 落下强度。测定步骤如下：首先，准确称量 RDF 样品，将样品从 2 m 高处自由落至钢板上，筛分出粒径大于 13 mm 的 RDF 样品，按同样的方法进行第 2 次落下，再次筛分出粒径大于 13 mm 的样品，再进行第 3 次落下，第 3 次落下后筛分出粒径大于 13 mm 的样品，称其质量（精确到 0.5 g）。以实验后粒径大于 13 mm 试样的重量百分比作为产品的落下强度指标。

为了对不同实验条件下制备的 RDF 性能进行分析，得出优化工艺参数，实验以成型压力、煤配比、CaO 含量及垃圾粒径为影响因素，安排四因素五水平 L_{25}（5^4）的正交实验，如表 4-4 所示。

表 4-4　实验影响因素和水平

因素	实验比较的条件				
	1 水平	2 水平	3 水平	4 水平	5 水平
成型压力/MPa	10	15	20	25	30
煤配比/%	30	25	20	15	10
CaO 含量/%	0	3	5	8	10
垃圾粒径/mm	25	20	15	10	5

4.2.4　不同成型压力对 RDF 的影响

比较图 4-9（a）与图 4-9（b）可知，仅由生活垃圾所制备的 RDF 的成型性差，当加入适量的煤和 CaO 后可有效改善其成型性能。增大成型压力也有助于 RDF 的成型。

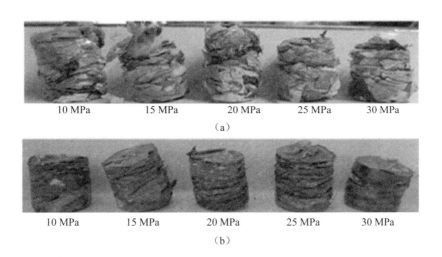

图 4-9 不同成型压力下 RDF 表观特性对比

注：（a）为纯垃圾制备 RDF；（b）为加入适量添加剂后制备的 RDF。

4.2.5 RDF 落下强度分析

不同实验条件下制备的 RDF 落下强度的正交实验结果直观分析如表 4-5 所示。由表 4-5 中各个因素的极差数据可看出，煤配比的极差值最小，为 14.008，垃圾粒径的极差值最大，为 16.204。由此得知，各个因素对 RDF 样品落下强度的影响的主次顺序为：垃圾粒径＞CaO 含量＞成型压力＞煤配比。

表 4-5 正交实验结果直观分析

所在列	1	2	3	4	
因素	成型压力	煤配比	CaO 含量	垃圾粒径	落下强度/%
实验 1	1	1	1	1	66.40
实验 2	2	2	2	1	80.61
实验 3	3	3	3	1	92.28
实验 4	4	4	4	1	99.50
实验 5	5	5	5	1	99.83
实验 6	3	1	2	2	78.37
实验 7	4	2	3	2	82.31
实验 8	5	3	4	2	99.83
实验 9	1	4	5	2	99.64
实验 10	2	5	1	2	99.78
实验 11	5	1	3	3	80.57
实验 12	1	2	4	3	58.77

所在列	1	2	3	4	
因素	成型压力	煤配比	CaO 含量	垃圾粒径	落下强度/%
实验 13	2	3	5	3	99.44
实验 14	3	4	1	3	67.42
实验 15	4	5	2	3	75.75
实验 16	2	1	4	4	99.89
实验 17	3	2	5	4	99.91
实验 18	4	3	1	4	81.55
实验 19	5	4	2	4	99.81
实验 20	1	5	3	4	76.15
实验 21	4	1	5	5	62.16
实验 22	5	2	1	5	80.61
实验 23	1	3	2	5	84.33
实验 24	2	4	3	5	51.96
实验 25	3	5	4	5	99.85
均值 1	77.058	77.478	79.152	87.724	
均值 2	86.336	80.442	83.774	91.986	
均值 3	87.566	91.486	76.654	76.390	
均值 4	80.254	83.666	91.568	91.462	
均值 5	92.130	90.272	92.196	75.782	
极差	15.072	14.008	15.542	16.204	

在本次实验条件下，煤配比对落下强度的影响最小，将其计入误差项，分别对成型压力、垃圾粒径及 CaO 含量进行方差分析，结果如表 4-6 所示。

表 4-6　正交实验结果方差分析

因素	偏差平方和	自由度	F 比	F 临界值
成型压力	721.288	4	0.972	6.390
垃圾粒径	1 282.685	4	1.728	6.390
CaO 含量	998.652	4	1.345	6.390
误差	742.246	4	1.000	6.390
总和	3 744.871	16		

由表 4-6 可以得知，在 α =5% 的水平范围内，F 比的最大值为 1.728（影响因素为垃圾粒径），小于 F 临界值（6.390）。表明本研究选取的成型压力、垃圾粒径、CaO 含量 3 个影响因素对 RDF 的落下强度均无显著影响。

由图 4-10 可知，垃圾粒径为 10 mm、煤配比为 20%、CaO 含量为 10%、成型压力为 30 MPa 时，为本研究制备 RDF 的最优参数值。但是实践表明，成型压力越高、CaO 含量越高、垃圾粒径越小,生产成本越高。因此综合各种因素对 RDF 性质的影响,得到的优化工艺参数为:垃圾粒径 20 mm、煤配比 20%、CaO 含量 8%、成型压力 20 MPa。

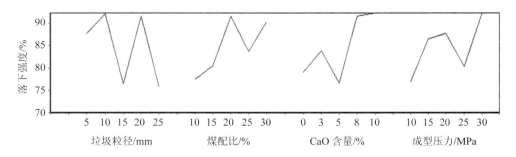

图 4-10　正交实验效应曲线

由图 4-11 和图 4-12 可发现,按采样得到的生活垃圾比例,实验室配制的生活垃圾所制备的 RDF 的表观特性和落下强度明显均优于真实垃圾制备的 RDF,且真实垃圾制备的 RDF 的形变量较大。这主要是由于采样取得的生活垃圾中含有较多的灰土,而导致制备的 RDF 的密实性较差。

（a）配制垃圾　　　　　　　　　　（b）真实垃圾

图 4-11　真实垃圾与配制垃圾制备 RDF 的表观特性对比

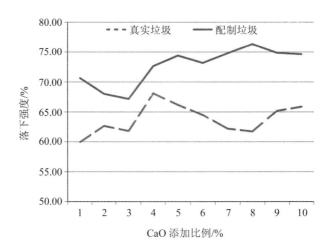

图 4-12　真实垃圾与配制垃圾制备 RDF 的落下强度对比

4.2.6　生活垃圾制备 RDF 的添加剂的影响

RDF 作为燃料实际应用时，不仅需要了解其物理成分以及各物理成分的含量，还有必要分析添加剂对其典型的物理成分的影响。

CaO 和煤对 RDF 的物理成分具有一定的影响，尤其对水分、灰分、挥发分等的影响较大，因此需要考察添加剂种类及含量对 RDF 燃烧性能的影响。表 4-7 列出了生活垃圾制备 RDF 过程中掺入的添加剂的种类和含量。

表 4-7　不同 RDF 样品的添加剂种类及含量

添加剂种类	含量/%				
CaO	0	3	5	8	10
煤	10	15	20	25	30

迄今为止，我国尚未有测量城市生活垃圾或垃圾衍生燃料组成和性质的国家标准，参照《煤的工业分析方法》（GB/T 212—2008）把城市生活垃圾视为与煤、油页岩等固体燃料相似的含能燃料，对 RDF 进行工业分析。

水分的测定方法：将 RDF 样品放入已加热到 105℃ 的干燥箱中，2 h 后取出称量。

灰分的测定方法：将装有 RDF 样品的灰皿送入马弗炉，关上炉门并使炉门留有 15 mm 左右的缝隙。炉温在不少于 30 min 的时间内升至 500℃，保持 30 min。然后继续升温到（815±10）℃，灼烧 1 h。

挥发分的测定方法：将装有 RDF 样品的灰皿迅速放入已预先加热至 920℃ 左右的马弗炉内，准确加热 7 min。

所用的装置主要为鼓风干燥箱及马弗炉。实验用马弗炉如图 4-13 所示。

图 4-13　实验用马弗炉

（1）添加剂的种类和含量对 RDF 组分的影响

添加剂的种类和含量对 RDF 组分的影响的实验结果如图 4-14～图 4-17 所示。由图 4-14 可知，不添加 CaO 的 RDF 水分含量普遍偏高，且在煤配比为 30%时达到最大值 3.83%。随着 CaO 添加量的增加，水分含量逐渐降低，最低值 1.37%出现在 10%CaO、煤配比为 15%时。表明 CaO 的加入能够有效降低 RDF 的水分含量，使得 RDF 易于保存。与纯垃圾制备的 RDF 的水分含量 2.59%相比，加入煤后 RDF 的水分含量明显增高，但随着煤配比的增加，RDF 水分含量并没有显著的变化，表明煤含量对水分含量的影响不显著。

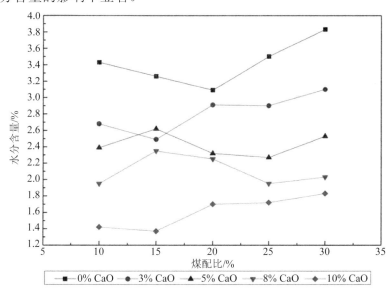

图 4-14　添加剂的种类和含量对 RDF 水分含量的影响

由图 4-15 可以看出，RDF 灰分含量最低为 8.72%，随 CaO 的增多，RDF 的灰分含量逐渐增加，含 10%CaO 时达到最大值 20.41%。这主要是因为 CaO 为不可燃的无机物，导致灰分含量增加。不添加 CaO 时，随煤配比的变化，RDF 灰分含量在 9% 左右浮动，表明煤的添加量对 RDF 灰分含量的影响不大，这主要是由于制备 RDF 的生活垃圾大部分为易燃物，而且说明生活垃圾与煤的灰分含量相近。

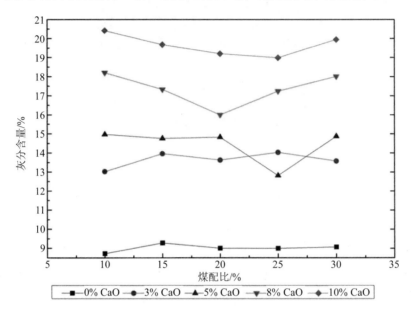

图 4-15　添加剂的种类和含量对 RDF 灰分含量的影响

分析图 4-16 可知，CaO 含量从 0% 增加到 10% 时，RDF 挥发分含量大约降低了 7 个百分点，随煤配比的增加，RDF 挥发分含量大约降低了 10 个百分点。当 RDF 中含 10%CaO 和 30% 煤时，其挥发分含量达到最低值 60.14%，表明 CaO 和煤都显著降低了 RDF 的挥发分含量。由于高挥发分含量对于点燃燃料和缩短燃烧时间都非常有利，因此为了防止 RDF 的挥发分含量过低，应适量添加煤和 CaO。

RDF 中空气干燥基固定碳（FC_{ad}）的含量根据式（4-1）计算得出：

$$FC_{ad} = \left[1-\left(M_{ad}+A_{ad}+V_{ad}\right)\right]\times100\% \tag{4-1}$$

式中：M_{ad} ——RDF 中水分的含量，%；

　　　A_{ad} ——RDF 中灰分的含量，%；

　　　V_{ad} ——RDF 中挥发分的含量，%。

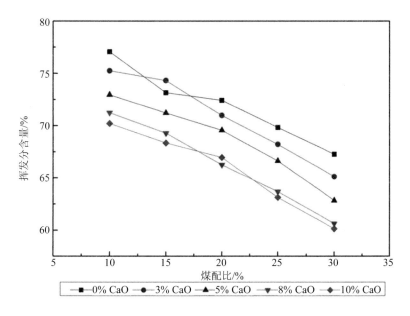

图 4-16　添加剂的种类和含量对 RDF 挥发分含量的影响

通过测出的 RDF 的水分、灰分及挥发分的含量，根据式（4-1）可计算得出 RDF 固定碳的含量，结果如图 4-17 所示。分析图 4-17 发现，随着 CaO 含量的增加，RDF 中固定碳的含量整体上呈降低趋势，但影响不显著；煤配比由 10%增至 30%时，RDF 的固定碳含量大约增加了 10 个百分点，表明煤的增多将导致固定碳含量升高。燃料中固定碳含量较高时，不利于燃料的着火和燃烧。因此在制备 RDF 时应根据需要适量添加助燃剂煤。

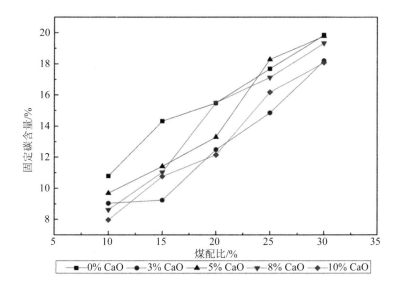

图 4-17　添加剂的种类和含量对 RDF 固定碳含量的影响

（2）添加剂对 RDF 着火性能的影响

对燃料进行分析与评价时，常采用工业分析的结果计算燃料的着火性能参数（F_Z），用于初步评价燃料的着火性能。

$$F_Z = (V^f + W^f)^2 \times C^f \times 100 \qquad (4-2)$$

式中：F_Z——通用着火性能指标参数，%；

V^f——挥发分含量，%；

W^f——水分含量，%；

C^f——固定碳含量，%。

F_Z 是一个与燃料品质有关的无因次参数，此值越大，燃料的着火性能越好。$(V^f + W^f)$ 指挥发分和内在水分析出后在燃料内部形成的孔隙度，该值越大，比表面积就越大，燃料的活性就越大，越有利于着火；当单位面积上固定碳含量越高时，化学反应放出的热量越多，也越有利于着火。

利用式（4-2）及工业分析的结果，计算 RDF 的着火性能参数（F_Z），结果如图 4-18 所示。从图 4-18 中曲线的趋势可以看出，随着煤配比的增大（10%~30%），燃料的着火性能参数从 6.99% 提高到 10.03%，煤配比为 30% 时，着火性能参数是煤配比为 10% 时的 1.43 倍，着火性能得到显著提高。随着 CaO 含量的增大（0~10%），燃料的着火性能参数从 6.99% 降低到 4.02%，而 CaO 含量为 10% 时，与不添加 CaO 时相比，燃料的着火性能参数降低至不加 CaO 时的 57.5%。可见煤可以作为助燃剂加入生活垃圾中，改善 RDF 的着火性能，而 CaO 的加入将减弱 RDF 的着火性能。

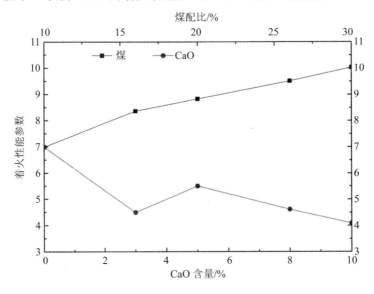

图 4-18　添加剂对 RDF 着火性能的影响

4.3 RDF 燃烧动力学特性

4.3.1 动力学研究准备

为进一步研究 RDF 的燃烧特性，本研究以现场采集的塑料、纸张、布料、竹木等为主的生活垃圾，按照实际组成比例及掺入添加剂和生物质制备的 RDF 分别进行了热重分析实验研究。采用热重分析法，可以较好地分析燃料在不同热过程中的变化情况。

实验时，将准备分析的各个试样依次放在坩埚中，通以模拟空气，使试样在空气氛围中以一定的速度连续升温，用热分析仪记录试样的热重（TG）曲线及微分热重（DTG）曲线。

实验气氛为模拟空气，流量为 100 mL/min（其中 N_2、O_2 的流量分别为 80 mL/min 和 20 mL/min），升温速度为 10℃/min，试样质量为（10±0.5）mg，实验温度范围为 25~800℃。

实验仪器为瑞士梅特勒-托利多 TGA/DSC 1 同步热分析仪，实验温度范围为室温至 1 600℃，升温速率为 0.1~50℃/min，冷却时间为 27 min（1 500~30℃），测重量程为 0~5 g。图 4-19 和图 4-20 分别为热分析仪的工作原理图和实验设备图。

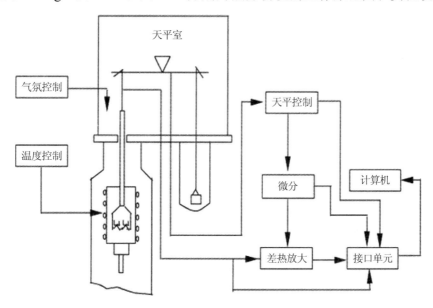

图 4-19　热分析仪的工作原理

图 4-20　梅特勒-托利多 TGA/DSC 1 同步热分析仪

　　将塑料、纸张、布料、竹木等生活垃圾分别粉碎至 1 mm 左右，然后按照实际组成比例进行混合，用分析天平称量进行混合，向混合均匀的生活垃圾中分别掺入 8%CaO、8%CaO 和 20%煤、50%生物质制成 RDF，依次命名为 RDF-1、RDF-2、RDF-3，然后依次进行热重分析。代表物的实验组分如表 4-8 所示。

表 4-8　代表物实验组分

序号	垃圾代表物实验组分
1	垃圾原样
2	RDF-1（生活垃圾+8%CaO）
3	RDF-2（生活垃圾+8%CaO+20%煤）
4	RDF-3（生活垃圾+50%生物质）
5	单一煤样
6	单一生物质样

4.3.2　燃烧特性分析

　　DTG 曲线反映了试样在燃烧过程中，其质量随时间或温度变化的规律。经过预处理后试样的水分含量较低，因此在 TG/DTG 曲线上水分析出峰很小甚至没有。从 6 种试样的 DTG 曲线都可以看出，燃烧过程中存在着明显的挥发分析出区和固定碳的燃尽区。

由图 4-21～图 4-26 可见，垃圾原样的 DTG 曲线在升温过程中存在 4 个主要的峰，掺入添加剂后 DTG 曲线中的第 3 个峰逐渐变缓，加入 50%生物质后只剩下 3 个主要峰。这主要是由于掺入添加剂引起混合物中挥发分含量发生较大变化造成的。其中，垃圾原样的前 3 个峰主要是挥发分的析出和燃烧过程，由于垃圾组分的复杂且不均匀导致出现 3 个独立的峰。

单一煤样的热重曲线（TG）只在 350～550℃温度范围内出现了 1 次明显的失重过程，微分热重曲线（DTG）上对应 1 个独立的失重峰。其失重速率的峰值出现在 455℃，为 7.06 %/min。而由于煤在燃烧过程中挥发分的析出和燃烧几乎一直伴随着焦炭的燃烧，从而导致固定碳的燃烧阶段没有出现明显的失重速率峰。从图 4-26 中可以看出，单一生物质燃烧过程中的失重主要有 3 个阶段：第一阶段位于 242～363℃，为生物质中的易挥发部分的析出及燃烧过程；第二阶段位于 370～443℃，为生物质中相对难挥发部分的析出及燃烧过程；第三阶段位于 544～635℃，为生物质中固定碳的燃烧过程。3 个失重峰的峰值温度分别为 311℃、408℃、632℃，对应的失重速率峰值为 5.83 %/min、2.24 %/min、0.26 %/min。

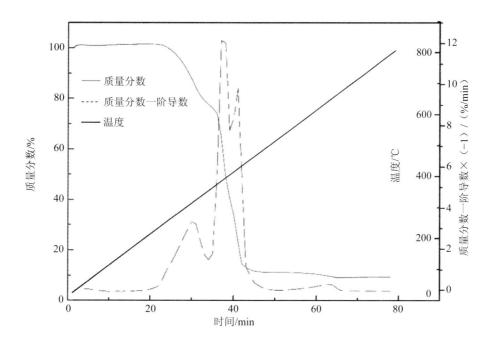

图 4-21 垃圾原样 TG 和 DTG 曲线

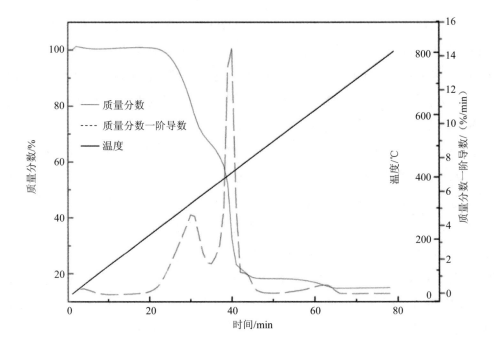

图 4-22　RDF-1（生活垃圾+8%CaO）TG 和 DTG 曲线

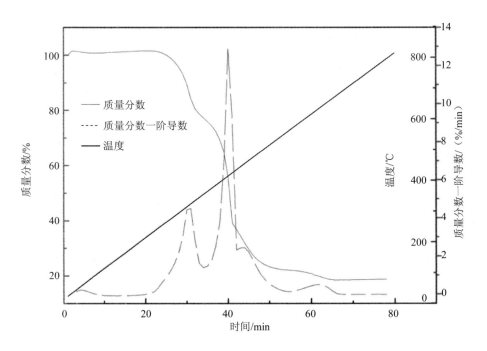

图 4-23　RDF-2（生活垃圾+8%CaO+20%煤）TG 和 DTG 曲线

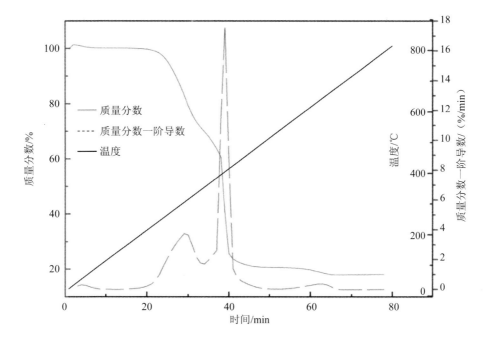

图 4-24　RDF-3（生活垃圾+50%生物质）TG 和 DTG 曲线

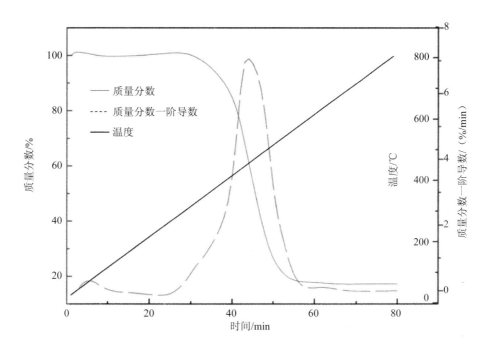

图 4-25　单一煤样 TG 和 DTG 曲线

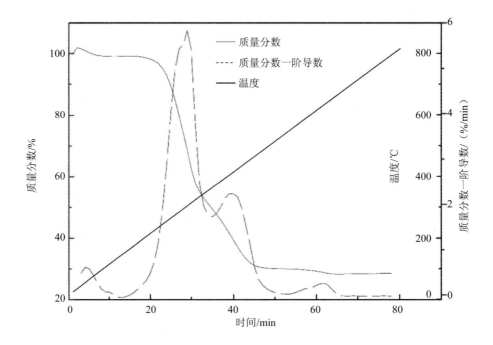

图 4-26 单一生物质样 TG 和 DTG 曲线

由于垃圾燃料的挥发分含量较高，与单一煤样相比，DTG 曲线上挥发分析出峰高而陡，垃圾燃料的挥发分析出和燃烧温度范围介于 250～450℃之间。在该区域内，挥发分大量析出，且在本实验条件下析出时间约为 20 min。

有研究推测，在热天平中废弃物燃料受热达到一定温度水平后，颗粒均在短时间内析出大量挥发分，并在其周围形成一个很厚的连续气膜。料层表面的颗粒氧气供应充足而迅速着火燃烧，消耗了附近的氧气。料层下部的颗粒由于不能及时得到氧气，挥发分靠自然对流向上升腾，当到达料层上部空间某一界面时（挥发分燃烧速率与氧气、挥发分向该界面的扩散速率达到平衡），就在该界面进行稳定的燃烧，火焰向周围传播，对整个料层进行加热。坩埚附近的氧气在挥发分与空气交界面上被大量析出的挥发分迅速消耗掉，无法通过该界面进一步扩散至坩埚内部。只有当挥发分燃尽时，氧气才能扩散至坩埚内的颗粒表面，固定碳的燃烧反应才开始进行。

在本研究中，当温度在 700℃时，垃圾混合物的热解析出均已完成，剩余的只是燃尽的灰分，这点可以作为确定垃圾焚烧炉的炉膛温度的重要依据。它说明炉膛温度至少应定在 700℃以上，才能保证垃圾中的挥发分的析出与燃烧完全。

采用综合燃烧特性指数 $[S，\%/(min^2·℃^3)]$ 来表征混合样品的综合燃烧性能。S 值越大，燃料的燃烧特性越好。

$$S = \frac{(\mathrm{d}W/\mathrm{d}t)_{max} \times (\mathrm{d}W/\mathrm{d}t)_{mean}}{T_i^2 \cdot T_h} \qquad (4\text{-}3)$$

式中：$(\mathrm{d}W/\mathrm{d}t)_{max}$——最大燃烧速率，%/min；

$\quad\quad (\mathrm{d}W/\mathrm{d}t)_{mean}$——可燃质平均燃烧速率，%/min；

$\quad\quad T_h$——燃尽温度，℃；

$\quad\quad T_i$——着火温度，℃。

最大燃烧速率$(\mathrm{d}W/\mathrm{d}t)_{max}$即最大失重速率，由 DTG 曲线上的最大极值点来确定。燃尽温度T_h取 DTG 值基本为 0 时的温度。定义 DTG 线上失重率达到 0.1%/min 时的点为着火点或两点间失重率差大于 0.1%/min 时的点为着火点，对应温度即着火温度T_i。各样品的综合燃烧特性参数如表 4-9 所示。

表 4-9 各样品的综合燃烧特性参数

试样	T_i/ ℃	T_h/ ℃	T_{max}/ ℃	$(\mathrm{d}W/\mathrm{d}t)_{max}$/ （%/min）	$(\mathrm{d}W/\mathrm{d}t)_{mean}$/ （%/min）	$S \times 10^{-7}$/ [%/（min$^2\cdot$℃^{3}）]
垃圾原样	248	674	386	12.142	1.183	8.59
RDF-1（生活垃圾+8%CaO）	250	669	410	14.431	1.133	9.77
RDF-2（生活垃圾+8%CaO+20%煤）	273	676	416	12.883	1.031	7.20
RDF-3（生活垃圾+50%生物质）	247	678	403	17.550	1.041	10.91
单一煤样	335	698	451	7.063	1.075	3.25
单一生物质样	242	665	311	5.830	0.930	3.37

由表 4-9 可以看出，RDF-3（生活垃圾+50%生物质）的 S 值最大，RDF-1（生活垃圾+8%CaO）次之，单一煤样的最小。表明加入生物质后垃圾混合物的燃烧性能最好，煤的燃烧性能最差，即加入生物质可有效改善 RDF 的燃烧性能。

4.3.3 混合垃圾的燃烧反应动力学分析

热分析动力学是用化学动力学解析用热分析方法测得的质量的变化速率与温度的关系，通过动力学分析进一步深入了解试样燃烧反应的过程和机制。以下用热分析的方法从动力学角度探讨各试样燃烧反应的机理。

根据质量作用定律可以得到样品的燃烧反应速率方程：

$$\frac{\mathrm{d}\alpha}{\mathrm{d}t} = kf(\alpha) \qquad (4\text{-}4)$$

式中：α——燃烧反应过程中的转化率，本书中为 RDF 样品的减重率，%；

t——反应时间，min；

k——反应速度常数，min^{-1}。

假设燃烧反应服从 Arrhenius 定律，则

$$k = A e^{-\frac{E}{RT}} \tag{4-5}$$

式中：A——频率因子，min^{-1}；

E——反应活化能，J/mol；

R——气体常数，8.314 J/（mol·K）；

T——反应温度，K。

假设燃烧反应为 n 级简单反应，则

$$f(\alpha) = (1 - \alpha)^n \tag{4-6}$$

试样燃烧转化率 α 可以由热重曲线（TG）求得

$$\alpha = \frac{W_0 - W_t}{W_0 - W_f} \tag{4-7}$$

式中：W_0——试样初始质量（t=0），g；

W_t——试样在时间 t 时的质量，g；

W_f——试样在反应结束时的质量（$t=\infty$），g。

由式（4-4）～式（4-7）可以得到

$$\frac{d\alpha}{dt} = A e^{-\frac{E}{RT}} (1 - \alpha)^n \tag{4-8}$$

$$(1 - \alpha)^{-n} \frac{d\alpha}{dt} = A e^{\frac{E}{RT}} \tag{4-9}$$

等式两边求自然对数，得

$$\ln\left[(1 - \alpha)^{-n} \frac{d\alpha}{dt} \right] = -\frac{E}{RT} + \ln A \tag{4-10}$$

令 $Y = \ln\left[(1 - \alpha)^{-n} \dfrac{d\alpha}{dt} \right]$，$X = \dfrac{1}{T}$，$a = \ln A$，$b = -\dfrac{E}{R}$，则有

$$Y = a + bX \tag{4-11}$$

从热重分析曲线中，可以得到任意时刻的温度、样品重量及减重速率，从而可

以计算出任意时刻对应的 Y 和 X，对 Y 和 X 进行直线拟合，由直线的斜率可求出反应的活化能 E，截距可求出频率因子 A。当 $n=1$ 时，根据实验结果绘制的 Y 和 X 的关系图如图 4-27 所示，具体计算结果如表 4-10 所示。

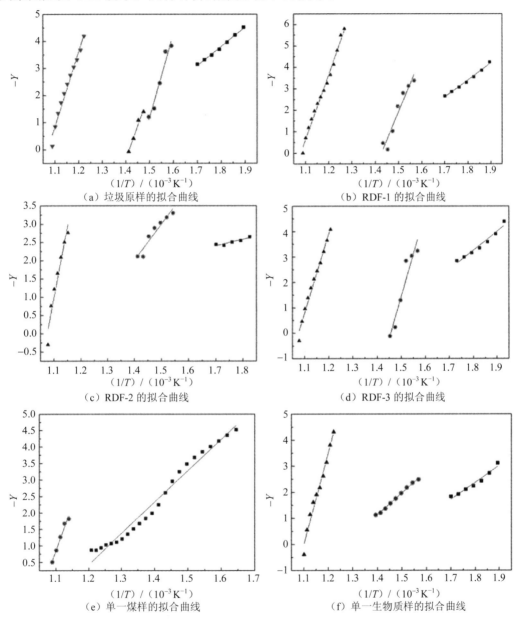

图 4-27　各个试样的拟合曲线

图 4-27 显示出试样燃烧过程中的不同反应区段，均表现为良好的拟合直线关系。试样在燃烧过程中，对应于不同的燃烧区段，需用不同区段的一级反应描述（如表 4-10 所示）。

表 4-10 垃圾燃烧动力学参数

试样序号	温度区段/℃	a	b	相关系数 R^2	E/（J/mol）	A/（min^{-1}）
1	248～315	8.979	−7 106	0.993	59 079.28	7 934.69
	357～395	44.98	−30 783	0.953	255 929.90	$3.42×10^{19}$
	412～454	34.45	−24 368	0.981	202 595.60	$9.15×10^{14}$
	545～648	29.73	27 797	0.980	231 104.30	$8.16×10^{12}$
2	250～315	11.00	−8 013	0.992	66 620.08	59 874.14
	365～425	37.27	−26 141	0.924	217 336.30	$1.54×10^{16}$
	515～645	32.69	−30 290	0.990	251 831.10	$1.57×10^{14}$
3	273～321	0.671	−1 809	0.881	15 040.03	1.96
	375～439	11.92	−9 951	0.924	82 732.61	150 241.60
	595～658	34.58	−32 516	0.991	270 338.00	$1.04×10^{15}$
4	242～311	10.12	−7 441	0.963	61 864.47	24 834.77
	351～410	48.65	−33 408	0.916	277 754.10	$1.34×10^{21}$
	557～656	33.58	−3 262	0.986	27 120.27	$3.83×10^{14}$
5	242～363	9.214	−6 443	0.962	53 567.10	10 036.66
	370～443	10.51	−8 326	0.994	69 222.36	36 680.48
	544～635	38.83	−35 286	0.980	293 367.80	$7.31×10^{16}$
6	355～554	10.99	−9 519	0.978	79 140.97	59 278.38
	607～652	29.58	−27 667	0.977	230 023.40	$7.02×10^{12}$

根据上述结果得出各个试样的燃烧过程基本动力学方程，具体如表 4-11 所示。

表 4-11 各个试样的燃烧过程基本动力学方程

序号	挥发分析出燃烧段	固定碳燃烧段
1	$d\alpha/dt=7\ 934.693e^{-7\ 106/T}（1-\alpha）$ $d\alpha/dt=3.42×10^{19}e^{-30\ 783/T}（1-\alpha）$ $d\alpha/dt=9.15×10^{14}e^{-24\ 368/T}（1-\alpha）$	$d\alpha/dt=8.16×10^{12}e^{-27\ 797/T}（1-\alpha）$
2	$d\alpha/dt=59\ 874.14e^{-8\ 013/T}（1-\alpha）$ $d\alpha/dt=1.54×10^{16}e^{-26\ 141/T}（1-\alpha）$	$d\alpha/dt=1.57×10^{14}e^{-30\ 290/T}（1-\alpha）$
3	$d\alpha/dt=1.96e^{-1\ 809/T}（1-\alpha）$ $d\alpha/dt=150\ 241.6e^{-9\ 951/T}（1-\alpha）$	$d\alpha/dt=1.04×10^{15}e^{-38\ 826/T}（1-\alpha）$
4	$d\alpha/dt=24\ 834.77e^{-7\ 441/T}（1-\alpha）$ $d\alpha/dt=1.34×10^{21}e^{-33\ 408/T}（1-\alpha）$	$d\alpha/dt=3.83×10^{14}e^{-3\ 262/T}（1-\alpha）$
5	$d\alpha/dt=10\ 036.66e^{-6\ 443/T}（1-\alpha）$ $d\alpha/dt=36\ 680.48e^{-8\ 326/T}（1-\alpha）$	$d\alpha/dt=7.31×10^{16}e^{-35\ 286/T}（1-\alpha）$
6	$d\alpha/dt=59\ 278.38e^{-9\ 519/T}（1-\alpha）$	$d\alpha/dt=7.02×10^{12}e^{-27\ 667/T}（1-\alpha）$

可见，生活垃圾的燃烧反应服从燃烧动力学的基本方程表征的规律，即 $d\alpha/dt=Ae^{-E/RT}(1-\alpha)$，可用几个一级反应来描述燃烧过程，低温区段对应挥发分的析出和燃烧特性，高温区段对应固定碳的燃烧特性。

活化能（E）是决定化学反应速率的内因。一般而言，活化能较小的化学反应速率较快，普通化学反应的活化能在 60～250 kJ/mol 之间。活化能小于 40 kJ/mol 的化学反应速率很快，以至于瞬间就可完成；而活化能大于 400 kJ/mol 的化学反应速率极慢，可以认为不起化学反应。由表 4-10 可知，不同试样不同阶段的活化能在 10～300 kJ/mol 之间，化学反应速率均较快。由燃烧动力学方程可以看出，当反应温度由 700℃ 提高到 950℃ 时，燃烧速率有较大提高。在过氧燃烧时，炉膛温度往往远高于最大气化温度，挥发分析出速率更快，析出量更大，这就更需要保证炉膛内的供氧量充足，使挥发分得到及时充分燃尽。

4.4 RDF 燃烧过程的固氯和脱氯

RDF 燃烧过程中产生的 HCl 主要来源于生活垃圾中的废塑料、食盐等含氯废弃物。产生的 HCl 随烟气在炉膛内移动时腐蚀金属设备，缩短设备的使用寿命；排放到大气中的 HCl 会在降水过程中形成酸雨。因此，本研究通过管式高温炉焚烧实验，研究 RDF 焚烧中 HCl 的排放及灰分中的氯含量情况，从而为控制烟气中 HCl 的含量制定处理对策。

4.4.1 脱氯机理

生活垃圾中的氯元素主要以有机物的形式存在于塑料中，约 150℃ 时生活垃圾开始释放 HCl，当温度高于 300℃ 时，Cl 向 HCl 的转化率就超过 70%，而且受气氛影响很小。

氯化腐蚀的特点是挥发性腐蚀，在氧化性气氛下，HCl 穿过氧化层到达氧化膜/金属界面上积聚，与金属元素发生反应［式（4-12）］：

$$Fe + 2HCl + \frac{1}{2}O_2 \longrightarrow FeCl_2(s) + H_2O \qquad (4-12)$$

而通常金属氯化物的熔点较低且蒸气压相当高，导致其将会连续挥发［式（4-13）］：

$$FeCl_2(s) \longrightarrow FeCl_2(g) \qquad (4-13)$$

挥发性氯化物的扩散效应使氧化膜/金属界面出现大量的裂纹和空洞，使得设备寿命大大降低。

与煤的脱硫方法类似，RDF 的脱氯也可以分为燃烧前脱氯、燃烧中脱氯和燃烧后脱氯。燃烧前脱氯是指将 RDF 进行酸洗脱氯；燃烧中脱氯适合于流化床燃烧以及 RDF 块状燃料的燃烧（本研究是在 RDF 成型时加入脱氯剂，属于燃烧中脱氯）；燃烧后脱氯指用碱性溶液将尾部烟气中的 HCl 吸收。

目前，在 RDF 中加入 CaO 等碱性添加剂是控制 HCl 析出的最常用措施。其核心反应为式（4-14）。

$$CaO(s) + 2HCl(g) \rightleftharpoons CaCl_2(s) + H_2O(g) \qquad (4\text{-}14)$$

添加在燃料中的 CaO 与 HCl 反应后，氯元素以 $CaCl_2$ 的形式存在于灰渣中，达到了脱氯的目的。

一般采用固氯效率或脱氯效率作为指标评价 RDF 燃烧过程中 CaO 等固氯剂对氯析出的抑制与固定作用。固氯效率 ξ 是试样燃烧后剩余的灰分中氯含量占试样中氯含量的百分率；脱氯效率 η 则是相对于空白试样氯析出量的减少率。即

$$\xi = \frac{F_1}{F} \times 100\% \qquad (4\text{-}15)$$

$$\eta = \frac{F_2 - F_3}{F_2} \times 100\% \qquad (4\text{-}16)$$

$$\upsilon = \frac{F_2}{F} \times 100\% \qquad (4\text{-}17)$$

式中：ξ——固氯效率，%；

η——脱氯效率，%；

υ——释放率，%；

F——试样中氯的含量，mg/g；

F_1——试样燃烧后剩余的灰分中氯的含量，mg/g；

F_2——空白工况（不添加固氯剂时）单位试样燃烧氯的析出量，mg/g；

F_3——添加固氯剂后单位试样燃烧氯的析出量，mg/g。

4.4.2 RDF 燃烧脱氯固氯特性研究

燃烧炉提供热源，空气泵提供燃烧过程中所需要的空气，空气流量为 0.1 m^3/h，不同 CaO 含量的 RDF 在不同的燃烧温度下燃烧 20 min（实验工况如表 4-12 所示），产生的烟气采用二级吸收，吸收瓶内均装 200 mL 的 0.1 mol/L NaOH 吸收液进行尾气中氯的吸收。然后采用荧光黄法对烟气吸收液中的氯离子进行滴定。RDF 燃烧后剩余的灰分中的氯含量利用 X 射线荧光光谱分析（XRF）法测定。

表 4-12　焚烧 RDF 脱氯、固氯实验工况

温度/℃	CaO 含量/%	温度/℃	CaO 含量/%	温度/℃	CaO 含量/%	温度/℃	CaO 含量/%	温度/℃	CaO 含量/%
500	0	650	0	800	0	950	0	1 100	0
	3		3		3		3		3
	5		5		5		5		5
	8		8		8		8		8
	10		10		10		10		10

　　图 4-28 为本研究所用的焚烧 RDF 的脱氯实验装置示意图，图 4-29 为管式高温炉实验装置图。管式高温炉为北京电炉厂生产，型号为 SK2-6-12，额定功率为 6 kW，额定温度为 1 600℃，温度控制精度为 2℃。

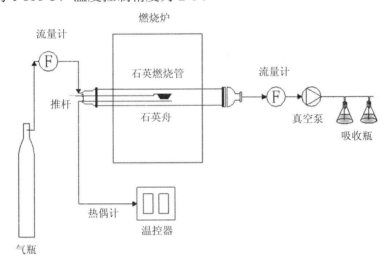

图 4-28　焚烧 RDF 的脱氮实验装置示意

图 4-29　管式高温炉实验装置

4.4.3 燃烧温度对 RDF 中氯的释放特性的影响

为研究燃烧过程中温度对 RDF 中氯的释放特性的影响，分别在 500℃、650℃、800℃、950℃及 1 100℃下燃烧 RDF 样品，分别测定烟气中 HCl 的量。烟气中氯的浓度及释放率与燃烧温度的关系如图 4-30 所示。

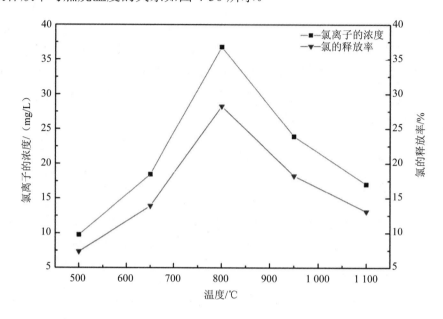

图 4-30 燃烧温度对 RDF 中 HCl 释放特性的影响

从图 4-30 可看出，500℃时烟气中 HCl 的浓度较低，随着温度的升高而逐渐增大，在 800℃时氯的释放率达到最大值 27%，之后又逐渐降低。这与孙明明等（2008）的研究一致，主要是因为在低温段 RDF 中的碱金属与氯发生化学反应形成 $CaCl_2$；800℃时碱金属氯化物开始融化（$CaCl_2$ 熔点为 775℃），化学反应向生成 CaO 的方向进行；温度继续升高，可能是由于碱金属氧化物比表面积减小造成 HCl 浓度又逐渐降低。

从图 4-30 中还可看出，在 500～1 100℃的燃烧条件下，氯的释放率不高于 30%。即 RDF 中的氯在本实验条件下仅有少部分以 HCl 的形式释放到烟气中，大部分的氯残留在燃烧后剩余的灰分中或以其他形式排出。

通过测定燃烧后剩余的灰分中的氯含量，按式（4-15）计算出 CaO 含量对固氯效率的影响，实验结果如图 4-31 所示。由图 4-31 可以看出，随着 RDF 中 CaO 含量的增加，固氯效率也在逐渐增加。500℃时，随 CaO 含量的提高，固氯效率提高得最多。温度逐渐上升，固氯效率的提高效果也逐渐减弱。

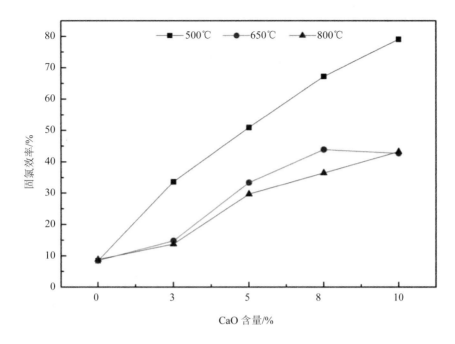

图 4-31　CaO 含量对固氯效率的影响

燃烧时间 20 min、空气流量为 0.1 m³/h 的条件下，RDF 燃烧过程中的脱氯效率随 CaO 含量的变化关系如图 4-32 所示。图 4-32 表明，CaO 含量从 3%逐渐增加到 10%，同一温度段的脱氯效率提高了 12～30 个百分点，表明可以通过在 RDF 中添加 CaO 固定气态氯化物、控制气态氯污染，提高脱氯效率。这主要是因为燃烧过程中 CaO 与烟气中的 HCl 发生反应，产生 $CaCl_2$，从而抑制了 HCl 的析出。但是，当 CaO 含量超过 5%以后，脱氯效率随 CaO 含量的增加变化不明显，所以单纯增加 CaO 含量提高脱氯效果的方式是不可取的，且增加了脱氯成本。考虑到燃烧脱氯的经济性，CaO 含量宜在 5%～8%。

整体来看，当燃烧温度高于 950℃时，灰分中没有检测出氯元素；同时由图 4-32 可知，燃烧温度为 1 100℃时脱氯效率最低。这可能是由于脱氯产物在高温（1 013℃）条件下发生水解反应造成的。因此，在高温下可采取半预混半喷射的两段燃烧脱氯方法，由于喷射脱氯剂所在的反应区域的温度相对较低，脱氯产物在炉内的停留时间也大大缩短，这样能够有效降低脱氯产物的分解率，取得较好的脱氯效果。

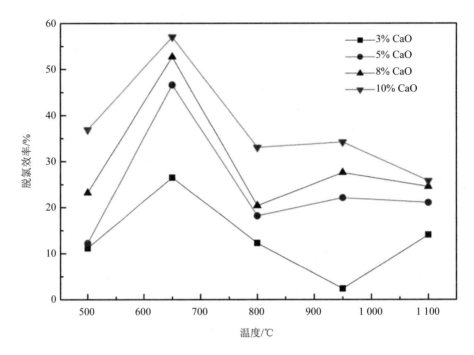

图 4-32　CaO 含量对脱氯效率的影响

把 CaO 的添加量按式（4-18）换算成 Ca/Cl 摩尔比，即 Ca/Cl 摩尔比在 4～7 之间时脱氯效率较高，经济性较好。

$$Ca/Cl \, 摩尔比 = \frac{G_{ad} + G_{ad}^*}{Cl_{ad} + Cl_{ad}^*} \times \frac{M_{Cl}}{M_G} \qquad (4\text{-}18)$$

式中：　M_G、M_{Cl} ——钙和氯的原子量；

　　　　G_{ad}、Cl_{ad} ——RDF 中钙和氯的含量（分析基）；

　　　　G_{ad}^*、Cl_{ad}^* ——脱氯剂中钙和氯的含量（分析基）。

4.5　RDF 燃烧烟气排放的环境安全性

本章研究了 RDF 燃烧过程中各种污染气体的生成情况，并结合各气体的形成机理分析了其在不同条件下的排放特性，为 RDF 技术大规模应用提供基础数据。

4.5.1　烟气中污染物的形成机理及排放特性

（1）NO_x 的形成机理及排放特性

燃料在燃烧过程中产生的氮氧化合物主要是 NO 和 NO_2，另外还有少量的 N_2O。NO_x 在大气中通过一系列复杂的化学反应生成 HNO_2、HNO_3，不仅能够产生酸雨，而且还能促进大气气溶胶的形成，同时对人体健康也有很大的威胁。在燃烧过程中产生的 NO_x 主要有热力型、燃料型和快速型 3 种形式。对于炉膛温度低于 1 300℃ 的预分解炉，热力型 NO_x 生成量很少，快速型 NO_x 占总量的比例不到 5%，都可以忽略不计，因此本研究中所产生的 NO_x 主要为燃料型的。NO_x 的生成量和排放量与燃烧温度和过量空气系数等燃烧条件关系密切。

（2）CO 的形成机理及排放特性

CO 的形成反应是碳氢燃料燃烧的基本反应之一。CO 主要是在缺氧条件下燃料中的碳与空气中的氧气发生化学反应产生的，并作为最终产物向环境中排放。CO 的生成速率很快，在火焰区 CO 浓度迅速上升到最大值，该最大值通常比反应混合物在绝热燃烧时的平衡值要高，随后 CO 浓度缓慢地下降到平衡值。这表明形成和破坏过程都受到化学反应动力学机制的控制。它的生成机理为：

$$RH \longrightarrow R \longrightarrow RO_2 \longrightarrow RCHO \longrightarrow RCO \longrightarrow CO \qquad （4-19）$$

式中：R——碳氢化合物中的烷基自由基团。

基本氧化反应为：

$$CO + \ \cdot OH \longrightarrow CO_2 + H_2 \qquad （4-20）$$

如果产生的烟气中 CO 含量过高，表明燃烧效率不高，造成了大量的资源浪费，对能源和环境带来较大的压力。综上所述，控制 CO 含量的本质是使 CO 完全燃烧，而不是抑制 CO 的形成。

4.5.2 RDF 燃烧烟气分析

本研究使用管式高温炉自动升温装置，压制成型的 RDF 样品放在石英方舟内，达到实验所需温度后推进管式炉内燃烧，测其烟气组分，实验工况如表 4-13 所示。研究中所用的烟气分析仪如图 4-33 所示。烟气分析仪为德国 RBR 益康 ecom-J2KN 便携式烟气分析仪，主要测量 NO_x、CO 等污染物。

表 4-13　烟气分析实验工况

温度/℃	CaO 含量/%	温度/℃	煤配比/%	温度/℃	生物质含量/%	试样	温度/℃
	0		0		0		500
	3		10		25	RDF	650
800	5	800	15	800	50	（不含添加剂）	800
	8		20		75		950
	10		100		100		1 100

图 4-33　烟气分析仪

4.5.3　燃烧条件对烟气中 NO_x 浓度的影响

燃烧条件对烟气中 NO_x 浓度影响的实验结果如图 4-34 所示。由图 4-34（b）和图 4-34（c）可以看出，单一燃煤和生物质（100%煤和100%生物质）燃烧时，NO_x 的浓度随时间的变化曲线呈现单一峰。在高生物质含量（50%和75%）时也呈现单一峰。说明纯煤和纯生物质中的挥发分燃烧的同时伴随着固定碳的燃烧，从而集中释放 NO_x。由生活垃圾及含少量添加物制备的 RDF 焚烧时 NO_x 浓度曲线呈现两个峰。第一峰可以理解为挥发分燃烧所形成的挥发分 NO_x 峰，该峰所对应的 NO_x 浓度较低，说明挥发分 NO_x 产生量较少。第二峰的形成与固定碳的燃烧有关，所对应的 NO_x 浓度较高，说明固定碳 NO_x 产生量较大。图 4-34（d）表明 RDF 燃烧过程中 NO_x 的生成与温度有密切的关系。在 500～800℃之间，随温度的升高，NO_x 的生成量增加，这主要是 RDF 中有机氮的分解，为燃料型 NO_x 的生成提供了有利条件。

由于不同燃烧条件下，RDF 燃烧时 NO_x 浓度的产生峰出现时间及所对应的峰值大小各不相同，为了考察最高峰值的产生时刻及峰值大小，整理图 4-34 中 4 个图的数据可得出图 4-35。

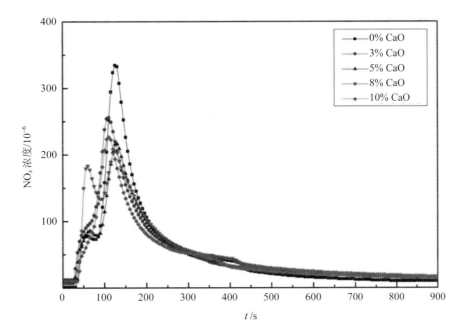

（a）CaO 含量对 RDF 焚烧产生的烟气中 NO_x 浓度的影响（800℃）

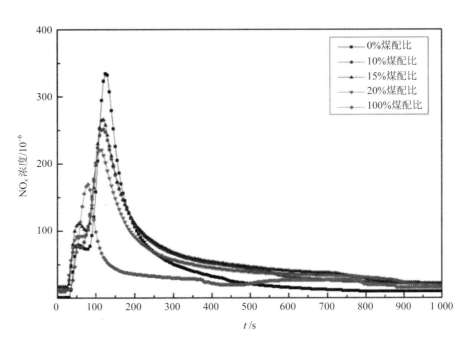

（b）煤配比对 RDF 焚烧产生的烟气中 NO_x 浓度的影响（800℃）

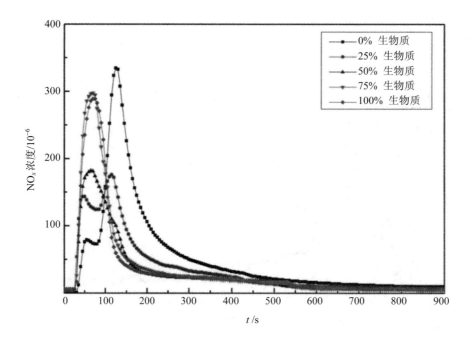

（c）生物质含量对 RDF 焚烧产生的烟气中 NO$_x$ 浓度的影响（800℃）

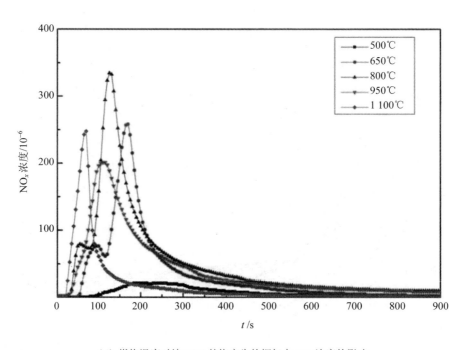

（d）燃烧温度对纯 RDF 焚烧产生的烟气中 NO$_x$ 浓度的影响

图 4-34　不同燃烧条件下 NO$_x$ 浓度随时间变化情况

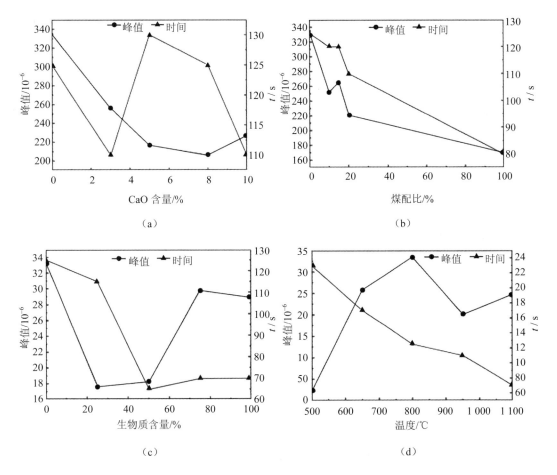

图 4-35 不同燃烧条件下 NO$_x$ 峰值及产生时刻

随着 CaO 含量的增加，NO$_x$ 的生成量及峰值降低。这是由于 CaO 的存在会对 NO、NO$_2$ 的生成起到抑制作用，减少了 NO$_x$ 的生成。煤和生物质的加入及温度升高都有效提前了 NO$_x$ 浓度峰值出现的时间，这是因为煤和生物质中灰分含量较低且混合燃料中水分含量的降低，有利于燃料的燃烧并影响燃料中 N 的释放。

4.5.4 燃烧条件对烟气中 CO 浓度的影响

燃烧条件对烟气中 CO 浓度影响的实验结果如图 4-36 所示。可以看出，物料投加后在短时间内 CO 浓度迅速达到最大值，随后又逐渐下降到平衡值。表明 CO 的生成速率很快，燃烧迅速，而且受反应动力学的控制。烟气中 CO 的浓度随 CaO 含量的增加而略有降低，这可能与 CaO 为无机物不能燃烧有关。

由图 4-36（b）和图 4-36（c）可以看出，单一煤和生物质（100%煤和100%生物质）燃烧时生成的 CO 浓度在燃烧过程中维持在较低水平，而与生活垃圾混合后制备的 RDF 在燃烧时，燃烧生成的 CO 浓度逐渐增大。这是由于煤和生物质中的挥发分少、碳含量高，而生活垃圾的挥发分多、碳含量较低。因此将煤和生物质掺混到生活垃圾的燃烧可以降低单纯燃烧生活垃圾所产生的 CO 的浓度。

由图 4-36（d）可以看出，燃烧温度为 500℃时，CO 浓度逐渐增加至形成第 1 个峰值后下降，然后 CO 浓度逐渐降低，而后又经历 2 个较为平缓的峰。650℃时首先出现 1 个小峰，随后出现 1 个与其他燃烧条件下相同的最高峰。表明温度对 CO 的产生有一定影响。

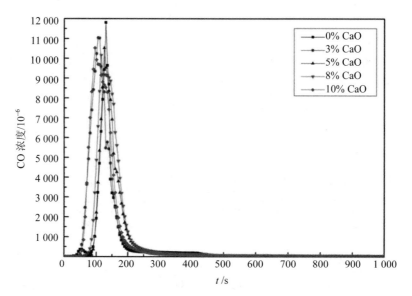

（a）CaO 含量对 RDF 焚烧产生的烟气中 CO 浓度的影响（800℃）

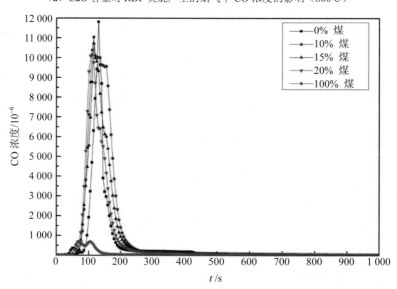

（b）煤配比对 RDF 焚烧产生的烟气中 CO 浓度的影响（800℃）

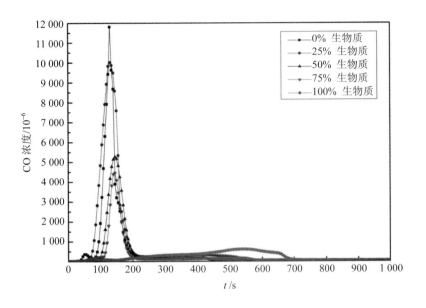

（c）生物质含量对 RDF 焚烧产生的烟气中 CO 浓度的影响（800℃）

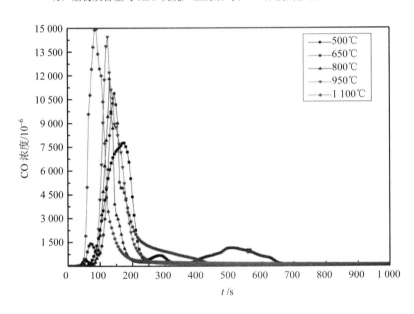

（d）燃烧温度对纯 RDF 焚烧产生的烟气中 CO 浓度的影响

图 4-36 不同燃烧条件下 CO 浓度随时间变化情况

烟气中 CO 浓度较高还与石英燃烧管的燃烧空间小，难以提供良好的燃烧环境有关。加之管端鼓风，空气以水平推流通过燃烧区域，当 RDF 瞬间迅速燃烧时，在燃烧断面上产生大量可燃气体，在此断面形成严重供氧不足。

从图 4-37（a）、图 4-37（b）、图 4-37（c）中可以看出，随 CaO 含量的增加，

水泥窑协同处置生活垃圾关键技术及城乡统筹一体化应用

烟气中 CO 浓度的峰值逐渐降低，CaO 含量为 8% 时达到最低值，随后又有所上升。掺入煤及生物质也迅速降低了烟气中 CO 浓度的峰值，说明分别加入 CaO、煤和生物质都能够有效减少 CO 的排放量。

由图 4-37（d）可以看出温度升高，烟气中 CO 浓度的峰值逐渐增大，且产生时刻提前，即加速了 CO 的产生。表明在高温条件下 RDF 在炉内的燃烧更迅速。

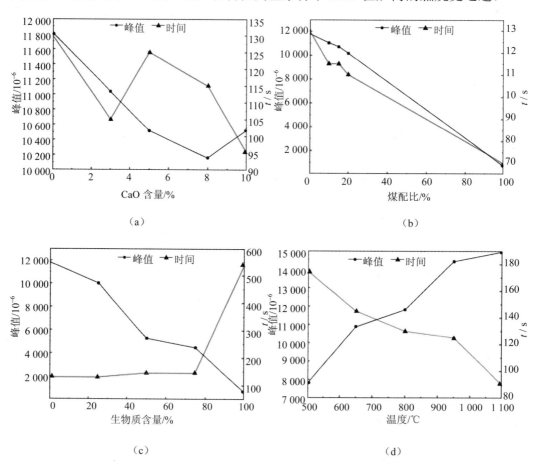

图 4-37　不同燃烧条件下 CO 浓度峰值及产生时刻

4.6　小结

利用水泥窑协同处置生活垃圾不仅可实现垃圾的减量化、资源化、无害化，并有利于水泥行业的可持续发展，有较好的经济效益和环境效益。本研究以河北省武安市垃圾填埋场的生活垃圾为原料，加入添加剂，压制成致密的柱状 RDF。本章对 RDF 的物化性质、成型工艺、燃烧动力学、脱氯效率及燃烧过程中污染物的排放特性等方面进行了实验研究。

①通过正交实验可知，成型压力、垃圾粒径、CaO 含量和煤配比对 RDF 的落下强度均无显著影响。以生活垃圾为原料在实验室制备 RDF 的优化生产工艺参数为：垃圾粒径 20 mm、煤配比 20%、CaO 含量 8%、成型压力 20 MPa。

②随着 CaO 含量的增加，水分含量和挥发分含量降低，灰分含量增多，对固定碳含量的影响不显著。煤配比的增多对水分含量和灰分含量的影响不大，但对挥发分含量和固定碳含量的影响显著：煤配比越高，挥发分含量越少、固定碳含量越多。RDF 的高挥发分含量、低灰分含量使得其易于燃烧，并且对锅炉设备的破坏性也小，可延长锅炉的寿命，降低生产成本。煤作为助燃剂与生活垃圾混合后用于制备 RDF，能够有效提高 RDF 的着火性能。

③各个 RDF 试样的 TG/DTG 曲线实验结果表明：燃烧过程存在着明显的挥发分析出区和固定碳的燃尽区，一般在 250~450℃ RDF 中的挥发分就可以大量析出，且挥发分析出的温度区均较窄。为保证挥发分的析出与燃烧完全，炉膛温度至少应该设在 700℃以上。各样品的燃烧反应服从燃烧动力学的基本方程表征的规律，可用几个一级反应来描述燃烧过程。燃烧化学反应活化能 E 均较小，反应速率均较快。

④用 CaO 作为脱氯剂对 RDF 燃烧过程中的固氯和脱氯效果的研究表明，脱氯效率在 650℃时达到最高，随后又略有下降；CaO 含量越多，固氯效率和脱氯效率也越高。CaO 含量超过 5%以后，脱氯效率随 CaO 含量的提升较为平缓。加之考虑到脱氯效果的经济成本，CaO 含量在 5%~8%之间为最佳添加量。

⑤RDF 在高温炉中燃烧时，不同的焚烧温度对 NO_x 的排放有影响。随着焚烧温度上升，NO_x 浓度增大，800℃时达到最大值，在 800℃以后降低。燃烧过程所产生的 NO_x，主要是燃料型 NO_x；煤和生物质含量增加，降低了燃烧时烟气中 CO 的浓度，即 RDF 中的碳燃烧充分，提高了资源的利用效率；RDF 在燃烧时烟气中 NO_x 和 CO 的浓度随 CaO 含量的增加而降低，峰值产生时刻也逐步提前。

第5章　水泥窑协同处置多相态废弃物技术与装备

5.1　应用背景和技术方案

5.1.1　应用背景

《国家中长期科学和技术发展规划纲要（2006－2020 年）》（以下简称《纲要》）发展目标中提出"能源开发、节能技术和清洁能源技术取得突破，促进能源结构优化，主要工业产品单位能耗指标达到或接近世界先进水平"，并"在重点行业和重点城市建立循环经济的技术发展模式，为建设资源节约型和环境友好型社会提供科技支持"。我国节能减排、控制污染、资源综合利用等技术研发及应用已经成为《纲要》中涉及的若干重点领域及其优先主题的共性问题之一，建材工业是发展循环经济、实现"三废"综合利用的主要产业。尤其在水泥生产过程中，可资源化利用和无害化处置许多工业废弃物、城市生活垃圾、城镇污水处理厂污泥等多种多相态物质，在循环经济的产业链中占有很重要的地位。因此，通过利用水泥窑协同处置多相态的各种废弃物，是水泥工业和城市未来实现可持续发展的一个重要发展方向。

目前，北京、广州、邯郸、上海等地的水泥企业已经在处置和利用可燃性工业废弃物方面取得了一些成绩。但从城市的建设发展综合衡量，废弃物种类繁多、数量巨大，单一处置某类废弃物或少数几种废弃物是远远不能满足需要的。尤其缺乏功能性和适应性较强的焚烧装置，难以形成规范化的关键技术，也不能有效解决面临的问题。要系统、全面、综合性地解决城市环境污染及资源再利用的问题，首先应该对焚烧系统进行整合，研制能够满足各种规范标准要求、系统简捷实用的焚烧装置，并能达到更优的环保指标是解决当务之急的根本途径。

现有技术利用水泥窑处置废弃物的工艺装置多为处置单一品种的废弃物，少数能处置多种废弃物的工艺装置也是采用分散分别处置，主要采取在水泥煅烧系统中分散直接加入废弃物的方式，这种做法存在处置量小、分散设置、系统复杂、焚烧温度调节困难的问题，且直接焚烧的方法会对水泥生产原有焚烧设备的工况造成影响，进一步对水泥生产造成不利影响。另外，如果多相态、多品种的废弃物集中处置，因废弃物化学成分各异、物理性状不同、焚烧分解的条件也不同，同时还要求达到一定的处置规模，且在处置废弃物的过程中不能影响水泥煅烧的正常生产，常规水泥生产系统很难适应这种条件。因为对单一处置某种废弃物而言，物料性能较为单一，工艺系统及装备也较有针对性，而当废弃物品种繁多、相态复杂时，其技术难度就会大幅增加。因此，急需 1 种可以协同处置 3 种及以上多品种、多相态的废弃物的装置，同时该装置还应流程结构合理、适应性强，可完成集成化处置的过程，以实现清洁化、规模化、集成化、规范化的发展。

5.1.2 技术路线

在长期的水泥窑协同处置生活垃圾工艺方法研究的基础上，本研究依托武安市政污泥及生活垃圾处置项目开展水泥窑协同处置多相态废弃物技术研究与关键装置的开发。具体研究内容包括：

①多相态废弃物（市政污泥及生活垃圾）的特性研究；

②水泥窑协同处置多相态废弃物工艺技术研究；

③生活垃圾预处理工艺研究；

④多相态废弃物焚烧炉（Step Push Furnace，SPF）装置的研究；

⑤RDF 计量及输送装置的研究；

⑥水泥窑协同处置多相态废弃物烟气排放污染物的研究。

研究的技术路线如图 5-1 所示。

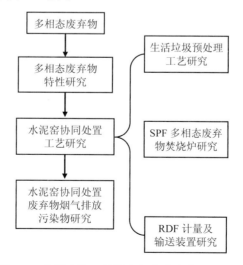

图 5-1　水泥窑协同处置多相态废弃物技术路线

5.2 多相态废弃物性能研究

特性研究主要针对武安市可采用水泥窑协同处置的各种废弃物，包括陈腐生活垃圾、城镇污水处理厂污泥、废矿物油、废旧轮胎等。

（1）陈腐生活垃圾

对于陈腐半年左右的生活垃圾，因含有一定量覆盖土，分为可燃成分和不可燃成分分别进行处置。根据《生活垃圾采样和分析方法》（CJ/T 313—2009），对位于河北省武安市西南 18 km 处铺上村西北侧的生活垃圾填埋场陈腐生活垃圾进行了取样，并通过实验完成了相关的分析测试。

垃圾成分复杂，主要包括塑料、废布料、废木材、陶瓷、玻璃等，其中塑料比例最大，另外厨余垃圾占较大比例，但垃圾含土量较少，主要以废炉渣和灰土为主，难破碎垃圾较少。

堆积覆土填埋半年以上的陈腐垃圾呈土腥味，臭味不明显，表象观察含水率较低，但仍具有明显水分。垃圾成分复杂，主要包括灰土、塑料、废布料、废木材、陶瓷、玻璃等，基本无厨余垃圾，其中灰土比例最大，其次是塑料。

1）容重

由于垃圾中泥土含量较高，测得垃圾容重也偏高，根据其平均值确定容重约为 0.790 t/m³。

2）粒径组成

实验结果是粒径大于 50 mm 的垃圾含量较少，粒径小于 10 mm 的灰土含量约 50%，整体来说，若前期对进料进行控制，防止难破碎较大石块的进入，该粒径组成可有效保证生活垃圾的后续处理工作顺畅。

3）含水率

经测定，垃圾样品含水率为 15.57%，本次含水率测定未在取样 24 h 内完成，故测定含水率相对实际值应该偏小。

4）物理成分

实验所取样品为陈腐半年的生活垃圾，干基陈腐生活垃圾基本以灰土、塑料、砖瓦、陶瓷、玻璃类为主，基本无厨余类和纸类垃圾，成分相对单一，其中灰土类占到80%以上，实际处理中可利用的橡塑、纺织物、木竹等 RDF 制作原料只占到约10%，设计中应该充分考虑处理量。

5）热值

根据垃圾中各组分热值实验数据及生活垃圾的组成，计算确定混合垃圾的总热值为 160 898 kJ/kg，干基的低位热值为 8 988.72 kJ/kg，约为 2 150 kcal/kg。

6）可燃物、灰分

测定垃圾样品的灰分含量，结果表明不燃物含量为 68.84%，可燃物含量为 31.16%。因可燃物比例较低，要达到燃料替代率 30% 是比较困难的。

7）化学成分

根据数据分析，垃圾灰分化学成分满足水泥原料要求，可以作为硅铝质原料掺入到水泥生料中，但垃圾灰分中氯离子含量较高，按配料比例垃圾灰分可掺入 7.55%，由此计算生料中氯离子含量将达到 0.029 6%，当处置量达不到掺入比例（7.55%）时，仍可满足生产要求。

（2）城镇污水处理厂污泥

根据污泥的取样分析，含水率为 84.6%，热值为 2 917 kcal/kg，灰分含量为 52.79%。汞（Hg）含量为 61.75 μg/g，锌（Zn）质量浓度为 2.55 mg/L，镉（Cd）质量浓度为 0.087 mg/L，铅（Pb）质量浓度为 2.25 mg/L，铬（Cr）质量浓度为 1.304 mg/L。

污泥的水分含量高，需要耗热，自身的热值不足以抵消耗热量，灰分含量也较高，可燃部分相对减少，燃料的替代率为负值，还需要额外耗热。因处置量很少，带入水泥中的重金属含量未超过《水泥工厂设计规范》（GB 50295—2016）规定的指标。

（3）废矿物油

废矿物油的分析结果为：水分含量 13.8%，热值 29 007 kJ/kg，闪点大于 85℃，汞（Hg）含量为 132.08 μg/kg，锌（Zn）含量为 471.11 mg/kg，镉（Cd）含量为 0.30 mg/kg，铅（Pb）含量为 24.05 mg/kg，铬（Cr）含量为 471 mg/kg。废矿物油分析主要为焚烧液态废弃物提供设计参考依据，可以满足从燃烧器喷入的要求。

（4）废旧轮胎

废旧轮胎主要成分及占比：橡胶 55%，炭黑 27%，钢丝 12%，硫 1%，其他各种添加剂约 5%。轮胎的热值较高，一般约 32 MJ/kg，可以在水泥窑系统中充分回收利用。

5.3　水泥窑协同处置多相态废弃物技术

水泥窑协同处置多相态废弃物技术主要包括两部分：废弃物预处理系统、水泥窑协同处置系统。

在废弃物预处理系统中，对于液体废弃物，经过调质后可直接喷入水泥窑内完成回收及处置。对于膏体废弃物（一般为市政污泥），一般不需要特殊的预处理过程，可以直接输送至水泥生产线，完成无害化处置过程。对于固体废物（主要是城乡生活垃圾），其成分、形态等性质差异较大，需要进行必要的预处理，以利于后续的水泥窑协同处置，获得更好的环保效果。

5.3.1 生活垃圾预处理系统

生活垃圾成分较为复杂，通过预处理，可以将生活垃圾分为筛下物（灰土等颗粒物）、重质物（石头、玻璃、陶瓷、砖瓦等）及筛上物（初级 RDF），预处理完成后再通过水泥窑系统分别完成无害化处置及利用。

生活垃圾预处理基本过程包括初碎、筛分、风选、中碎（二级破碎）、细碎等环节，具体的工艺过程如图 5-2 所示。该预处理工艺主要特点包括：

①在生活垃圾预处理制备 RDF 的过程中，全程没有烘干过程，简化了工艺过程，避免了因烘干引起的异味控制问题。②成品 RDF 被破碎至 25 mm 粒径，为后续的回转窑窑头处置奠定了基础。生活垃圾经过预处理后，所分选的灰土等小颗粒物、RDF 及石头砖瓦等运输至水泥厂，其中筛下物在水泥窑窑尾处置区完成协同处置，RDF 在水泥窑窑头处置区完成协同处置，重质物可在生料磨系统中完成处置，也可返回填埋场填埋。③生活垃圾预处理过程中，生产车间需要保持微负压状态，同时车间内需要配套异味控制系统。

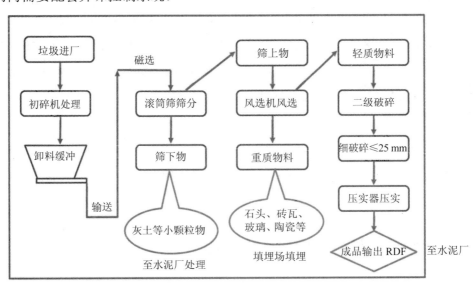

图 5-2　生活垃圾预处理工艺流程

5.3.2 水泥窑协同处置技术

水泥窑协同处置系统主要包括三部分：废弃物储存、水泥窑窑尾处置、水泥窑窑头处置。各种废弃物分别从废弃物储存车间中通过各自的输送系统进入水泥窑系统完成协同处置。以脱水污泥为典型代表的膏状物通过管道泵送至预燃炉内完成无害化焚烧处置；废液、废油等可以通过燃烧器喷入预燃炉内完成无害化焚烧处置，也可以通过搭配后与膏状物混合泵入预燃炉内完成无害化高温焚烧处置；陈腐垃圾、污染土、废弃轮胎等物料采用管状皮带输送至窑尾，通过喂料装置喂入预燃炉完成无害化焚烧处置；垃圾筛上物制备的替代燃料（RDF 等）则通过窑头燃烧器喂入回转窑内，完成无害化高温焚烧处置。具体的工艺过程如图 5-3 所示。

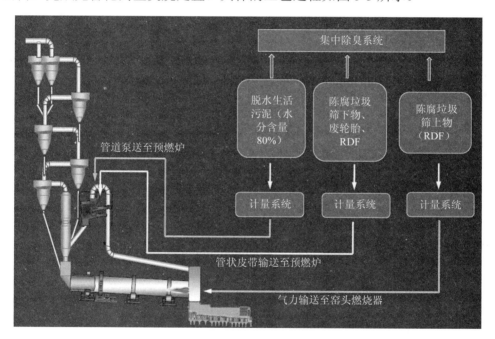

图 5-3　水泥窑协同处置多相态废弃物工艺流程

（1）废弃物储存

在集中储存车间内，对膏状物（以污泥为典型代表）、有机可燃物（以 RDF 为代表）及其他固体废物等按照各自不同的物理形态、化学性质等进行集中分类存放。该方式可集中处置异味气体，有效控制废弃物异味气体的泄漏。储存区内废弃物被输送至各处处置系统完成无害化处置，具体的工艺过程如图 5-4 所示。

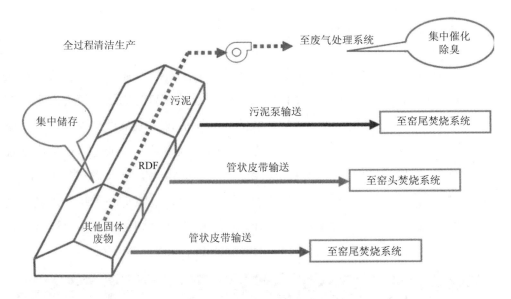

图 5-4　废弃物集中储存系统

（2）水泥窑窑尾处置

水泥窑窑尾处置系统焚烧装置由 SPF 多相态废弃物焚烧炉（将在后续章节中详细介绍该装置）、水泥窑分解炉及回转窑组成。其主要的工艺过程包括：①废弃物喂料。在焚烧系统喂料口设有双重锁风系统及高温截止阀，当系统运行时，高温截止阀处于常开状态，双重锁风系统可防止冷风漏入和高温烟气的外泄；当系统停止运行时，高温截止阀处于关闭状态。②废弃物焚烧。废弃物被喂入 SPF 多相态废弃物焚烧炉后，可以根据废弃物的特性灵活地选择废弃物的焚烧时间，其焚烧时间可在 5～30 min 范围内调节，满足不同废弃物的焚烧要求。废弃物在 SPF 多相态废弃物焚烧炉内完成焚烧后，烟气及灰渣均进入分解炉，高温烟气和飞灰则在分解炉内进一步焚烧处置，而较重的物料则通过窑尾上升烟道直接落入回转窑内，在回转窑内完成无害化处置过程。③焚烧烟气的处理。当废弃物焚烧完成后的高温烟气进入分解炉内时，已经开始了废弃物焚烧烟气的进一步处理，分解炉温度较高（>850℃），停留时间较长。目前，国内的新型干法生产线烟气在分解炉内的停留时间一般在 5～6 s，而且具有较强的碱性气氛，在分解炉内 CaO 的浓度（标准状态下）可达 540 g/m³，已远远高于一般垃圾焚烧厂、垃圾发电厂烟气处置中活性 CaO 的浓度，而且均为刚分解的活性 CaO，具有良好的除氯效果，非常有利于污染物的控制，烟气在分解炉内完成二次燃烧处置后，进入水泥窑预热器系统、烟气处理系统，完成处置过程。具体的工艺过程如图 5-5 所示。

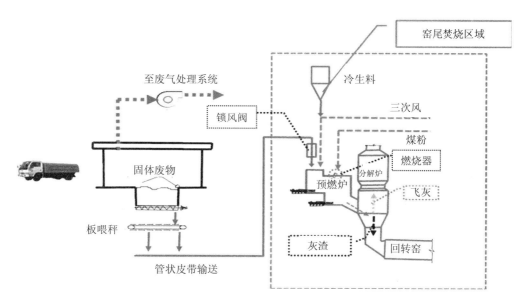

图 5-5　水泥窑窑尾协同处置工艺过程

（3）水泥窑窑头处置

　　将未经烘干的生活垃圾经过预处理制成初级 RDF，然后在水泥窑窑头完成协同处置，该工艺系统在我国得到了首次应用，主要的工艺过程包括 RDF 输送、计量及喷射入窑三部分。RDF 从储存区通过管状皮带输送至窑头协同处置计量系统，通过计量装置计量后喷射入窑，具体的工艺过程如图 5-6 所示。

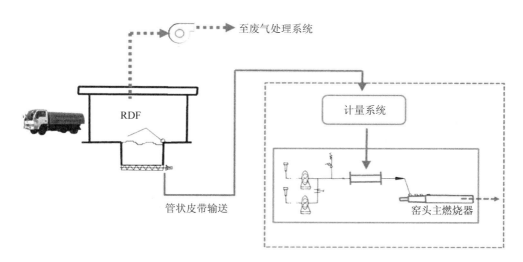

图 5-6　水泥窑窑头协同处置工艺过程

5.4　SPF 多相态废弃物焚烧炉的开发

5.4.1　开发背景

（1）现状

水泥窑协同处置废弃物在焚烧环节一般有两种形式：一种是直接加入分解炉，焚烧与水泥熟料煅烧分解反应同时进行，此种方式要求废弃物可燃度高，能够迅速燃烧，否则会影响水泥的正常生产，这种方式对废弃物的适应性明显不足；另一种就是外加焚烧炉进行单独焚烧处置，减少对水泥正常生产的影响，焚烧炉的形式有小型回转窑、气化炉、流态化炉、热盘炉、倒流式焚烧炉等，各种炉型各有优缺点，但要较理想地满足上述焚烧炉的技术要求都不易实现。

（2）技术要求

针对目前各种废弃物焚烧炉存在的各种缺陷，本研究所开发的 SPF 多相态废弃物焚烧炉需要满足如下基本条件。

焚烧温度：850～1 200℃可控。大多数有机物的焚烧温度在 800～1 000℃之间；危险废物的焚烧温度是在 1 200℃；脱臭处理采用 800～950℃焚烧温度可取得良好效果；含氯化物的废弃物焚烧温度最低应在 800～850℃；含氰化物废弃物焚烧温度达 850～900℃时，氰化物几乎全分解；产生 NO 的废弃物焚烧温度应在 1 500℃以下，否则 NO_x 将急剧产生。

停留时间：可人工控制或自动控制，上限值可设定，烟气停留时间≥2 s可控。停留时间包括焚烧物停留时间和烟气停留时间。焚烧物的停留时间需根据不同物化性质决定，停留时间的长短直接影响焚烧效果，停留时间也是决定炉体容积尺寸的重要依据，废弃物进入炉内的形态及粒径对焚烧所需时间影响甚大。废气除去恶臭的焚烧温度并不高，停留时间一般 1 s 以下。

过剩空气：热空气进入量可调节控制，供氧充足，环境温度空气一般通过燃烧器或漏风带入，量很小。适当的空气过剩系数可保证焚烧更加充分，而 CO 与二噁英的生成有一定的相关性。空气量应可调控且能保持炉温稳定，炉体设计尽量减少漏风及冷空气进入，运行时调节好高温三次风与分解炉用风的平衡，同时协调好焚烧后气体与分解炉低氮分级燃烧的平衡关系。

混合均匀：均匀的焚烧可促进反应更彻底。焚烧的废弃物与助燃空气应充分接触，燃烧气体与助燃空气充分混合，需加强气流扰动且可调，料流的翻动或流动也可调，以实现不同物化性质、不同相态多种废弃物的混合。

系统简捷：焚烧装置系统不能太复杂，便于现有生产系统改造。系统自身能耗要低，减少额外热损失及外循环电耗。焚烧废弃物时尽量减少影响水泥熟料正常生产，要调控好焚烧后的灰渣及废气与水泥煅烧系统的结合。焚烧系统要对处置的废弃物的物化性质适应性强，系统的操作和调控措施简便易行。

（3）参照标准

①《危险废物焚烧污染控制标准》（GB 18484—2001）；②《城镇污水处理厂污泥处理技术规程》（CJJ 131—2009）；③《生活垃圾焚烧污染控制标准》（GB 18485—2014）；④《城镇污水处理厂污泥焚烧炉》（JB/T 11825—2014）。

5.4.2 SPF 多相态废弃物焚烧炉的结构设计

SPF 多相态废弃物焚烧炉除满足标准规定的指标和上述焚烧装置要求外，其设计外形不宜过于庞大，装置本体的能耗和附加的能耗不宜过高，还要便于在现有系统中进行改造，其系统设计构造如图 5-7 和图 5-8 所示。

从图 5-7 及图 5-8 中可以看出，该装置为双层结构，整体与分解炉实现了有机对接，在炉上设有进料口、燃烧器、高温助燃风进口、推料装置等。其运行过程如图 5-9 所示。

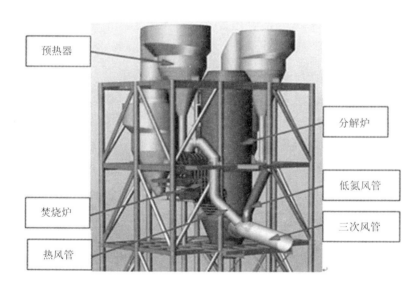

图 5-7 高温焚烧分解一体化装置系统构成

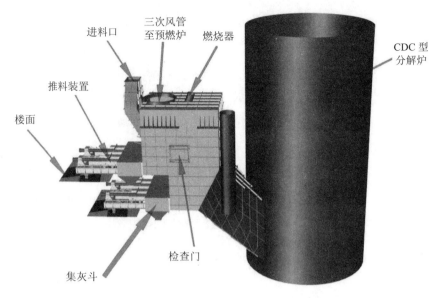

图 5-8　SPF 多相态废弃物焚烧炉放大图

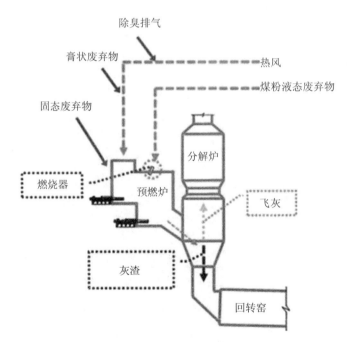

图 5-9　SPF 多相态废弃物焚烧炉工作示意

从图 5-9 可以看出，废弃物通过进料口加入，进料口一分为二以保证布料均衡，废弃物流入到炉内的承料台。以约 850℃高温三次风作为助燃空气，当温度不够时可喷入燃料升高温度，当温度过高时则通过冷生料的喂入来控制温度的上升，以保证焚烧温度在 850～1 200℃可调节。热风与冷风风量均可用阀门调节控制，保证过剩空气达到焚烧要求。废弃物在焚烧炉内焚烧时间是可控的，可以在 5～30 min 内任意调节，其调节过程是通过推料装置来实现的。废弃物焚烧完全后进入分解炉，烟气则在分解炉内完成进一步处理，灰渣进入回转窑，参与水泥熟料煅烧。

5.4.3　SPF 多相态废弃物焚烧炉的实验检测和数值模拟检验

为了进一步验证 SPF 多相态废弃物焚烧炉的结构特点，采用了实验检测和数值模拟检验的方法进行测试。图 5-10 和图 5-11 是 SPF 多相态废弃物焚烧炉流场测试流程及实验测试实景。

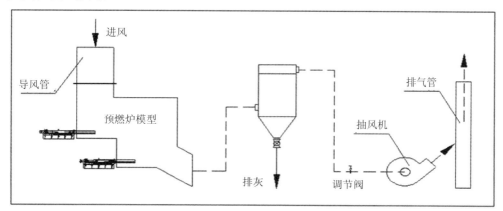

图 5-10　SPF 多相态废弃物焚烧炉流场测试流程

图 5-11　SPF 多相态废弃物焚烧炉流场测试实景

5.4.3.1　焚烧炉流场及压差测试

流场测试方法采用五孔探针测试法。

（1）流场测试点分布

在 SPF 多相态废弃物焚烧炉 a、b、c、d 四个截面分别布置 30 个测试点，具体的分布位置如图 5-12 所示。

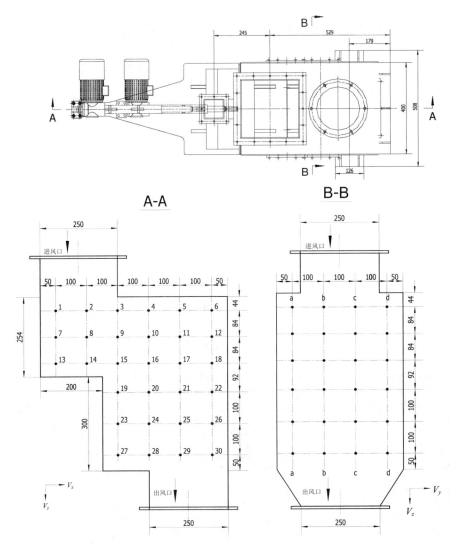

图 5-12　SPF 多相态废弃物焚烧炉测试点

（2）实验测试结果

实验过程分 3 次进行，通过调整阀门来改变风量的大小，在不同的风量和压力条件下进行测试，具体的测试结果如表 5-1 所示，前述的 4 个截面（a-a，b-b，c-c，d-d）各项测试指标（V_z、V_x、V_y、P_s、P_t）的变化趋势如图 5-13～图 5-16 所示。V_z 为垂直方向风速，向上为正；V_x 为水平面向出口方向风速，向出口方向为正；V_y 为水平垂直 V_x 方向风速，与 V_x 成 90°方向为正；P_s 为静压；P_t 为气压。

表 5-1　焚烧炉流场实验数据（第一次实验）

测试点	V_z/(m/s)				V_x/(m/s)				V_y/(m/s)				P_s/mmH$_2$O				P_t/mmH$_2$O			
	a-a	b-b	c-c	d-d	a-a	b-b	c-c	d-d	a-a	b-b	c-c	d-d	a-a	b-b	c-c	d-d	a-a	b-b	c-c	d-d
1	-1.72	8.45	7.32	6.96	8.11	10.07	9.72	-4.35	0.03	-0.50	-2.28	-2.40	-167.10	-203.37	-192.45	-189.49	-162.57	-192.09	-182.35	-184.67
2	-0.68	9.25	-10.93	2.60	-4.83	-7.30	7.37	-2.89	5.81	-2.85	-6.73	-1.25	-166.59	-183.99	-170.78	-179.14	-162.80	-179.95	-156.35	-178.04
3	-0.97	-4.89	0.60	5.66	-6.87	-3.96	8.62	1.73	0.28	0.69	-4.20	-4.71	-163.46	-165.90	-167.85	-165.93	-160.28	-163.26	-161.76	-162.16
4	8.26	-2.05	4.89	4.67	-3.85	7.15	4.56	2.38	0.43	-0.47	-0.53	-3.57	-162.10	-159.65	-165.39	-161.33	-156.62	-156.00	-162.43	-158.68
5	-1.95	-1.66	-1.27	-1.96	-4.59	-5.10	-2.20	-4.39	-0.34	-0.52	-2.22	-0.25	-165.21	-164.22	-162.40	-156.26	-163.56	-162.30	-161.65	-154.73
6	-3.11	1.20	-0.62	0.60	-3.97	6.44	5.15	4.84	-0.26	2.18	0.19	-0.57	-159.86	-160.90	-162.62	-156.72	-158.18	-157.31	-160.64	-154.96
7	0.60	11.33	-16.03	-2.76	-4.27	-6.54	6.48	-5.19	-3.76	-1.07	-13.33	7.00	-172.62	-196.83	-142.26	-165.60	-170.46	-185.48	-110.85	-161.10
8	-2.10	-2.21	-9.40	3.13	1.42	5.76	6.83	2.82	0.19	-4.41	-4.78	-2.21	-173.43	-169.11	-168.49	-186.58	-173.00	-165.32	-158.08	-185.09
9	-2.70	2.96	3.07	3.76	-0.43	2.48	1.30	0.26	3.25	-1.28	1.54	-3.24	-167.66	-168.06	-171.91	-171.73	-166.47	-166.97	-171.02	-170.10
10	4.16	-2.04	6.28	0.78	3.49	5.61	-0.55	-2.15	0.47	1.57	-2.07	-1.02	-164.75	-170.84	-168.60	-173.35	-160.04	-168.33	-165.70	-172.43
11	4.48	-0.55	-6.69	-5.20	2.28	6.34	-1.54	-3.98	-3.39	-2.21	-1.64	-3.20	-162.90	-168.61	-167.14	-162.45	-160.47	-165.62	-163.85	-158.98
12	-5.71	-6.26	-5.80	-5.28	-11.53	9.66	1.55	-3.56	-0.07	-5.24	-3.88	-3.24	-162.95	-166.84	-163.38	-161.87	-160.65	-155.87	-160.01	-158.51
13	-0.62	-6.77	-7.92	-6.69	-2.91	8.07	5.14	3.12	3.55	4.85	-8.13	8.80	-152.96	-130.66	-124.06	-141.47	-151.55	-121.80	-113.82	-132.77
14	18.66	2.29	-4.97	-2.87	0.10	21.81	18.56	18.13	0.62	-3.34	-11.20	9.89	-156.66	-162.21	-146.75	-152.88	-131.28	-129.78	-114.16	-124.22
15	5.42	0.99	-4.38	1.80	14.11	8.03	4.70	5.55	-2.92	-2.35	-3.44	6.95	-160.42	-164.79	-163.58	-166.59	-141.80	-160.11	-160.08	-160.46

测试点	V_z / (m/s)				V_x / (m/s)				V_y / (m/s)				P_s /mmH$_2$O				P_t /mmH$_2$O			
	a-a	b-b	c-c	d-d	a-a	b-b	c-c	d-d	a-a	b-b	c-c	d-d	a-a	b-b	c-c	d-d	a-a	b-b	c-c	d-d
16	1.85	-0.49	-3.74	-2.56	5.37	1.82	-2.62	-1.66	1.56	-0.72	-1.16	3.64	-162.56	-163.99	-163.11	-168.79	-160.28	-163.72	-161.66	-167.30
17	2.43	-1.62	1.27	-1.56	9.08	1.93	1.74	1.14	-5.14	-0.53	0.82	2.30	-161.76	-165.79	-168.53	-167.57	-154.20	-165.35	-168.18	-166.97
18	-1.24	3.14	0.53	-2.97	-0.35	0.67	1.39	0.52	-0.77	1.79	-0.67	0.37	-161.88	-166.16	-165.47	-159.73	-161.73	-165.27	-165.30	-159.10
19	-1.06	-3.84	-5.73	-4.22	3.71	12.55	19.97	19.84	0.68	0.38	-6.73	-16.46	-166.33	-168.98	-164.00	-153.94	-165.32	-157.62	-132.56	-108.97
20	-1.57	-3.29	-2.24	-1.16	9.94	12.27	8.35	9.44	-2.83	-1.19	-4.81	-5.30	-163.98	-165.15	-163.96	-165.95	-156.27	-154.42	-157.51	-155.45
21	0.57	-1.08	-4.86	-0.19	10.87	1.87	-2.92	2.15	-4.92	2.57	-0.96	2.57	-162.53	-167.66	-164.91	-168.13	-153.12	-166.90	-162.74	-167.39
22	0.77	-5.37	-4.27	3.47	8.80	9.31	-3.58	1.20	-7.32	-1.47	-4.49	-1.53	-159.46	-169.94	-165.71	-164.31	-150.79	-162.20	-163.34	-163.27
23	2.35	3.20	3.04	3.67	2.35	-2.24	-1.83	-2.12	2.78	-2.59	-2.73	-2.45	-167.32	-166.23	-168.21	-168.23	-160.09	-164.78	-166.89	-166.65
24	-7.60	-6.86	-8.15	-7.37	6.38	5.97	6.60	5.16	-4.33	-2.37	-5.43	-7.71	-166.09	-169.04	-167.80	-167.29	-158.01	-163.22	-158.60	-158.84
25	0.63	4.27	2.07	-2.50	-4.01	0.37	-0.18	4.34	2.21	-0.73	-0.44	-3.94	-174.61	-172.40	-170.76	-165.34	-173.21	-171.15	-170.46	-162.66
26	7.46	0.54	-5.12	-2.48	2.00	6.17	-1.86	4.86	2.08	0.13	-4.46	0.46	-165.58	-167.76	-166.07	-164.26	-165.36	-165.23	-162.80	-162.28
27	7.04	4.96	-1.05	-0.83	9.35	8.58	-3.24	-4.25	6.15	-3.75	0.06	-2.90	-161.38	-165.07	-166.97	-166.42	-149.86	-157.66	-166.21	-164.63
28	-4.35	-1.06	-5.39	-6.27	2.41	1.13	12.29	4.07	5.92	-1.12	-4.45	-5.12	-163.18	-165.55	-162.50	-160.70	-159.24	-165.30	-158.93	-155.29
29	-6.52	-5.00	-4.75	-6.74	7.50	5.96	0.42	6.98	-5.25	-2.49	-1.61	-5.82	-160.65	-165.36	-163.82	-163.03	-152.33	-160.97	-162.13	-154.60
30	-5.93	-12.46	-3.76	-3.76	8.80	20.74	-3.29	4.99	-8.66	-7.69	-5.90	-2.76	-155.00	-165.77	-164.67	-161.96	-142.64	-123.28	-157.69	-158.89

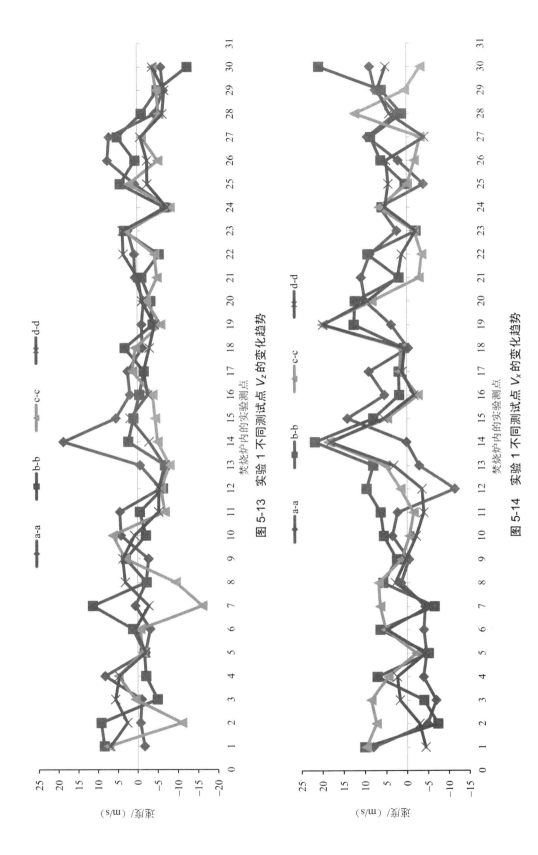

图 5-13 实验 1 不同测试点 V_z 的变化趋势

图 5-14 实验 1 不同测试点 V_x 的变化趋势

水泥窑协同处置生活垃圾关键技术及城乡统筹一体化应用

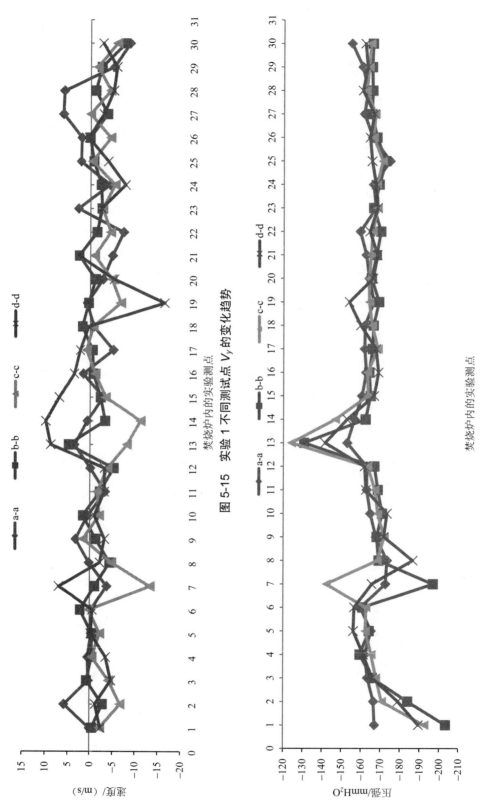

图 5-15　实验 1 不同测试点 V_y 的变化趋势

图 5-16　实验 1 不同测试点 P_s 的变化趋势

表5-2 压强变化情况（实验1）

测试点	P_s /mmH$_2$O				P_t /mmH$_2$O				ΔP（即 $P_t - P_s$）/mmH$_2$O			
	a-a	b-b	c-c	d-d	a-a	b-b	c-c	d-d	a-a	b-b	c-c	d-d
1	−167.10	−203.37	−192.45	−189.49	−162.57	−192.09	−182.35	−184.67	4.53	11.28	10.10	4.82
2	−166.59	−183.99	−170.78	−179.14	−162.80	−179.95	−156.35	−178.04	3.79	4.04	14.43	1.10
3	−163.46	−165.9	−167.85	−165.93	−160.28	−163.26	−161.76	−162.16	3.18	2.64	6.09	3.77
4	−162.10	−159.65	−165.39	−161.33	−156.62	−156.00	−162.43	−158.68	5.48	3.65	2.96	2.65
5	−165.21	−164.22	−162.40	−156.26	−163.56	−162.30	−161.65	−154.73	1.65	1.92	0.75	1.53
6	−159.86	−160.90	−162.62	−156.72	−158.18	−157.31	−160.64	−154.96	1.68	3.59	1.98	1.76
7	−172.62	−196.83	−142.26	−165.60	−170.46	−185.48	−110.85	−161.10	2.16	11.35	31.41	4.50
8	−173.43	−169.11	−168.49	−186.58	−173.00	−165.32	−158.08	−185.09	0.43	3.79	10.41	1.49
9	−167.66	−168.06	−171.91	−171.73	−166.47	−166.97	−171.02	−170.10	1.19	1.09	0.89	1.63
10	−164.75	−170.84	−168.60	−173.35	−160.04	−168.33	−165.70	−172.43	4.71	2.51	2.90	0.92
11	−162.90	−168.61	−167.14	−162.45	−160.47	−165.62	−163.85	−158.98	2.43	2.99	3.29	3.47
12	−162.95	−166.84	−163.38	−161.87	−160.65	−155.87	−160.01	−158.51	2.30	10.97	3.37	3.36
13	−152.96	−130.66	−124.06	−141.47	−151.55	−121.80	−113.82	−132.77	1.41	8.86	10.24	8.70
14	−156.66	−162.21	−146.75	−152.88	−131.28	−129.78	−114.16	−124.22	25.38	32.43	32.59	28.66
15	−160.42	−164.79	−163.58	−166.59	−141.80	−160.11	−160.08	−160.46	18.62	4.68	3.50	6.13
16	−162.56	−163.99	−163.11	−168.79	−160.28	−163.72	−161.66	−167.30	2.28	0.27	1.45	1.49
17	−161.76	−165.79	−168.53	−167.57	−154.20	−165.35	−168.18	−166.97	7.56	0.44	0.35	0.60
18	−161.88	−166.16	−165.47	−159.73	−161.73	−165.27	−165.30	−159.10	0.15	0.89	0.17	0.63
19	−166.33	−168.98	−164.00	−153.94	−165.32	−157.62	−132.56	−108.97	1.01	11.36	31.44	44.97
20	−163.98	−165.15	−163.96	−165.95	−156.27	−154.42	−157.51	−155.45	7.71	10.73	6.45	10.50
21	−162.53	−167.66	−164.91	−168.13	−153.12	−166.90	−162.74	−167.39	9.41	0.76	2.17	0.74
22	−159.46	−169.94	−165.71	−164.31	−150.79	−162.20	−163.34	−163.27	8.67	7.74	2.37	1.04
23	−167.32	−166.23	−168.21	−168.23	−160.09	−164.78	−166.89	−166.65	7.23	1.45	1.32	1.58
24	−166.09	−169.04	−167.80	−167.29	−158.01	−163.22	−158.60	−158.84	8.08	5.82	9.20	8.45
25	−174.61	−172.40	−170.76	−165.34	−173.21	−171.15	−170.46	−162.66	1.40	1.25	0.30	2.68
26	−165.58	−167.76	−166.07	−164.26	−165.36	−165.23	−162.80	−162.28	0.22	2.53	3.27	1.98
27	−161.38	−165.07	−166.97	−166.42	−149.86	−157.66	−166.21	−164.63	11.52	7.41	0.76	1.79
28	−163.18	−165.55	−162.50	−160.70	−159.24	−165.30	−158.93	−155.29	3.94	0.25	3.57	5.41
29	−160.65	−165.36	−163.82	−163.03	−152.33	−160.97	−162.13	−154.60	8.32	4.39	1.69	8.43
30	−155.00	−165.77	−164.67	−161.96	−142.64	−123.28	−157.69	−158.89	12.36	42.49	6.98	3.07

（3）实验结果分析

1）V_z变化趋势分析

通过对图 5-13 和表 5-1 中的实验数据进行分析，可以看出，在预燃炉内气体在该方向速度的变化比较紊乱，1#、2#、7#、8#、14#点所在区域风速较大，其他区域相对平稳，甚至在两侧区域出现了回流现象，区域内的速度差异较大，两侧的风速低于中间的风速。

2）V_x变化趋势分析

通过对图 5-14 和表 5-1 中的实验数据进行分析，可以看出，在预燃炉内气体在该方向速度的变化非常明显，其中 14#、19#点尤为明显，附近 13#、15#、20#点风速次之，其他区域相对平稳，进风口区域也表现出气体回旋的现象。

3）V_y变化趋势分析

通过对图 5-15 和表 5-1 中的实验数据进行分析，可以看出，在预燃炉内气体在该方向上速度变化也较大，特别是 d-d 截面的变化较其他截面更为明显。其中 7#、13#、14#、19#点变化较大，以 14#、19#点尤为明显。

4）P_s变化趋势分析

通过对图 5-16 和表 5-1 中的实验数据进行分析，可以看出，在预燃炉内各点静压变化明显，以 7#、13#点的变化尤为突出。

若以进出口 1#、2#点的均值作为进口静压，以出口 29#、30#点的均值作为出口静压，则 3 次实验的阻力损失分别为 190.8 Pa、35.4 Pa、19.1 Pa，可以看出预燃炉内随着风速的增大，阻力损失大幅度增加，由于该实验由多批次完成，后续将进一步对压损测试进行验证。

5）P_t 与 P_s 差值变化分析

P_t–P_s 的值可以反映速度的大小变化趋势，对前述的 3 次实验数据进行综合统计分析，均表现出相同的结果。1#、2#、7#、8#、14#、15#、19#、20#点的差值明显高于其他各点，24#、29#、30#点略高于其余的其他各点。说明 1#、2#、7#、8#、14#、15#、19#、20#点的速度高于其他点，13#、24#、29#、30#点的速度次之，其他点的速度相对较低。

综合上述分析，可以得出如下结论：

①对比前述的测试点分布，可以看出预燃炉内的流场比较紊乱，同时炉内的烟气分布极不均匀，极少数（13#、14#等）点的流场变化更为剧烈。气流高速区和低速区分布较为明显，大致的分布如图 5-17 所示。

②13#、14#点的水平方向速度很大，即气体在该区域有折流现象。

③进风口两侧存在回旋现象。

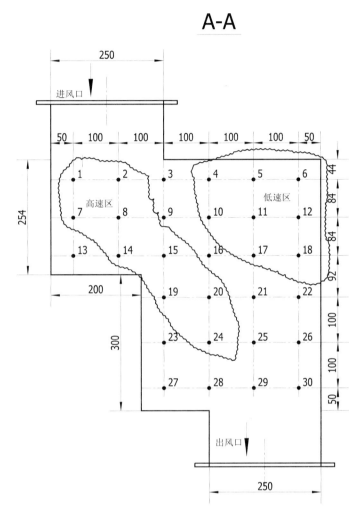

图 5-17　预燃炉内烟气速度区域分布

5.4.3.2　流场模拟实验

通过设定不同的条件对 SPF 多相态废弃物焚烧炉流场进行模拟，具体的模拟结果如图 5-18～图 5-20 所示。

条件 1：进口压力，-300 Pa；出口压力，-500 Pa；

条件 2：进口压力，-400 Pa；出口压力，-500 Pa；

条件 3：进口压力，-450 Pa；出口压力，-500 Pa。

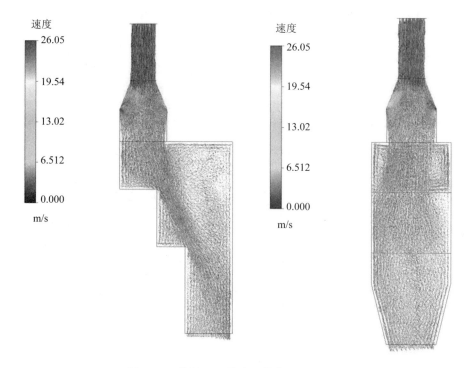

图 5-18 模拟 1 预燃炉压差为 200 Pa 流场

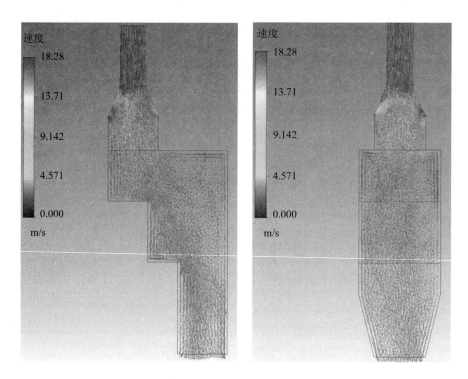

图 5-19 模拟 2 预燃炉压差为 100 Pa 流场

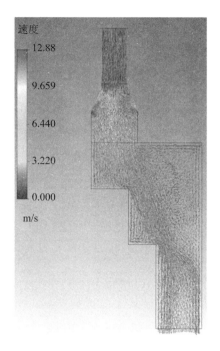 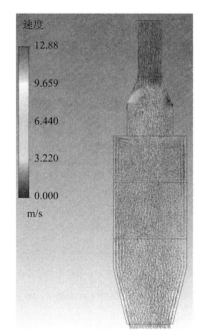

图 5-20　模拟 3 预燃炉压差为 50 Pa 流场

从上述的模拟结果可以看出，五孔探针法流场测试实验结果和模拟结果表现出一致的趋势，预燃炉内的流场紊乱，断面风速分布极不均匀，有利于废弃物的焚烧。

5.4.4　SPF 多相态废弃物焚烧炉结构

通过实验检测和数值模拟，SPF 多相态废弃物焚烧炉有利于废弃物的焚烧，可以满足目标要求，特点明显，具体的结构如图 5-21 所示。

 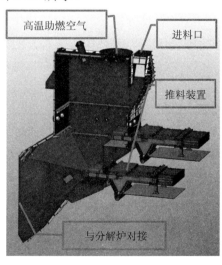

图 5-21　SPF 多相态废弃物焚烧炉结构

从图 5-21 中可以看出，其结构特点明显，主要表现在以下方面：

①炉内设两级承料台，呈阶梯形的层状结构，废弃物可在炉内稳定焚烧。通过推料翻动、抛撒两次循环，使料气均衡传热，有害物分解反应更加完全，有效解决了固体、膏体不同相态废弃物的混合焚烧集成化处置难题。被焚烧物在焚烧炉内停留时间可灵活调整，主动推料装置可以设置自动控制，也可人工干预控制，灵活地调节物料在炉内的停留时间，同时也保证了烟气停留时间满足国家标准规定的要求。

②SPF 多相态废弃物焚烧炉与水泥窑的分解炉一体化设计，主体焚烧过程在 SPF 炉内完成，不影响水泥窑的正常运行。焚烧完成后的气体和灰渣再进入水泥窑分解炉，在热态情况下与水泥窑的装置衔接，最大限度地减少了对水泥生产过程的干扰。预燃炉内的气体流场在局部紊流下加强了废弃物焚烧过程的均衡性，对焚烧温度及反应条件的稳定起到了促进作用，实现了预燃炉与水泥窑系统高效低耗的整合。

SPF 多相态废弃物焚烧炉具有独特的结构，而且其工艺优势明显：

①助燃空气温度高达 850℃，焚烧炉内的温度可达 850～1 200℃。

②烟气在焚烧炉和分解炉内的停留时间大于 6 s；废弃物在炉内的停留时间可控，根据物料的焚烧难易程度，物料在炉内的停留时间可以在 2～30 min 范围内灵活选择，可保证废弃物充分燃尽。

③有灵活的焚烧炉温度调节系统，当废弃物热值较高时，炉内的温度将超过 1 200℃，因此在焚烧上设置了生料下料管，通过生料的喂入来控制炉内的温度；当废弃物的热值急剧降低时则通过喷煤管喂入燃料来保持炉内的温度。

④整体为碱性的焚烧环境，而且可以利用水泥生产系统的废气处置系统，无需另设，灰渣直接进入回转窑熟料烧成系统，不再单独排灰。

⑤焚烧炉对所处置的废弃物适应性强。从物料形态上看，包括固态、液态及膏体状的废弃物。从物料热值上看，对高热值的废弃物和低热值的废弃物均可适用，即对物料的热值要求没有选择性。从物料种类看，可以处置城市生活垃圾、城市工业垃圾等。一般常见的污泥、生活垃圾、RDF、废弃轮胎、废纸、油墨、矿物油、废塑料、废弃纺织品、废弃家具等均在可处置的范围内。

5.5 水泥窑协同处置多相态废弃物技术的工程应用

水泥窑协同处置多相态废弃物技术及装备已在武安新峰市政污泥及生活垃圾处置项目中投入使用，在运行期间该熟料生产线生产能力为 5 500 t/d（原设计 4 800 t/d），熟料质量合格，在工艺及环保方面均获得了良好的效果。

5.5.1 工艺效果

水泥窑协同处置多相态废弃物技术与装备投入实际运行后取得了良好的效果，主要情况如下：

①SPF 多相态废弃物焚烧炉与分解炉整合效果良好，高温三次风顺利进入预燃炉。在生产过程中由于废弃物的热值为负，为保证预燃炉内的温度，启用了补燃系统，煤粉在预燃炉内顺利点燃，预燃炉内的温度可以控制在 1 100 ℃，达到了预期目标。预燃炉现场安装情况如图 5-22 所示。

图 5-22 预燃炉现场安装

②适应能力较强，对熟料煅烧系统的影响较小。在运行过程中，分别喂入生活垃圾筛上物（主要成分为有机可燃物）、污泥、生活垃圾筛下物（主要成分为腐殖土），均可满足要求。为了检验焚烧灰渣对系统的影响，在试运行过程中将灰渣成分含量最高的生活垃圾筛下物喂入预燃炉内，同时启用补燃系统保持预燃炉内的温度，系统运行稳定。预燃炉运行控制中控图如图 5-23 所示。

③废弃物在焚烧炉内的燃烧时间可控性强。在试运行过程中，废弃物在焚烧炉内的停留时间达 30 min，物料在预燃炉内燃烧完全。

④生活垃圾筛上物（初级 RDF）可稳定地喂入水泥回转窑内，未表现出对水泥窑煅烧系统的影响。

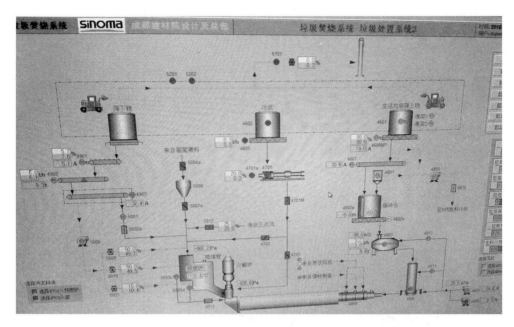

图 5-23　预燃炉焚烧生活垃圾筛下物运行控制中控图

5.5.2　环保效果

示范线建成后，委托第三方进行了主要污染物排放指标的检测，检测项目包括氮氧化物、二氧化硫、氯化氢、氟化物、汞、颗粒物、重金属、二噁英等。检测结果显示，尾气排放符合《水泥窑协同处置固体废物污染控制标准》（GB 30485—2013）的要求，特别是对顽固污染物二噁英的控制效果优秀，检测期间二噁英的排放值均低于国家标准要求，而且其平均值（0.02 ngTEQ/m^3）远低于国家标准限（0.1 ngTEQ/m^3）。典型污染物的检测结果如表 5-3 所示。

表 5-3　尾气检测与标准比较

序号	检测项目	控制标准	实际检测值	与国家标准相比
1	HF	1 mg/m^3	0.94 mg/m^3	优于
2	HCl	10 mg/m^3	3.4 mg/m^3	优于
3	Hg	0.05 mg/m^3	3.9×10^{-3} mg/m^3	优于
4	重金属	0.5 mg/m^3	0.025 mg/m^3	优于
5	二噁英	0.1 ngTEQ/m^3	0.02 ngTEQ/m^3	优于

5.6　水泥窑协同处置多相态废弃物技术与装备的优势

水泥窑煅烧系统集成化处置多品种、多相态的废弃物，一般很难用一种方法同时满足不同废弃物特性的处置要求，本研究研发的水泥窑煅烧系统具备了其他系统所不具备的条件，对废弃物中的酸性物、重金属、二噁英等都有其他方法所不能替代的处置效果，具有显著的技术优势。

①处理温度高：水泥窑内煅烧的物料温度可达到 1 450℃，气体的温度可达到 1 700～1 800℃，如此高温可使所有有机物彻底分解。而按照国家标准规定，二噁英类的焚烧温度要大于 850℃，危险废物的焚烧温度要大于 1 200℃，而多氯联苯的焚烧温度要大于 1 200℃，这样的温度条件对水泥窑而言完全可满足，但对于一些焚烧厂而言就不能完全满足，所以水泥窑煅烧废弃物的有毒有害物去除率是最高的。

②停留时间长：在水泥窑煅烧系统中，废弃物在高温状态下从窑尾到窑头总的停留时间在 40 min 左右，气体在高于 950℃以上温度的停留时间在 8 s 以上，高于 1 300℃以上停留时间大于 3 s，其停留时间均高于国家及行业标准规定的 2 s，对有毒有害物的燃烧和彻底分解更为有利。

③焚烧状态稳定：水泥回转窑要承担煅烧水泥熟料的功能，因此其热惯性很大且稳定，装备隔热性能强，使系统热惯性增大，不会因废弃物投入量变化和性质改变而造成大的温度波动，系统易于稳定。

④碱性环境气氛：生产水泥采用的原料成分在回转窑内是碱性气氛，它可以有效地抑制酸性物质的排放，使得 SO_2 和 Cl^- 等化学成分化合成盐类固定下来，对中和废弃物中的酸性成分十分有利。

⑤没有灰渣排出：在水泥生产的工艺过程中，只有喂入生料和经过煅烧过程所产生的熟料，排出气体中的粉尘被后续工序的物料先过滤，再被收尘器回收，然后与入窑生料混合重新返回窑内，完全没有一般焚烧炉焚烧产生灰渣排出的问题。

⑥固化重金属离子：水泥煅烧的高温使废弃物中的重金属离子取代水泥熟料矿物晶格中的杂质或某些水泥固有的金属元素，使其牢固地固化在水泥熟料矿物中，避免其再度浸出并扩散到环境中，完全消除了废弃物中重金属对环境的污染。

⑦减少废气排放量：由于废弃物的可燃成分在窑内处置时会释放出一定的热量，能替代部分矿物质燃料，减少了水泥煅烧对矿物质燃料（煤）的需要量。使燃料燃烧产生的废气排放量大为减少，可取得明显减排效果。

⑧多点焚烧适应性强：水泥生产的烧成系统有不同高温投料点，可适应各种不

同性质和形态（固态、液态、气态）的废弃物，既容易操作，又能使其充分燃烧，这是其他焚烧方式所不能比拟的。

⑨废气回收治理好：水泥生产烧成系统和废气处理系统使燃烧之后的废气需经过多重环节处理后才能排放，包括与物料进行对流热交换，水泥生产烧成系统和废气处理系统装备和物料都有着较高的吸附、沉降和收尘作用，使最终经过滤后排入大气的灰尘和有害气体大量减少，排放浓度均优于国家或行业排放标准，收集下来的粉尘也全部返回原料制备系统重新加以利用。

⑩相容性好：废弃物焚烧产生的热量可供煅烧水泥用，焚烧产生灰渣的主要成分可成为水泥所需的成分，进入水泥的组成中，使废弃物的热值和成分都得到有效利用，真正做到了减量化、资源化、无害化，这也是很多其他焚烧方式所不能做到的。

⑪投资省、见效快：利用水泥窑处置废弃物，虽然要在工艺设备、系统和检测设施方面投入资金，进行必要的改造，以适应废弃物带来的变化和更高的环保要求，但与新建专用焚烧厂相比，却大幅降低了投资，其运行成本也具有明显的优势。

第6章 生态链废弃物和能量流动的监控管理技术

6.1 应用背景和技术方案

6.1.1 应用背景

工业园区物质流和能量流的监测、分析与调控，对冶金-电力-市政-建材等跨行业生态链构建、稳定运行、风险控制和能源资源利用的优化具有重要作用。本研究开发了工业园区生态链废弃物和能量流动监控管理关键技术与调控平台，对园区生态链上的物质、能量进行监控和分析，并在基础平台的支撑环境下开发在线仿真技术，以设备运行实时/历史数据和在线仿真的计算数据为基础，帮助园区进行全面的在线分析、诊断、优化，实现系统分析、在线仿真、在线寻优、故障诊断、在线预警、状态分析、管理优化等一系列的技术创新。应用模块化技术，可以对园区生态链上生产实际情况进行整合，保障生产线的安全、稳定运行。

6.1.2 技术方案

针对武安新峰园区的物质和能量监控管理系统的开发，从以下3个方面进行：

①充分调研新峰园区现有的产业基础、产业间的共生特性，考察园区对废弃物和能量的监控现状，对园区和重点企业进行物质流、能量流和废弃物流分析。

②在园区现有物质流和能量流分析基础上，针对示范园区固体废物的来源、种类及组分，分析其可能或适宜的综合利用方式，实现废弃物流向的监测管理与优化调控；针对园区能源利用特征，结合重点能耗环节，研究园区能耗在线监测与管理。

③挖掘平台需求，构建示范园区废弃物资源化与能源流动在线管理平台。

本章将从数据监测、系统仿真、园区物质和能量流管理等方面具体介绍系统的开发与功能。

6.2 能量/废弃物数据监测采集

6.2.1 能量/废弃物数据采集设备

根据示范园区的能源消耗监测计量的现有条件，并结合现有的能耗数据采集、数据传输等技术，确定园区能耗数据在线采集监测方案。针对园区内用能单位的能耗与废弃物流动特征，采用智能电表、气表及水表对用能单位的电耗、气耗以及水耗数据进行实时采集；采用皮带秤计量方式对生产过程中固体燃料以及废弃物的消耗数据进行实时采集。各终端采集设备需具备 1 个 RS-485 或 M-BUS 的通信接口，满足数据的传输需求。采用数据采集器对各数据采集终端的数据进行采集并实现数据处理与转换。在监测管理平台中心建设方面，需配有服务器、磁盘阵列、交换机、应急电源、网络机柜等主体设备。

（1）电力监测

采用带 RS-485 或 RS232 通信模块的三相智能电表，监测三相电压、电流、功率因数、有功功率/电度、无功功率/电度、视在功率/电度等电力参数，精度须满足国家电力计量标准要求。

通过安装智能电表与智能模块，企业用户能通过计算机远程查看各生产车间、部门的实时能耗情况，并能生成相应的汇总统计信息及报表。企业用户能对重点耗能设备进行实时在线运行状态监测，并根据工艺或工程需要远程控制设备。根据相应的限额值，企业能源管理者可以方便地对企业用电情况进行实时监管，从而出台相应的考核制度管理节能，达到节能节电目的。

（2）煤耗监测

采用皮带秤、斗秤或地磅等工业计量器具对煤耗量进行实时监测计量。在各计量器具上安装带数据累计功能与 RS-485 接口的数据采集模块。

（3）油耗监测

配备带有远程通信传输的监测计量器具，如外接通信模块的柴油流量计等。

（4）水耗监测

配备带有远程通信传输的监测计量器具，如远传智能水表等。

（5）蒸汽监测

配备带有远程通信传输的监测计量器具，如外接通信模块的蒸汽流量计等。

（6）固体废物监测

采用皮带秤、斗秤或地磅等工业计量器具对固体废物投入量进行实时监测计量。在各计量器具上安装带数据累计功能与 RS-485 接口的数据采集模块。

6.2.2　能量/废弃物监测体系

根据示范园区能源消耗监测计量的现有条件，结合现有的在线监测技术，本研究采用智能采集终端设备，通过合理的数据通信方式，实现数据的传递与交换。

自动采集数据是在企业内安装远程电表（电量采集模块）、水表、气表、油表，以及皮带秤计量仪、冷热表、温度传感器、压力传感器等，通过有线网络或无线网络自动采集数据，保存在数据中心的接口服务器上。手工采集数据是企业单位由电脑通过网络，手工输入并保存在数据中心的数据库服务器上。整个监测体系从架构上可以分成 4 层。

数据采集层：数据采集器通过有线（RS-485）方式与计量设备数据采集通信模块进行连接，计量设备采集数据实时通过数据采集器向上传输。通过对电、煤、天然气、蒸汽、汽油、柴油等重点能耗监测对象的数据进行采集，并在纳入监测体系的企业布置相应的感知节点，协作采集并处理信号，全面及时地采集到所需的数据，形成园区一体化全覆盖监测体系。

数据传输层：采集到的数据通过数据采集器传输到数据中心。数据采集器提供有线（TCP/IP）方式、无线（GPRS、3G 等）方式通过互联网传输数据到数据中心。

数据存储层：数据中心主要用于对数据的存储、处理、展示、统计、对比、分析和发布，并提供 B/S 结构的数据访问，对不同用户使用不同权限控制的软硬件。

应用表现层：通过软件模块实现用户需要的应用服务。

6.3　示范企业物质流、能量流监控与模拟仿真

6.3.1　工艺模拟仿真与优化调控

针对示范工程生产线开发了在线仿真系统，实现了对生产线煤磨系统、生料磨系统、水泥系统、窑系统的物质流、能量流的监控分析与工况优化调控（如图 6-1、图 6-2 所示）。

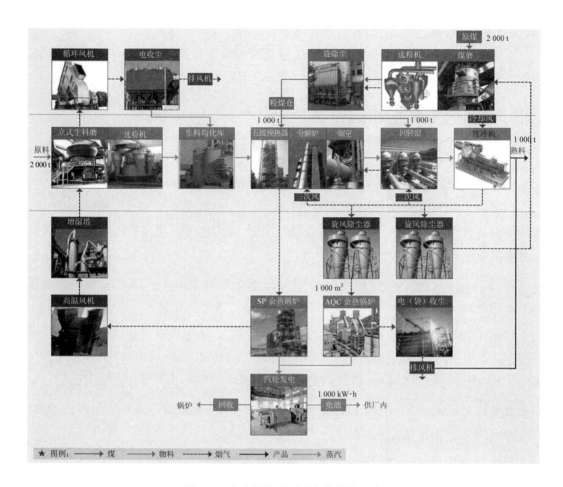

图 6-1　生产线级物质流与能量流示意

（1）煤磨在线决策控制

成品煤的质量直接影响煤的利用率和熟料的烧成。煤磨在线决策控制是根据现场生产的工况，通过在线寻优及自学习找出最优的细度及水分，并按照该细度及水分进行在线决策控制，以达到安全、稳定生产，降低生产能耗，提高成品煤的质量和产量的效果。煤磨在线决策控制站如图 6-3 所示。

如图 6-3 所示，下面 4 条曲线分别为磨机差压、主电机电流、选粉机电流、出力计算，表示的是当前系统中各重要参数的曲线；右边上面为在线决策控制状态显示，点开后可以看到系统所处的状态；右边下面有来自 POA（Plan of action）的在线决策寻优推荐值及原煤工业分析值；中间部分为 A 线煤磨系统，其中显示了各重要参数，反馈值及设定值都实时地在界面上显示出来，能实时地反映现场实际情况，起到实时监控系统的作用。本系统的另一个特点是用户可以根据自己的需求，选择性投入设备。

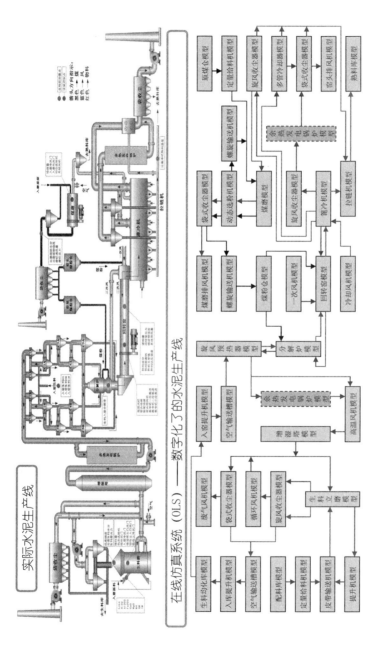

图 6-2　武安市新峰水泥有限责任公司在线仿真系统示意

在线仿真系统　建立反映水泥厂运行机理的全范围、全物理过程、高精度仿真数学模型，其中数学模型遵循现代化学工程及"三传一反"（传质、传热、动量传递及化学反应）工程原理，特征参数能够正确揭示设备或系统中系统设备的内在机理。

● 实时数据库数据点个数为 1 300 000 多个；
● 历史数据库数据点个数为 13 000 多个；
● 数学模型程序行数总计为 234 800 多行；
● 软测量点个数为 68 个。

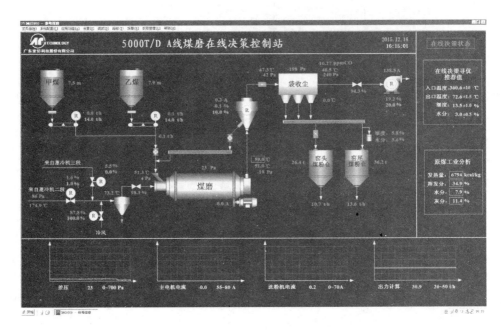

图 6-3　煤磨在线决策控制站

　　煤磨在线决策控制系统是以通过 POA 分析多种进入控制器的数据得到的推荐值作为控制的目标来进行控制，通过策略来满足系统稳定性要求，根据系统的不同状态来选择不同的控制方法，同时根据现场实际数据及时发出预警提醒操作人员，增强系统的安全性。

　　（2）生料磨在线决策控制

　　生料磨系统的主要控制指标有出口温度、磨机振动、磨机喂料量、磨机差压、出磨生料水分及细度。生料磨在线决策控制是根据现场生产工况，通过在线寻优、自学习等方法找出此时最优的细度，并按照该细度进行控制，以达到安全、稳定生产，降低生产能耗，提高生料的质量和产量的效果。生料磨在线决策控制站如图 6-4 所示。

　　如图 6-4 所示，图中 5 条曲线分别为表现磨机电流、出口温度、提升机电流、料层厚度和出口负压等当前系统中各重要参数的曲线；右上角是在线决策控制状态显示，点开后可以看到系统所处的状态；图中配比系数来源可以有 3 种选择，第一种是选择从 POA 来的配比系数及配比优化系统，第二种是选择从 DCS 系统来的配比系数，第三种是操作人员根据实际情况对各个喂料配比系数进行微调；中间部分为 A 线生料磨系统，其中显示了各重要参数，反馈值及设定值都实时地在界面上显示出来，能实时地反映现场的实际情况，起到实时监控系统的作用。本系统的另一个特点是用户可以根据自己的需求，选择性投入设备。

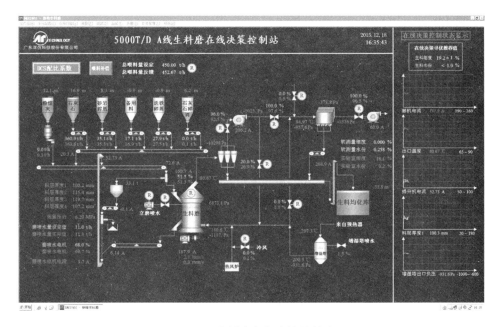

图 6-4　生料磨在线决策控制站

　　生料磨在线决策控制系统同样采用多种数据进入控制器,通过 POA 分析得到的推荐值作为控制的目标来进行控制,通过策略来满足系统稳定性要求,根据系统的不同状态来选择不同的控制方法,以达到系统稳定;同时根据现场实际数据及时发出预警提醒操作人员,增强系统的安全性。

　　(3)水泥磨在线决策控制

　　水泥磨系统采用辊压机预粉碎,提高了台时产,但是复杂的工艺给生产操作带来了困难。水泥磨在线决策控制能自动调节水泥生产的质量,并具有保证其平稳、台时产较优、工况平稳等优点。若因现场设备故障,或因断料等异常情况,使计算机无法及时调节,引起工况恶化,系统会及时响应报警并切回人工智能控制。所以水泥磨在线决策控制能保证水泥成品的质量良好和运行工况平稳,在此基础上通过自学习功能,让系统保持较高台时产运转,最终达到节能减排的目的。水泥磨在线决策控制站如图 6-5 所示。

　　如图 6-5 所示,图中 4 条曲线分别为出力、料位、O 选电流、磨机电流等当前系统中各重要参数的曲线;右上角是在线决策控制状态显示,点开后可以看到系统所处的状态;图中配比系数来源选择可以有 3 种,第一种是选择从 POA 来的配比系数及配比优化系统,第二种是选择从 DCS 系统来的配比系数,第三种是操作人员根据实际情况对各喂料配比系数进行微调;中间部分为水泥磨系统,其中显示了各重要参数,反馈值及设定值都实时地在界面上显示出来,能实时地反映现场的实际情况，起到实时监控系统的作用。本系统的另一个特点是用户可以根据自己的需求，选择性投入设备。

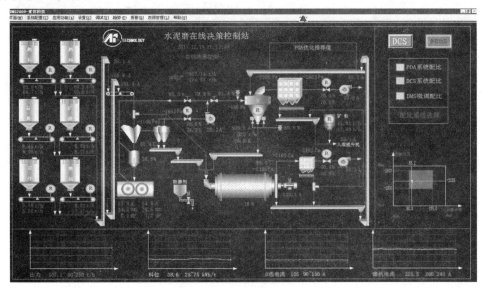

图 6-5　水泥磨在线决策控制站

　　水泥磨在线决策控制系统同样采用多种数据进入控制器，以通过 POA 分析得到的推荐值作为控制的目标来进行控制，通过策略来满足系统稳定性要求，根据系统的不同状态来选择不同的控制方法，以达到系统稳定；同时根据现场实际数据及时发出预警并提醒操作人员，增强系统的安全性。

　　（4）烧成窑系统在线决策控制

　　熟料的烧成过程是一个复杂的物理化学过程，生料从进入预热器到出篦冷机，要经过干燥、预热、分解、固相反应、化合反应和冷却等过程。窑系统在线决策控制是根据现场生产工况，通过分析推荐出预热分解炉的分解温度，并按照该分解温度对其进行控制，以达到安全、稳定生产，降低生产能耗，提高熟料的质量和产量的效果。烧成窑系统在线决策控制站如图 6-6 所示。

　　如图 6-6 所示，图中 4 条曲线分别为分解温度、窑电流、尾煤压力、头煤压力、一段层压、一段篦速等当前系统中各重要参数的曲线；左下角为熟料工业分析表格显示；中间部分为窑系统，显示了各重要参数，同时反馈值及设定值都实时地在界面上显示出来，能实时地反映现场的实际情况，起到实时监控系统的作用。本系统的另一个特点是用户可以根据自己的需求，选择性投入设备。

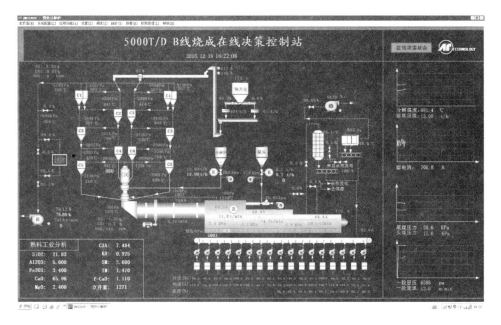

图 6-6　烧成窑系统在线决策控制站

　　烧成窑系统在线决策控制同样采用多种数据进入控制器，以 POA 分析得到的推荐值作为控制的目标来进行控制，通过策略来满足系统稳定性要求，根据系统的不同状态来选择不同的控制方法，以达到系统稳定；同时根据现场实际数据及时发出预警并提醒操作人员，增强系统的安全性。

6.3.2　能源智能监测与效率分析

　　由于安装了智能电表与智能模块，企业用户能通过计算机远程查看各生产车间、部门的实时能耗情况，并能生成相应的汇总统计信息及报表（如图 6-7 所示）。企业用户能对重点耗能设备进行实时在线运行状态监测，并根据工艺或工程需要远程控制设备。同时，根据相应的限额值，企业能源管理者可以方便地对企业用电情况进行实时监管，从而出台相应的考核制度管理节能，达到节能节电目的。

　　能耗数据采集是异构数据库的数据集成过程，根据水泥企业生产流程的复杂性及生产中数据的特点，建立统一的数据集成平台，是实现数据集成的前提和关键。一条水泥生产线的生产数据根据采集方式不同可分为两类：一类是自动数据，这部分数据能进入检测仪表所在的本地网，并能在本地网服务器上实现数据的实时采集和存储；另一类是散点数据，这部分数据由于其检测仪表不具有联网功能或是没有进入网络而只能依靠人工报量的形式来进行采集和存储。

　　异构数据集成过程分两步实施。首先，进行生产装置实时能源数据采集，通过设计 DCS、FCS、PLC 等自动化系统到实时数据库的接口程序，将实时采集的能源数据集中到实时数据库。其次，异构数据集成，是将实时数据库数据、由人工录入的无法自动计量的散点数据、从生产管理系统获取的能源库存数据以及从化验室管理系统取得的化验分析数据集中到核心数据库，并统一规范数据集成采集时间和周期。

图 6-7　能耗监测系统

（1）水泥生产能耗特点

水泥生产从原料的开采到最终水泥的输送要经历一系列化学变化和物理变化，因此整个过程存在几种不同的物质流程。煤炭作为一次能源是最为常用的燃料，使用量巨大，同时还消耗了大量的二次能源及耗能工质，如电力、热力、水、氧气等。能源的消耗贯穿整个企业，是非线性的、结构高度复杂的大系统，能源消费/耗涉及多种实时的、动态的因素，因此企业较难建立能源消耗模型。

（2）能耗指标

能耗指标包括熟料综合煤耗、熟料综合电耗、水泥综合电耗和水泥综合能耗，熟料能耗的统计范围包括从矿山开采到熟料储存及输送整个过程，水泥能耗的统计范围则包括从矿山开采到水泥包装及输送整个过程。

熟料综合煤耗是指在统计范围内每生产 1 t 水泥熟料所消耗的燃料量，包括窑头、窑尾燃料的消耗及生产过程中的烘干消耗，单位为 kg 标准煤/t。熟料综合电耗是指在统计范围内每生产 1 t 水泥熟料所消耗的电量，包括从矿山开采、原料破碎到产生熟料整个过程的各环节，单位为 kW·h/t。水泥综合电耗是指在统计范围每生产 1 t 水泥所消耗的电量，包括从原料破碎到产生水泥成品整个过程的各环节，单位为

kW·h/t。水泥综合能耗是指在统计范围内每生产 1 t 水泥所消耗的各种能源量，并折合成标准煤计量，单位为 kg 标准煤/t。

（3）能效评估

能源效率是能源经济效率和能源环境效率的统称，能源经济效率即单位能源消耗的经济产出量，能源环境效率即单位能源消耗的污染排放量，因此能源效率评估是评估给定各种投入资源条件下实现最大经济产出和最小环境影响的能力。

1）投入指标

能源资源：评估当期的能源消费总量，不同能源介质都折算为标准煤。

人力与资本投入：当期员工总数、固定资产投资总额。

2）产出指标

经济产出：评估当期的经济生产总值。

从图 6-8 可以看出，基于对单位产品能耗指标的分析（包括单位水泥熟料综合能耗、单位水泥 32.5 综合能耗、单位水泥 42.5 综合能耗、单位水泥 52.5 综合能耗）与环境影响评价指标的分析（废弃物利用总量的增长与 RDF 替代燃料的使用），很大程度上提高了新峰水泥的能源利用效率水平。

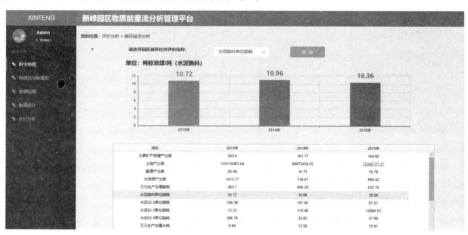

图 6-8　能耗指标分析系统

6.3.3　设备能量调度与能耗预测管理

设备能量调度的目的是通过对一次能源侧的一次能源进行调度优化，实现分布式能源的大规模利用和共享，最小化一次能源侧能源消耗，降低供能成本，提高供能可靠性，对主能源网络起到强有力的支撑作用。为快速、有效地平抑用户侧负荷波动，维持能源网络稳定性，本研究建立基于设备能源动态负荷需求的响应机制，在响应能源用户侧能量需求时，以就近进行功率补偿、快速平抑负荷波动为原则，保证了能源网络需求运行的稳定性。

另外，利用能源监测体系开展预测管理，其目的是使工作人员按计划对能源进行采购与使用。根据原料供应计划和生产计划，进行能源供需预测。按照供需预测结果提供能源，并严格执行，再通过统计分析进行调整。能耗预测对企业制订能源消耗计划起到重要的作用，根据预测周期的不同，可以分为短期预测与长期预测。如图 6-9 所示，利用能源实时数据和过程数据获得预测所需数据，根据预测类型不同采用对应的能源预测方法进行预测分析，并以报表、图表、曲线等方式显示出预测结果，为公司制订正确的能源供需计划决策提供参考依据。

图 6-9　能耗预测系统

通过能耗预测可以把握能源消耗的趋势，控制能源的存储量，减少能源的浪费。水泥生产中煤炭和电力的消耗多又复杂，贯穿整个生产工艺，并相互影响，因此，对煤炭和电力的能源预测非常重要。能耗的预测方法有很多种，应用最广泛的是神经网络预测法，它通过 BP 神经网络建立数学模型，具有很强的学习及记忆能力，同时预测的精度最高。

6.3.4　企业物质流、能量流的监控分析

企业物质流和能量流的分析是对企业物质投入、能量消耗、产品产出、能源产出等的监控分析。监控分析表明（如图 6-10 所示），企业主要消纳的废弃物包括粉煤灰、选铁尾矿、钢渣、炉渣、脱硫石膏等，协同处置污泥与生活垃圾，并利用余

热发电完成能源产出。具体来看，主要消纳废弃物的环节是熟料生产线和水泥生产线，主要产出的环节是熟料产品产出、水泥产品产出和余热发电生产线产出的电力能源。

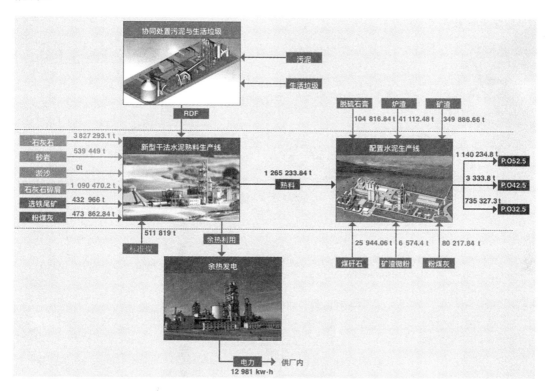

图 6-10　企业物质流与能量流示意

熟料生产线消纳协同处置的污泥、生活垃圾制备的 RDF 代替原煤作为熟料生产线的燃料，同时消纳石灰石碎屑、砂石碎屑、粉煤灰、选铁尾矿等废弃物，产出水泥熟料产品；水泥生产线主要消纳炉渣、脱硫石膏、矿渣微粉、粉煤灰、矿渣、煤矸石等废弃物，产出水泥 32.5、水泥 42.5、水泥 52.5 产品；余热发电生产线利用熟料生产线产生的余热烟气产出电力能源，供武安市新峰水泥有限责任公司内部使用。

6.4　示范园区物质流、能量流监控分析与管理

6.4.1　园区共生产业网络体系简介

通过本书前 3 章介绍的关键技术与装备的突破，实现了冶金-电力-市政-建材等跨行业的生态链接，以新峰园区为核心（如图 6-11 所示），依托园区武安市新峰水

泥有限责任公司、武安市弘辉再生资源有限公司、武安市广耀铸业有限公司、武安市政污水处理有限公司、武安市生活垃圾无害化填埋场、大唐武安发电有限公司（如图 6-12 所示）等产业的龙头企业，构建形成了冶金-电力-市政-建材等跨行业的工业园区产业共生链。

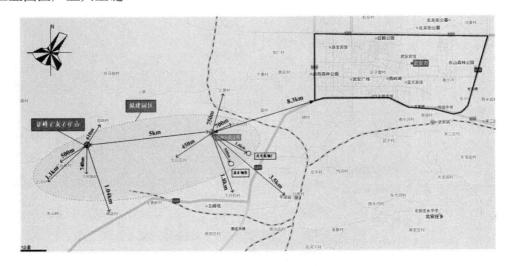

图 6-11　新峰园区地理位置

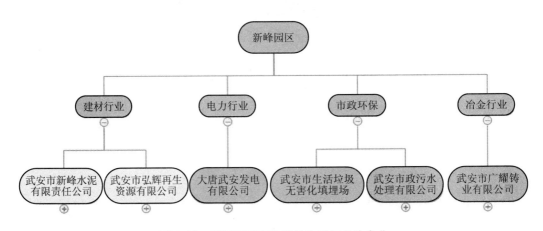

图 6-12　新峰园区现有产业体系与龙头企业

（1）武安市新峰水泥有限责任公司

武安市新峰水泥有限责任公司拥有 3 条水泥熟料生产线、2 条水泥生产线、1 套余热发电锅炉。水泥熟料生产线均采用新型干法生产工艺。第一条生产线设计生产能力为 2 500 t/d；第二条和第三条生产线设计能力均为 4 800 t/d。3 条生产线总日产量为 12 100 t/d，年产量为 363 万～399 万 t。

1）水泥熟料生产线

水泥熟料生产线生产工艺流程：物料进厂→破碎机→布料机→辅助原材料联合预均匀化→原料配料库→立式辊磨→生料均匀库→预热器→分解炉（→烟室）→回转窑→篦冷机→熟料库→熟料出厂。

2）水泥生产线

2 条水泥生产线总生产能力为 200 万 t/a，实际生产 130 万 t/a。

1 号生产线年产量为 30 万 t/a，主要生产矿渣水泥 P.S.A 32.5。其生产工艺：熟料进厂→熟料仓（脱硫石膏仓、矿渣仓、粉煤灰仓、炉渣仓）→水泥磨→水泥库→出库均化→袋装（散装）出厂。

2 号生产线年产量约为 100 万 t/a，生产的水泥主要有普通水泥 P.O 42.5、P.O 52.5。其生产工艺：熟料进厂→熟料仓（脱硫石膏仓、矿渣仓、粉煤灰仓、炉渣仓）→辊压机→水泥磨→水泥库→出库均化→袋装（散装）出厂。

3）余热发电厂

余热发电厂利用熟料生产过程中窑头和窑尾的余热进行低温余热发电。熟料厂的 3 条生产线共配有 6 台余热发电用锅炉。发电厂建有 2 台 12 MW 的汽轮机发电机组，每台日发电量约为 30 万 kW·h。

（2）武安市弘辉再生资源有限公司

2 条 100 万 t 矿渣微粉生产线将高炉矿渣通过破碎研磨制成矿渣微粉。产品可替代混凝土所用水泥用量，或作为水泥生产所用添加料。

所用能源：煤、电、水（循环冷却）。

所用原料：矿渣。

生产产品：矿渣微粉（做生产水泥用辅料、混凝土掺拌料）。

（3）大唐武安发电有限公司

大唐武安发电有限公司拥有 2×300 MW 亚临界一次中间再热间接空冷纯凝式发电机组，配 2×1 100 t/h 循环流化床锅炉，配套建设除尘、烟气脱硫等设施。大唐武安发电有限公司年发电量为 3.1 亿 kW·h，每年 200 天满负荷。发电过程所用物质及能源耗量和废弃物产生量情况如下。

煤矸石：180～200 t/h，热值 3 700～3 800 kcal/kg，45%～50% 灰渣分（其中 55% 为粉煤灰、45% 为炉渣）。

柴油：锅炉启动点火用，每次每台机组 100 t 以上，技术成熟机组半年约两次。

水：用于锅炉蒸汽、机组冷却。

粉煤灰：47 万 t/a（60%～70% 销售给水泥厂，其余填埋）。

炉渣：37 万 t/a（60%～70%销售给水泥厂，其余填埋）。

脱硫石膏：12 万 t/a（60%～70%销售给水泥厂，其余填埋）。

烟气脱硫：炉内、炉外两套脱硫系统。炉内脱硫消耗石灰石粉量为 700～800 t/d、炉外脱硫消耗石灰石粉量为 400～500 t/d。

企业自用电量：不计量。

（4）武安市生活垃圾无害化填埋场

武安市生活垃圾无害化填埋场总面积为 289 亩，填埋库容为 202 万 m^3，于 2010 年 1 月投用，设计时间年限为 10 年。填埋场设计处理能力为 400 t/d、实际能力为 280 t/d；每天收纳城市生活垃圾及污泥 7～8 车，每车重量为 15～16 t。填埋场生活垃圾土含量为 70%～80%，除开土后实际产量为 40～60 t/d，以厨余、织物、塑料、玻璃、金属垃圾为主。能耗方面：填埋场雨季用电成本约为 2 万元/月［电价：0.7 元/（kW·h）］，生活用水少许，运输汽车用油尚未计量。

（5）武安市政污水处理有限公司

武安市政污水处理有限公司总占地 106.73 亩，采用"百乐克"污水处理工艺，处理污水为武安市城市生活污水，污水进水 COD 浓度为 300 mg/L，成分简单，重金属含量低。污水处理厂设计处理流量为 6.6 万 t/d，实际处理量为 4 万 t/d，污泥经浓缩、板滤机脱水，含水量降至 85%，干污泥产量约为 10 万 t/d，干污泥并未经堆肥等资源化利用，而是运输至垃圾填埋场堆置填埋。

城市生活污水经处理后的中水达到《城市污水再生利用　工业用水水质》（GB/T 19923—2005）规定的标准。中水部分用于周边钢铁企业工业用水、武安市政污水处理有限公司内部景观用水，其余中水直接排放。

（6）武安市广耀铸业有限公司

武安市广耀铸业有限公司是一家集炼钢、炼铁、铸造、烧结、发电以及销售球团、白灰于一体的民营钢企（由于武安市开展供给侧结构性改革，该公司已于 2017 年全部转产）。年产生铁 150 万 t、钢坯 130 万 t，总资产 12.5 亿元。主要产品为线材。

炼钢所用合金料包括：硅锰合金、硅碳合金、硅铝钡钙、硅铁、镁球。辅料：增碳剂、生石灰、白云石。耐材：分离剂、引流剂、中包覆盖剂、保护渣、挡渣剂、挡渣球、补炉砖等。

6.4.2　园区物质流、能量流监控分析平台建设

（1）总体架构设计

园区物质流、能量流监控平台系统总体架构如图 6-13 所示。平台包括感知层、

传输层、应用层三个层面，实现对新峰园区废弃物与能量流动的监管。

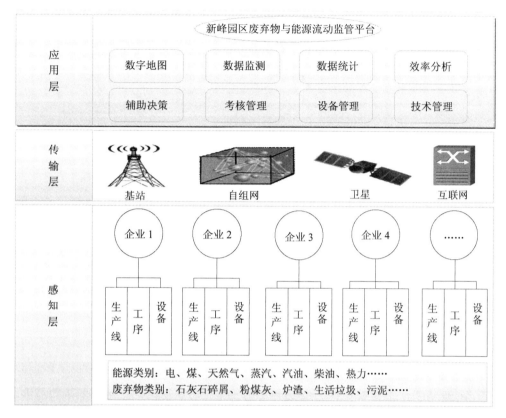

图6-13 平台系统总体架构

（2）功能设计

在园区物质流、能量流分析管理设计基础上，进行新峰园区物质流与能量流监管平台的整体功能设计（如图6-14所示），对数据流分析及评价模块进行整合，对数据展示（数据地图、监测、统计）形式进行设计开发，实现数据统计与评价分析等功能。

（3）平台技术选型

平台开发采用B/S模式，基于Java开发平台，采用MySQL数据库系统，利用JavaScript技术，结合FusionCharts与CrystalReport插件技术，在MyEclipse环境下整合统一开发。

（4）平台系统实现

在以上平台需求、架构以及原型等相关设计基础上，开展软件系统的实际研发工作，具体成果如下。

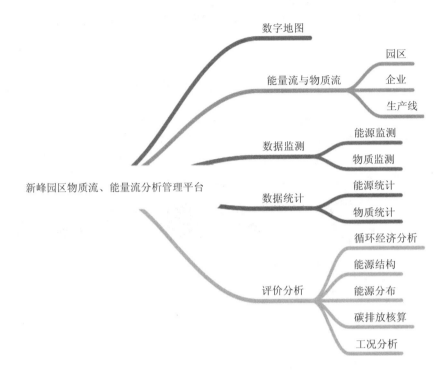

图 6-14　新峰园区物质流、能量流分析管理平台功能架构

1）数字地图

实现功能：①掌控园区总体概况，实现园区总体能源消费、废弃物消纳、节能减排当年累积量及与上年同期情况对比；②地图功能，可查询企业节点数据，包括企业能源消耗情况、废弃物消纳情况、节能减排情况（如图 6-15 所示）。

图 6-15　数字地图功能示意

2）能量流与物质流

①园区。

实现功能：动态展示选择时间周期内各企业之间物质与能量输入、输出的数据；通过物质流代谢分析图展示园区物质输入、输出详细情况（如图 6-16 所示）。

图 6-16　园区物质流、能量流分析功能示意

②企业。

实现功能：动态展示选择时间周期内各生产线或工序节点间物质与能量输入、输出数据；物质流代谢分析图展示企业物质输入、输出详细情况（如图 6-17 所示）。

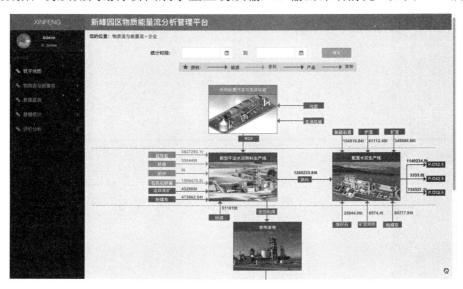

图 6-17　企业物质流、能量流分析功能示意

③生产线。

实现功能：动态展示选择时间周期内各工段或设备间物质与能量输入、输出数据（如图6-18所示）。

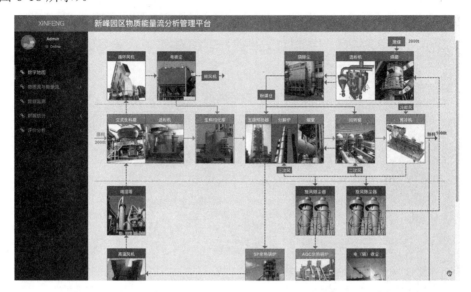

图6-18　生产线物质流、能量流分析功能示意

3）数据监测

①能源监测。

实现功能：展示各种类能源输入、输出监测数据趋势图；展示各种类能源输入、输出监测数据详细表格（如图6-19所示）。

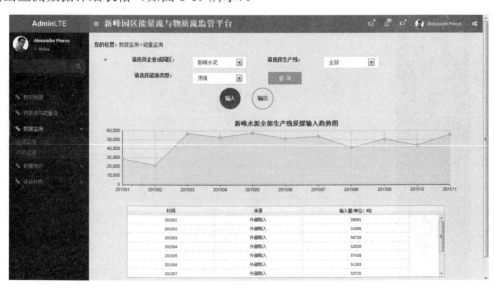

图6-19　能源监测功能示意

②物质监测。

实现功能：展示各种类物质输入、输出监测数据趋势图；展示各种类物质输入、输出监测数据详细表格（如图 6-20 所示）。

图 6-20　物质监测功能示意

4）数据统计

①能源统计。

实现功能：按照数据监测模块监测的数据选择统计周期进行统计，展示统计图表（如图 6-21 所示）。

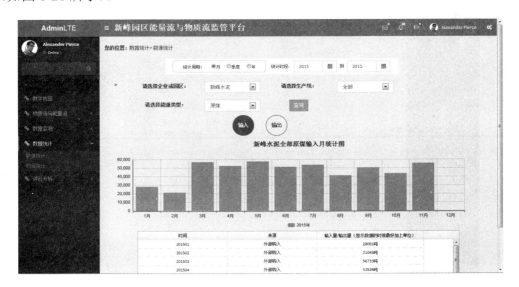

图 6-21　能源统计功能示意

②物质统计。

实现功能：按照数据监测模块监测的数据选择统计周期进行统计，展示统计图表（如图 6-22 所示）。

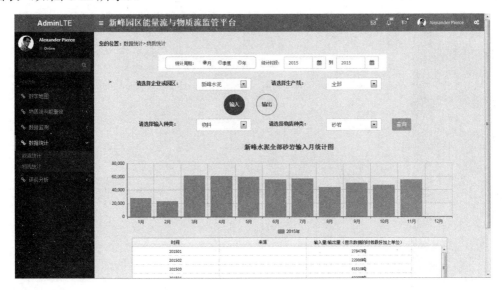

图 6-22　物质统计功能示意

5）评价分析

①循环经济分析。

实现功能：以趋势图及表格的形式展示园区循环经济评价指标结果值（如图 6-23 所示）。

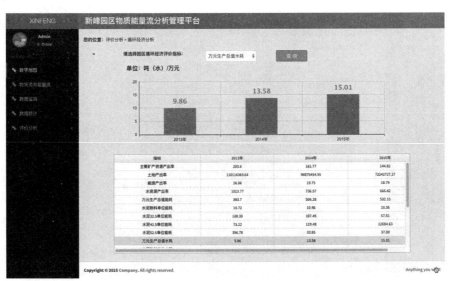

图 6-23　循环经济分析功能示意

②能源结构。

实现功能：以图表形式展示园区企业不同种类能源消耗量占比分析结果（如图 6-24 所示）。

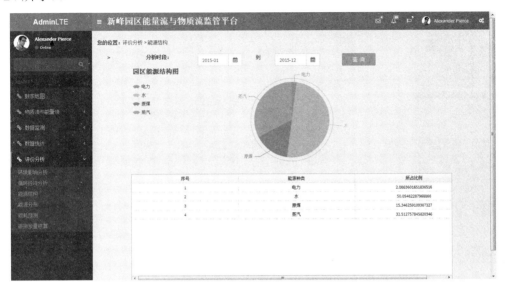

图 6-24　能源结构功能示意

③能源分布。

实现功能：以图表形式展示不同种类能源在各企业的消耗量分布分析结果（如图 6-25 所示）。

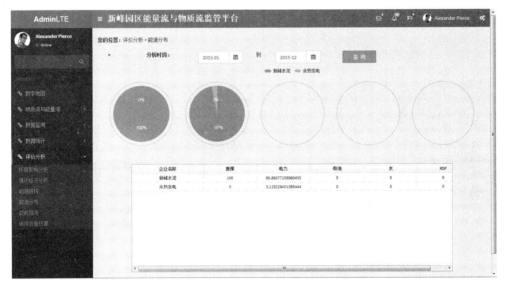

图 6-25　能源分布功能示意

④碳排放核算。

实现功能：以图表形式展示园区及各企业碳排放量核算结果（如图 6-26 所示）。

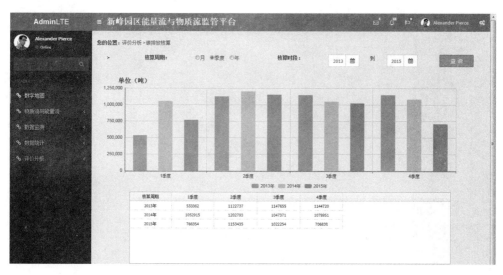

图 6-26　碳排放核算功能示意

6.4.3　园区物质流、能量流的监控

园区级物质流和能量流分析实现了对园区资源投入、废弃物投入、能量消耗、产品产出、能源产出等的核算（如图 6-27 所示）。园区主要消纳的废弃物包括粉煤灰、选铁尾矿、钢渣、炉渣、脱硫石膏、污泥、生活垃圾等，园区主要的物质产出为水泥熟料、水泥、微晶玻璃、矿渣微粉等。

在园区的产业共生链条中主要消纳废弃物的企业为武安市新峰水泥有限责任公司，其消纳来自发电企业的粉煤灰、炉渣、脱硫石膏，消纳来自污水处理厂的污泥，消纳来自 RDF 生产线的 RDF，消纳来自再生资源企业的矿渣微粉；再生资源企业主要消纳来自钢铁企业的矿渣，产出矿渣微粉提供给武安市新峰水泥有限责任公司；微晶玻璃生产线主要消纳来自钢铁企业的钢渣；RDF 生产线主要消纳来自垃圾填埋场的生活垃圾，制备产出 RDF 提供给武安市新峰水泥有限责任公司。

以 2015 年 10 月武安市新峰水泥有限责任公司的物质消耗和能量消耗数据为例，展示系统的实时监测情况（如表 6-1～表 6-3 所示）。

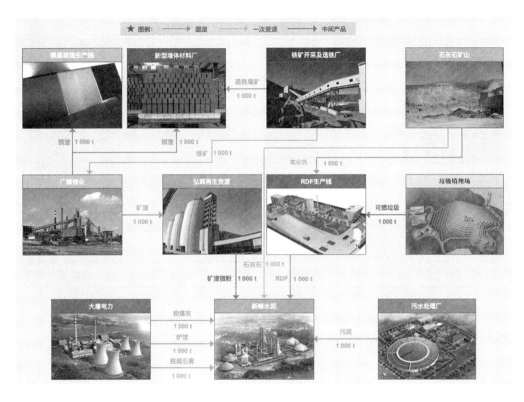

图 6-27　园区物质流与能量流示意

表 6-1　武安市新峰水泥有限责任公司物质消耗量

物质名称	输入量	单位	年月
熟料生产线			
石灰石	33 365.6	t	2015-10
石灰石碎屑	8 464.4	t	2015-10
砂岩	4 649.0	t	2015-10
淤沙	0	t	2015-10
选铁尾矿	3 373.0	t	2015-10
粉煤灰	2 980.5	t	2015-10
污泥		t	2015-10
生活垃圾		t	2015-10
水泥生产线			
熟料	38 592.2	t	2015-10
脱硫石膏	7 096.6	t	2015-10
炉渣	5 048.8	t	2015-10
矿渣	27 240.6	t	2015-10
煤矸石	4 280.8	t	2015-10
矿渣微粉	484.9	t	2015-10
粉煤灰	9 521.2	t	2015-10

表 6-2　武安市新峰水泥有限责任公司能源消耗量

能源名称	消耗量	单位	年月
熟料生产线			
原煤	4 301	t	2015-10
电力	248	万 kW·h	2015-10
柴油		t	2015-10
水	62 565	t	2015-10
RDF		t	2015-10
水泥生产线			
原煤	274.96	t	2015-10
电力	304.75	万 kW·h	2015-10

表 6-3　武安市新峰水泥有限责任公司产品产量

产品名称	产出量	单位	年月
熟料生产线			
熟料	33 512.5	t	2015-10
水泥生产线			
水泥 32.5	75 558.3	t	2015-10
水泥 42.5	5 937.2	t	2015-10
水泥 52.5	118 669.0	t	2015-10

6.4.4　园区环境影响监控分析

园区排放的主要污染物为大气污染物 NO_x、SO_2 与 CO_2，将污染物排放总量作为评价指标，主要环境影响指标是能源消耗和废弃物利用量。应用开发运行的监控平台可以获得监测采集的实时数据，并由软件系统自动生成分析结果图表，可形象化地展示出废弃物综合利用对环境指标的影响结果。监测结果表明，示范工程协同处置生活垃圾、污泥及消纳采选尾矿、钢渣、炉渣等废弃物后，较大地促进了废弃物的消纳和污染物的削减（如图 6-28 所示）。

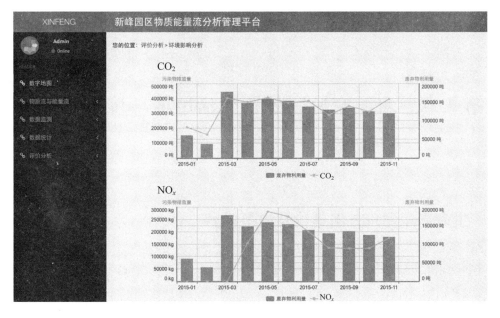

图 6-28　示范工程运行的环境影响监控与评价

6.5　小结

新峰园区物质流、能量流监控分析管理平台，实现了对园区和企业的物质流、能量流动数据的实时监测，并通过算法对园区的能源消耗进行统计分析，计算园区循环经济水平、能源结构、能源分布以及碳排放，实现了能量管理的深入分析、事件统计、长期评估和预测，具有良好的应用和推广价值，为园区产业共生网络运行的稳定性、风险控制等提供了实时有效的工具。

第7章 水泥窑协同处置生活垃圾环境效益评价

7.1 生命周期评价方法理论及主要内容

国际标准《环境管理—生命周期评价—原则与框架》（ISO 14040）中定义生命周期评价（Life Cycle Assessment，LCA）为对一个产品系统的生命周期中的输入、输出及其潜在环境影响进行的编汇与评价。生命周期应包含产品从"摇篮"到"坟墓"的全生命过程，包括从自然界获取原材料到产品使用后的最终处置。LCA 可以量化产品全生命过程中产生的环境影响，并从资源能源消耗、人体毒性和生态环境等方面进行分析和评价。可以识别出产品全生命过程中的主要环境影响节点，以寻求改善生产工艺和环境影响的技术方法。

我国于 2008 年发布国家标准《环境管理 生命周期评价 原则与框架》（GB/T 24040—2008），定义了 LCA 的 4 个主要阶段，如图 7-1 所示。

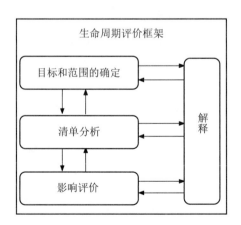

图 7-1 生命周期评价框架

生命周期评价主要由 4 个要素组成：目标和范围的确定、生命周期清单分析、生命周期影响评价及生命周期解释。

7.1.1 目的和范围的确定

目的和范围的确定是生命周期评价的第一步，研究目的应明确其应用的意图、理由以及对象的说明。研究范围需明确研究对象的系统边界、功能单位、环境影响类别和数据要求。上述条件还需要根据研究目标的时间跨度、地域特征和数据可得性等因素进行综合判断，因此，评价对象的研究内容与范围必须依据实际情况进行分析与选择。

7.1.2 生命周期清单分析

生命周期清单分析（Life Cycle Inventory，LCI）是 LCA 基本数据的一种表达，是进行生命周期影响评价的基础。LCI 是对产品、工艺或活动在其全生命周期的各个阶段的数据量化分析，包括资源、能源消耗和环境排放（废气、废水、固体废物及其他环境释放物）。其核心是建立以产品功能单位表达的产品系统的输入和输出（即建立清单）。通常系统输入的是原材料和能源，输出的是产品和向环境的排放。LCI 的主要步骤包括数据收集的准备、数据收集、计算、确定清单分析中的分配方法以及获得清单分析结果等。LCI 可以对研究对象的每一过程单元进行详细的输入和输出清查，为工艺流程的物质流和能量流分析提供详细的数据支持。

7.1.3 生命周期影响评价

生命周期影响评价（Life Cycle Impact Assessment，LCIA）是生命周期评价的核心内容，它实质上是对清单分析阶段的数据进行定性或定量排序的一个过程。已有研究常用 ISO、SETAC 和美国 EPA（Environmental Protection Agency）提出的"三步走"模型，即影响分类（Classify）、特征化（Characterization）和量化（Valuation）。分类是将从清单分析中得来的数据归到不同的环境影响类型。影响类型通常包括资源耗竭、生态影响和人类健康三大类。特征化是对环境影响清单数据定量化并分类到所选择的环境影响类型的过程。量化即加权，是确定不同环境影响类型的相对贡献大小或权重，以期得到总的环境影响水平的过程。基于"三步走"理论，ISO 14040标准建立了 LCIA 框架。该框架的基本思想是通过评估每一具体环境交换对已确定的环境影响类型的贡献强度来解释清单数据。在 ISO 14040 的框架中，影响分类、特征化是必要步骤，归一化、敏感度分析及加权评估是非必要步骤，可以依据研究需求进行选择和添加。

7.1.4 生命周期解释

生命周期解释是根据 LCIA 的研究发现来分析结果、得出结论、形成建议并完成生命周期解释阶段的报告。生命周期解释的特点包括系统性及重复性，由识别、评估及报告这 3 个要素构成。识别环节是根据 LCI 和 LCIA 的结果来识别相关问题；评估环节是对全生命周期中完整性、敏感性及一致性的检查评估；报告环节是对产品系统的生命周期评价给出相应结论，同时对系统中存在的问题给出指导和建议。

7.2 水泥窑协同处置生活垃圾生命周期评价

本节在 7.1 节介绍的生命周期评价方法的基础上，以水泥窑协同处置生活垃圾技术为研究对象，以环境影响作为研究目标，进行案例分析。首先对案例背景、处理工艺、物质流动及环境排放进行介绍。再对整个工艺的各个环节的输入、输出数据进行清单分析，并运用生命周期评价软件 Gabi5.0 辅助计算，完成生命周期评价中的特征化和归一化步骤。

7.2.1 研究案例背景

武安市新峰水泥有限责任公司拥有 3 条水泥熟料生产线、2 条水泥生产线、1套余热发电锅炉。水泥熟料生产线均采用新型干法生产工艺。第一条生产线设计生产能力为 2 500 t/d；第二条和第三条生产线设计能力均为 4 800 t/d。3 条生产线总日产量为 12 100 t/d，年产量为 363 万～399 万 t。

7.2.2 水泥窑协同处置生活垃圾概况

水泥窑协同处置生活垃圾的工艺流程主要分为两个部分：垃圾衍生燃料（RDF）制备和水泥厂区废弃物协同处置系统。将生活垃圾进行破碎、干燥、筛选、成型几个工艺单元处理后，制成 RDF 和筛下物，分别作为水泥生产的替代燃料和替代原料。

生活垃圾在进入水泥窑内后，主要发生以下过程：

——利用窑内高温（高达 1 450 ℃）对废弃物中的有机有害物质进行焚毁。

——绝大部分重金属元素可以固化在水泥熟料中，易挥发重金属化合物在窑系统内循环条件下可以达到饱和，从而抑制了这些重金属继续挥发。重金属通过固相反应或液相烧结形成熟料矿物相或者进入熟料矿物晶格内，从而达到了很好的固化效果。

——水泥窑中的碱性环境吸收焚烧气体中大量的 SO_2、HCl、HF 等酸性气体。

经过长时间的高温无害化处理后，无机成分进入水泥熟料中，废气经过水泥窑原配的除尘器进行处理后排放。

7.2.3 生命周期评价系统边界

由于本研究以处置单位生活垃圾为功能单位评价处置技术的环境影响，因此这里不考虑水泥正常生产所产生的环境影响。评价的系统边界从生活垃圾进入预处理厂为起点，完全处置进入水泥熟料为终点，不考虑水泥熟料后续的使用过程，包含垃圾从进场到处置完成的全过程。其中生活垃圾由案例企业进行收集与运输，但考虑到作为一个普适性的模型，收集与运输过程产生的环境影响不纳入本研究的范围，水泥窑协同处置生活垃圾的系统边界如图 7-2 所示。

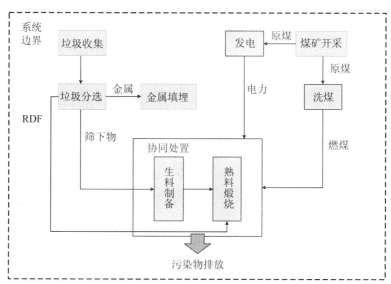

图 7-2 水泥窑协同处置生活垃圾生命周期评价系统边界

根据上述系统边界，可以分为垃圾预处理以及协同处置主体过程共 2 个主要环节。每个生产环节分别定义为 1 个独立的单元模型，每个单元模型里都包含该阶段处理过程中的各项输入及输出数据。以每个生产环节为基本单元模型，进行工艺流程建模和数据清单分析。其中生活垃圾预处理单元包括垃圾的筛分、破碎，以及筛分出的金属进入填埋场进行填埋。协同处置主体过程单元包含与垃圾处置相关的水泥生产过程，主要分为生料制备和熟料煅烧两个过程。

7.2.4 生命周期清单分析

根据系统边界的界定，本研究收集了水泥窑协同处置生活垃圾各阶段的数据，并建立了追溯上游煤炭开采、电力生产等流程的生命周期清单。主要包括能源、资源的输入以及废弃物的输出两部分。

水泥窑协同处置生活垃圾过程中消耗的主要能源为煤炭和电。电力生产和煤炭开采清单分别采用 Gabi5.0 数据库中的中国火电行业和煤炭开采的生命周期清单；正常水泥生产过程中消耗的石灰石、石膏等原辅料不计入协同处置的资源消耗。已经有许多学者对我国的煤炭开采和电力生产的生命周期清单进行研究，研究成果共同组成 Gabi 基础数据库，对本案例研究水泥窑协同处置生活垃圾的煤耗和电耗的环境影响核算具有可用性。

水泥窑协同处置生活垃圾过程中产生的废弃物主要是气体污染物和固体污染物。本案例中不存放生活垃圾，当天收集当天处置，因此没有渗滤液产生。废水主要是生产生活用水，不在本研究的范围内。生产过程中产生的噪声会带来一定的环境影响，但是考虑到由协同处置生活垃圾造成的影响量级较小，因此本研究对此忽略不计。水泥窑排放的废气主要为 SO_2、NO_x、CO_2。协同处置生活垃圾后，除以上污染物，还有 HCl、HF、重金属、二噁英产生。CO_2 来自石灰石煅烧和燃煤两部分，生活垃圾筛下物在处置的过程中会消耗少量煤炭，与水泥正常生产过程相比，其排放量较少。而且 RDF 作为替代燃料还可以减少水泥生产过程中的煤耗，因此本研究忽略协同处置生活垃圾排放的 CO_2。

生活垃圾中含有硫，在焚烧时会造成 SO_2 和 NO_x 排放量的增加。但是垃圾中的硫含量较低，在水泥窑分解炉以下部位焚烧，既无低温挥发又无高温热力 NO_x 形成条件，因此，SO_2 和 NO_x 的排放不会比正常水泥生产有很大的变化。垃圾中的氯离子较多，协同处置生活垃圾后 HCl 和二噁英的产生会比正常生产明显增加，但是在水泥窑高碱性的环境下，会很快被 CaO 吸收。并且窑内温度高，对有害、有毒物质处置彻底，有害物排放量不会明显增加。

水泥窑生产过程的 SO_2 和 NO_x 排放数据从企业的实时监测结果获得，其他污染物排放数据从案例企业的环评报告获得。将上述数据按照相应分配原则进行分配，根据生活垃圾的掺烧量折算成处置 1 t 生活垃圾所需要的数据。主要大气污染物排放清单如表 7-1 所示。

表 7-1　水泥窑协同处置生活垃圾主要大气污染物排放清单

污染物名称	产生量	排放量
烟尘	1.52 mg/Nm^3	1.79×10^{-3} kg/t
SO$_2$	5.60 mg/Nm^3	6.60×10^{-3} kg/t
NO$_x$	124.30 mg/Nm^3	0.147 kg/t
HCl	7.60 mg/Nm^3	8.99×10^{-3} kg/t
HF	0.83 mg/Nm^3	9.75×10^{-4} kg/t
Hg	2.10×10^{-3} mg/Nm^3	2.48×10^{-6} kg/t
二噁英	<0.1 ngTEQ/Nm^3	337 ngTEQ/t

7.2.5　生命周期影响评价

生命周期影响评价是运用相关评价模型，将清单分析环节中经过整理的数据通过若干步骤转换为可用来比较的环境影响指标，并对其环境影响进行评价的过程，主要包括分类、特征化和加权评估等步骤。本研究使用生命周期评价软件 Gabi 进行建模与计算。

（1）分类及特征化

由于不同污染物有不同的影响特征，且其影响程度也存在差异，需要将清单中相关指标对应的不同物质转化为统一的单位，即为每种环境负荷确定参考值。特征化是对所确定的环境影响清单数据进行分析和定量化的过程，就是通过特征因子乘以污染物排放量得到环境影响值的大小。本研究选用 CML2016, exd biogenic carbon 特征化模型及指标。

根据水泥窑协同处置生活垃圾过程的输入、输出清单，并考虑污染物的环境影响特点，选用 6 个特征化指标，为温室效应潜势（GWP）、环境酸化（AC）、淡水水体富营养化（NE，F）、人体毒性（HT）、富营养化（NE）、生物毒性（ET）、颗粒物（PMF）、光化学烟雾（POF）。

（2）归一化与加权评估

为比较水泥生产各个阶段的环境影响程度的大小，需将特征化结果进行归一化处理。本研究采用 Gabi 软件中的 CML2001-Jan 2016, World, year 2000 模型下的全球范围内非生物资源耗竭效应潜值（ADP）、酸化效应潜值（AP）、富营养化效应潜值（EP）、温室效应潜势（GWP）、人体毒性效应潜值（HTP）和光化学烟雾及臭氧生成毒性效应潜值（POCP）的归一化基准。影响类别和基准值如表 7-2 所示。

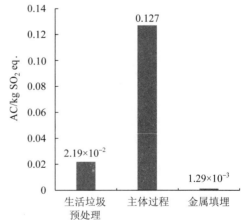

表 7-2　分类、特征化、归一化基准

环境影响类别	相关环境负荷项目	环境影响参照物	归一化基准/[kg/（人·a）]	权重因子
ADP	矿物消耗	1 kg 原油	2.25×10^{-12}	1.5
AP	SO_2、NO_x、HCl、HF、NH_4^+	1 kg SO_2	4.18×10^{-12}	2.0
EP	NO_x、硝酸盐、NH_4^+	1 kg PO_4^{3-}	6.32×10^{-12}	7.0
GWP	CO_2、NO_x、CH_4、CH_3Br	1 kg CO_2	2.39×10^{-14}	10.0
HTP	进入空气、水体和土壤的有毒物质	1 kg 二氯苯	3.88×10^{-13}	8.0
POCP	非甲烷系碳氢化合物（NMHC）	1 kg 乙烯	4.41×10^{-9}	3.0

7.2.6　生命周期解释

（1）分类结果解释

通过清单分析与 Gabi 软件的计算，可以得出水泥窑协同处置生活垃圾的各环境影响类别的环境影响潜值，如图 7-3～图 7-10 所示。

由于没有归一化，不同指标之间不能进行比较，但是从各图中可以看出，在整个处理过程中，水泥生产过程中的煅烧阶段，也就是主体过程是环境影响贡献最大的阶段。因为在这个阶段消耗了煤炭和电力，并且排放气体污染物。填埋的部分由于是金属填埋，而且填埋量较小，所以环境影响较小。在预处理部分消耗了部分电力，其环境影响主要是火力发电的环境影响。提高生活垃圾的分选精度，设置旁路放风系统，有利于减少污染排放，降低主体过程的环境影响。

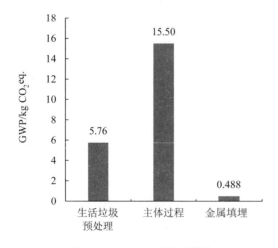

图 7-3　GWP 环境影响潜值　　　　图 7-4　AC 环境影响潜值

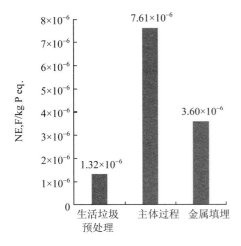

图 7-5 NE,F 环境影响潜值

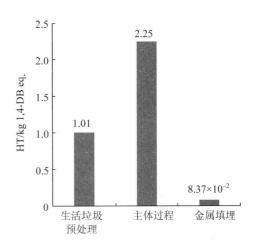

图 7-6 HT 环境影响潜值

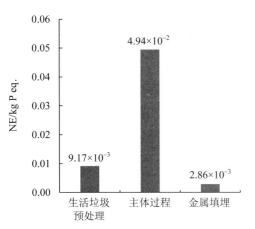

图 7-7 NE 环境影响潜值

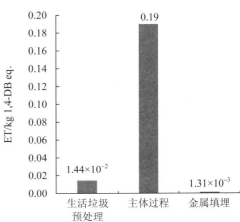

图 7-8 ET 环境影响潜值

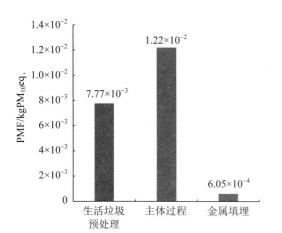

图 7-9 PMF 环境影响潜值

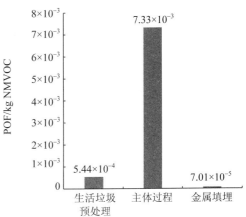

图 7-10 POF 环境影响潜值

（2）归一化结果解释

将环境影响分为非生物资源耗竭效应潜值（ADP）、酸化效应潜值（AP）、富营养化效应潜值（EP）、温室效应潜势（GWP）、人体毒性效应潜值（HTP）和光化学烟雾及臭氧生成毒性效应潜值（POCP）6 类进行归一化，结果如表 7-3 所示。

表 7-3　水泥窑协同处置生活垃圾环境影响归一化结果

环境影响类型	ADP	AP	EP	GWP	HTP	POCP
总计	2.29×10^{-11}	3.96×10^{-12}	1.08×10^{-12}	5.01×10^{-12}	2.52×10^{-11}	2.18×10^{-12}
生活垃圾预处理	1.08×10^{-12}	6.20×10^{-13}	7.33×10^{-14}	1.28×10^{-12}	5.59×10^{-12}	4.06×10^{-13}
主体过程	2.17×10^{-11}	3.30×10^{-12}	1.00×10^{-12}	3.62×10^{-12}	1.96×10^{-11}	1.75×10^{-12}
金属填埋	1.31×10^{-13}	3.54×10^{-14}	7.14×10^{-15}	1.09×10^{-13}	4.17×10^{-14}	2.30×10^{-14}

水泥生产过程中的环境影响主要是 HTP 和 ADP。协同处置过程中会产生二噁英、重金属等污染物，是造成 HTP 较高的主要原因。而 ADP 高的原因是生产投入主要是电和煤，并且没有能源产出。

从归一化结果中还可以看出主体过程是生产过程中影响最大的环节，主要污染物在这个环节直接排放，并且这一环节的环境影响包含了煤的开采和电力生产的环境影响。而生活垃圾预处理阶段仅消耗了少量电力资源，电力的生产是带来主要影响的环节。

7.3　生活垃圾协同处置与焚烧的环境影响比较

7.3.1　垃圾焚烧的生命周期评价

根据前文所述的生命周期评价步骤，对张家港案例企业的垃圾焚烧过程进行生命周期评价。案例企业垃圾处置量可达 900 t/d。项目的规模和基本组成：全厂设置三炉（即 3 条生产线：焚烧炉—余热锅炉—烟气净化系统）、二机（即 2 条发电生产线：汽轮—发电机组），全厂年发电量为 1.125×10^{8} kW·h/a，年上网电量为 9×10^{7} kW·h/a。

评价的系统边界以垃圾进入垃圾焚烧厂为起点，完全处置为终点，包含飞灰的固化稳定化和渗滤液处理。焚烧过程的排放数据来源于企业监测数据，渗滤液 MBR 处理和飞灰固化稳定化数据采用 Gabi 数据库中的数据。

7.3.2 生命周期评价结果比较

将焚烧的清单分析环节中经过整理的数据进行分类、特征化和归一化处理，可以转化为可用来比较的环境影响指标，并与水泥窑协同处置生活垃圾的评价结果进行比较分析。进行环境影响分类后，水泥窑协同处置生活垃圾与垃圾焚烧的对比结果如图 7-11～图 7-18 所示。从各项环境影响潜值看，水泥窑协同处置生活垃圾在各项环境影响类别的环境影响潜值均低于焚烧。

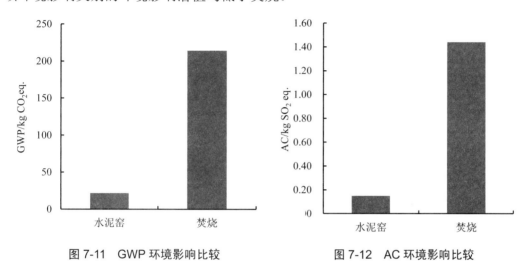

图 7-11　GWP 环境影响比较　　　　　图 7-12　AC 环境影响比较

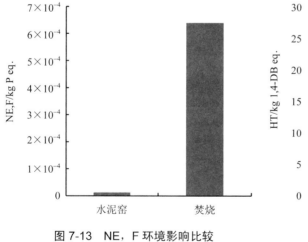
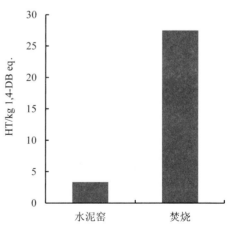

图 7-13　NE，F 环境影响比较　　　　　图 7-14　HT 环境影响比较

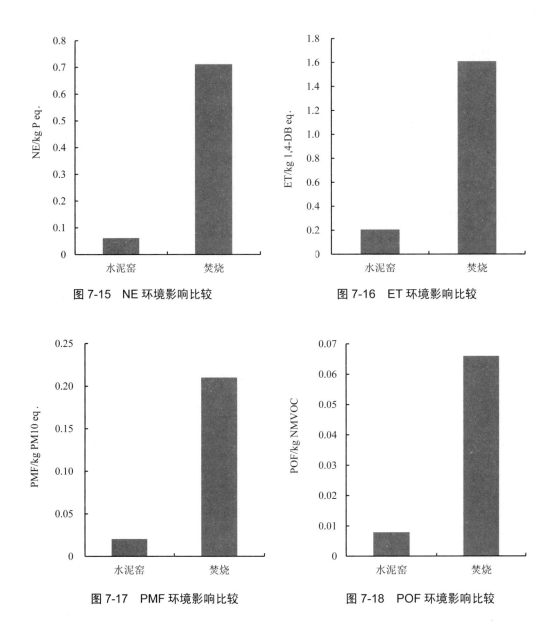

图 7-15　NE 环境影响比较　　　　图 7-16　ET 环境影响比较

图 7-17　PMF 环境影响比较　　　　图 7-18　POF 环境影响比较

　　生活垃圾焚烧过程中产生的主要污染物包括废烟气、二噁英、重金属等，这点在焚烧炉和水泥窑中是类似的，其中主要且危害严重的是二噁英和重金属污染。二噁英是一种毒性极强的物质，而重金属难以生物降解且生物富集性强。无论是二噁英还是重金属污染，垃圾焚烧都是主要源头。1991—1994 年美国国家环境保护局对二噁英的重新评价显示，垃圾在燃烧过程中生成的二噁英占已知二噁英生成源生成总量的 95%。环境中重金属主要来源于矿山开采、金属冶炼、肥料农药、煤及废弃物焚烧，其中最主要的来源是燃煤与垃圾的焚烧，而废弃物焚烧重金属的排放量比煤高得多。由于垃圾中组分复杂，焚烧处理后产生的灰渣及烟气中含有铅、镉、铬、汞等多种重金属。

与焚烧相比，水泥回转窑内气体温度可达到 1 450～1 800℃，而一般垃圾焚烧炉内气体温度仅为 800℃，停留时间则分别为大于 6 s 和 1～3 s。在这一温度和停留时间下，垃圾中有机物的有害成分在水泥窑中的焚毁率可达 99.999%以上，燃烧烟气中二噁英生成可得到有效控制，而焚烧炉中则不能充分满足二噁英处理温度 850℃、停留时间 2 s 以上的反应条件。此外，水泥回转窑中为碱性气氛，一方面对燃烧产生的酸性气体（如 HCl、SO_2 等）能起到中和作用，使它们变成盐类固定下来，另一方面也能将废料中可能存在的重金属元素固定在氧化物固体中，减少重金属的挥发，此外窑灰的回用和烟气循环也可使重金属重复多次固化，进一步避免污染扩散。

7.4 小结

①通过对生命周期评价方法的使用，针对水泥窑协同处置生活垃圾技术进行环境影响分析和评价。获得了协同处置过程各个阶段的环境影响潜值以及产生较大环境影响的生产环节，为水泥窑协同处置生活垃圾生命周期评价提供了研究示例及数据支持。水泥窑协同处置生活垃圾的主要环境影响类别是 HTP 和 ADP，主要由生活垃圾焚烧过程中产生的污染物及能耗造成。提高生活垃圾的分选精度，设置旁路放风系统，有利于减少污染排放，降低主体过程的环境影响。

②比较协同处置与焚烧两种不用处置方式下的环境影响及其类别。通过数据清单对比分析了两种工艺的特点及方法，明确了协同处置技术在环境影响方面的优势所在。功能单位（1 t）生活垃圾处置过程中，水泥窑协同处置生活垃圾在各类环境影响类别中的环境影响潜值均要低于焚烧。对评价结果进行特征化和归一化后，焚烧和水泥窑协同处置生活垃圾的环境影响潜值分别为 4.01×10^{-10} 和 6.03×10^{-11}。

③水泥窑协同处置生活垃圾的各项环境影响类别的环境影响潜值均低于焚烧，体现了其在处理垃圾中的环境友好性和可持续性。建议未来我国和其他国家的市政建设规划中，结合当地情况建立试点，探索推广这一技术的应用。

第8章 水泥窑协同处置多相态废弃物关键技术应用前景

8.1 水泥窑协同处置多相态废弃物技术推广前景

目前，我国以冶金、能源、建材及化工等传统工业为主导的工业园区占全国工业园区总数的 50% 以上，具有高能耗、高污染的特点，给所在区域带来了严峻的资源和环境压力。根据国家环境保护主管部门的数据统计，2000—2014 年，我国工业废弃物和危险废物产生量逐年上升，统计数据如表 8-1 和表 8-2 所示。

表 8-1 我国工业固体废物统计 单位：万 t

年份	产生量	处置量	贮存量	丢弃量
2000	81 607.7	9 151.5	28 921.2	
2001	88 745.7	14 489.4	30 166.4	
2002	94 509.4	16 617.5	30 039.5	
2003	100 428.4	17 751.4	27 667.2	
2004	120 030.0	26 634.8	26 011.9	
2005	134 448.9	31 259.1	27 876.0	
2006	151 541.4	42 883.0	22 398.1	
2007	176 000.0	41 350.0	24 119.0	
2008	190 000.0	48 291.0	21 882.8	
2009	204 000.0	47 487.7	20 929.3	
2010	241 000.0	57 263.8	23 918.3	
2011	322 772.0	70 465.0	60 624.0	433.0
2012	329 044.0	70 745.0	59 786.0	144.0
2013	327 702.0	82 969.0	42 634.0	129.0
2014	325 620.0	80 387.5	45 033.2	59.4

表 8-2 我国近年危险废物统计 单位：万 t

年份	产生量	处置量	贮存量	丢弃量
2011	3 431.22	916.48	823.73	0.009 6
2012	3 465.20	698.20	846.90	0.001 6
2013	3 156.89	701.20	810.88	0.000 0
2014	3 633.50	929.00	690.60	0.000 0
2015	3 976.11	1 173.98	810.30	0.000 0
2016	5 347.30	1 605.80	1 158.26	0.000 0

表 8-1 和表 8-2 中所列的"处置"实际是指符合相关标准规定的永久性集中堆放，"贮存"是指符合相关标准规定的非永久性集中堆放，未加利用工业固体废物中处置和贮存的量每年就有十几亿吨，危险废物处置和贮存的量每年有上千万吨。此外，根据环境保护部公布的数据，2016 年全国城市生活垃圾清运量为 2.04 亿 t，其中卫生填埋处理量为 1.19 亿 t，占 58.33%；焚烧处理量为 0.74 亿 t，占 36.27%；其他处理方式占 5.40%；填埋量仍占了很大比例。如此大量的废弃物若不加以利用，需占用大量土地资源进行放置，同时存在扩散的风险，对环境也构成了潜在的污染威胁。缺乏有效可靠的处置途径是其原因之一。

目前，国内废弃物处理主要集中在生活垃圾的综合利用、污泥尤其是高含水量的市政污泥的综合利用和工业危险废物的处置等方面。而这些利用多数都是单一品种或少数品种的处置，真正大规模集成化处置多相态废弃物的几乎没有。水泥生产的原料和燃料很普通，系统对物态适应性强，高温煅烧环境优于普通焚烧炉，能适应许多废弃物处置要求，可作为水泥生产替代原料和燃料的工业废物种类如表 8-3、表 8-4 所示。

表 8-3 水泥生产中作为替代原料的工业废物种类

替代类型	工业废物名称	工业废物类型	
		一般工业废物	危险废物
钙	石灰干化污泥	√	
	饮用水污泥	√	
	工业石灰	√	
	石灰浆	√	
	电石渣	√	
硅	铸造砂	√	
	微硅	√	
	废催化剂载体	√	
	硅石废料	√	
	石英砂岩粉	√	
	石英砂岩尾矿	√	

替代类型	工业废物名称	工业废物类型	
		一般工业废物	危险废物
铁	炉渣	√	
	硫铁矿尾矿	√	
	赤铁矿渣	√	
	赤泥	√	
	锡渣	√	
	转化炉灰	√	
硅-铝-铁	洗矿场废物	√	
	飞灰	√	√
	流化床灰渣	√	
	石材废物	√	
石膏	低硫石膏	√	
	化学灰泥	√	

表 8-4 水泥生产中作为替代燃料的工业废物种类

替代类型	工业废物名称	工业废物类型	
		一般工业废物	危险废物
固态、半固态	秸秆	√	
	木屑	√	√
	屠宰业废料	√	
	稻米壳	√	
	棕榈壳	√	
	废旧轮胎	√	
	废塑料	√	
	纺织废料	√	
	废油墨	√	√
	废油漆	√	√
	非放射性废白土	√	
	干化后污泥	√	
	废纸	√	
	纸板	√	
	纺织品	√	
	包装材料	√	
	家庭、商业、生产、服务业经分拣的废弃物	√	

替代类型	工业废物名称	工业废物类型	
		一般工业废物	危险废物
液态	废油	√	√
	石化废物	√	√
	油漆厂废物	√	√
	溶剂废物	√	
	蜡状悬浊物	√	
	沥青浆	√	
	油泥	√	√
	活性炭污泥	√	
	城市污泥	√	
	河湖淤泥	√	
	工业污泥	√	√

从经济角度看，由于多数工业废物是适合水泥窑协同处置的，用水泥窑处置比建专用的焚烧厂要简单且省投资，而且水泥厂的布点与城市的建设及经济发展也很紧密，不需要额外规划及增加城市负担。一般情况下1条5 000 t/d的水泥生产线的焚烧系统处置量一般在500 t/d左右，根据水泥窑的运转率，焚烧系统一年可处置15万~20万t废弃物。

从城镇化过程中的实际需求看，未来5年我国仍将处于城镇化快速发展阶段。2017年，我国城镇化率为58.52%，2020年城镇化率将达到约60%。而且在我国大中城市周边基本都建有水泥厂，可以利用这些现有资源解决废弃物处置问题，同时还可以有效延长现有填埋场使用周期，缓解重新建设填埋场带来的一系列问题。

从节能减排效益来看，预计在未来5年内，可推广应用水泥窑协同处置多相态废弃物集成技术的工程项目3~5项，每年可处理城市污泥120万t、生活垃圾50万t、工业废物约50万t，减少化石燃料消耗20万t，减排CO_2 50万t。因此，从经济、社会、环境等方面考虑，通过利用水泥窑协同处置多相态的各种废弃物，是水泥工业和城市可持续发展的一个重要发展方向，具有广阔的市场应用前景。

本研究示范工程的运行同样表明，针对工业型城市及冶金工业园区发展带来的废弃物量大、类多、有效利用率不高的问题，以水泥窑协同处置多相态废弃物循环利用的关键技术与装备，可以有效地构建冶金-电力-市政-建材等跨行业废弃物水泥窑循环利用技术发展模式，对于中西部同类工业园区具有良好的推广应用前景。

8.2 生活垃圾 RDF 制备技术推广前景

　　适用于水泥窑高温预热处理炉工艺特点的 RDF 制备技术及其示范工程实现了再生资源废弃燃料有效回收和利用。城市和乡镇产生的垃圾衍生燃料，既使再生能源得到充分利用，同时又可解决部分垃圾污染问题，改善人民生活环境状况。同时，垃圾衍生燃料组成的颗粒均匀，而且能有更加稳定的燃烧效果，产生的波动小，可持续性强，燃烧充分，是垃圾与废弃物燃料化处理的新途径。

附录 1　水泥窑协同处置相关的国家政策
（2014—2017 年）

关于发布《水泥窑协同处置固体废物污染防治技术政策》的公告

环境保护部公告 2016 年 第 72 号

为贯彻《中华人民共和国环境保护法》，完善环境技术管理体系，指导污染防治，保障人体健康和生态安全，引导水泥行业绿色循环低碳发展，环境保护部组织制定了《水泥窑协同处置固体废物污染防治技术政策》，现予公布，供参照执行。

环境保护部

2016 年 12 月 6 日

水泥窑协同处置固体废物污染防治技术政策

一、总则

（一）为贯彻《中华人民共和国环境保护法》等法律法规，防治环境污染，保障生态安全和人体健康，规范污染治理和管理行为，推动水泥窑协同处置固体废物技术装备和污染防治技术进步，促进水泥行业的绿色循环低碳发展，制定本技术政策。

（二）本技术政策所称水泥窑协同处置固体废物是指将满足或经过预处理后满足入窑要求的固体废物投入水泥窑，在进行水泥熟料生产的同时实现对固体废物的无害化处置过程。处置固体废物的类型主要包括危险废物、生活垃圾、城市和工业污水处理污泥、动植物加工废物、受污染土壤、应急事件废物等。

（三）本技术政策为指导性文件，主要包括源头控制、清洁生产、末端治理、二次污染防治以及鼓励研发的新技术等内容，为环境保护相关规划、污染物排放标准、环境影响评价、总量控制、排污许可等环境管理和企业污染防治工作提供指导。

（四）利用水泥窑协同处置固体废物，应根据产业结构发展要求、城市总体规划、环境保护规划和环境卫生规划等，结合现有水泥生产设施，合理规划、有序布局。水泥窑协同处置固体废物应作为城市固体废物处置的重要补充形式。

（五）水泥窑协同处置固体废物污染防治应遵循源头控制、清洁生产与末端治理相结合的全过程污染控制原则，鼓励采用先进可靠、能源利用效率高的生产工艺和装备及成熟有效的污染防治技术，加强技术引导和精细化管理。水泥窑协同处置固体废物应保证固体废物的安全处置，满足污染物达标排放的要求，不影响水泥的产品质量和水泥窑的稳定运行。

（六）开展协同处置固体废物的水泥企业应强化企业环保主体责任，建立健全环保监测体系和环境管理制度，确保协同处置废物全过程污染物稳定达标排放；完善环境风险防控体系和环境应急管理制度，编制可行的应急预案，积极防范和提高应对突发环境事件的能力。

二、源头控制

（一）协同处置固体废物应利用现有新型干法水泥窑，并采用窑磨一体化运行方式。处置固体废物应采用单线设计熟料生产规模 2 000 t/d 及以上的水泥窑。本技术政策发布之后新建、改建或扩建处置危险废物的水泥企业，应选择单线设计熟料生产规模 4 000 t/d 及以上水泥窑；新建、改建或扩建处置其他固体废物的水泥企业，应选择单线设计熟料生产规模 3 000 t/d 及以上水泥窑。鼓励利用符合《水泥行业规范条件（2015 年本）》的水泥窑协同处置固体废物，拟改造前应符合《水泥窑协同处置固体废物污染控制标准》（GB 30485—2013）的要求。

（二）应根据生产工艺与技术装备，合理确定水泥窑协同处置固体废物的种类及处置规模。严禁利用水泥窑协同处置具有放射性、爆炸性和反应性废物，未经拆解的废家用电器、废电池和电子产品，含汞的温度计、血压计、荧光灯管和开关，铬渣，以及未知特性和未经过检测的不明性质废物。

（三）新建水泥窑协同处置危险废物的企业在试生产期间，应按照《水泥窑协同处置固体废物环境保护技术规范》（HJ 662—2013）要求对水泥窑协同处置设施进行性能测试，以检验和评价水泥窑在协同处置危险废物的过程中对有机化合物的焚毁去除能力以及对污染物排放的控制效果。利用水泥窑协同处置医疗废物，必须满足

《水泥窑协同处置固体废物环境保护技术规范》（HJ 662—2013）的相关要求。

（四）处置应急事件废物，应选择具有同类型危险废物经营许可证的水泥窑进行协同处置。如无法满足条件时，应按照当地省级环境保护主管部门批准的应急处置方案，选择适宜的水泥窑进行协同处置。

三、清洁生产

（一）水泥窑协同处置固体废物，其清洁生产水平应按照《水泥行业清洁生产评价指标体系》（发展改革委公告 2014 年第 3 号）的要求，定期实施清洁生产审核。

（二）水泥窑协同处置固体废物，应对进场接收、贮存与输送、预处理和入窑处置等场所或设施采取密闭、负压或其他防漏散、防飞扬、防恶臭的有效措施。

（三）固体废物在水泥企业应分类贮存，贮存设施应单独建设，不应与水泥生产原燃料或产品混合贮存。危险废物贮存还应满足《危险废物贮存污染控制标准》（GB 18597—2001）和《危险废物收集 贮存 运输技术规范》（HJ 2025—2012）的要求。对不明性质废物应按危险废物贮存要求设置隔离贮存的暂存区，并设置专门的存取通道。

（四）根据协同处置固体废物特性及入窑要求，合理确定预处理工艺。鼓励污水处理厂进行污泥干化，干化后污泥宜满足直接入窑处置的要求。水泥厂内进行污泥干化时，宜单独设置污泥干化系统，干化热源宜利用水泥窑废气余热。原生生活垃圾不可直接入水泥窑，必须进行预处理后入窑。生活垃圾在预处理过程中严禁混入危险废物。

（五）严格控制水泥窑协同处置入窑废物中重金属含量及投加量；水泥熟料中可浸出重金属含量限值应满足《水泥窑协同处置固体废物技术规范》（GB 30760—2014）的相关要求。水泥窑协同处置重金属类危险废物时，应提高对水泥熟料重金属浸出浓度的检测频次。严格控制入窑废物中氯元素的含量，保证水泥窑能稳定运行和水泥熟料质量，同时遏制二噁英类污染物的产生。

（六）固体废物入窑投加位置及投加方式应根据水泥窑运行条件及预处理情况在满足《水泥窑协同处置固体废物环境保护技术规范》（HJ 662—2013）要求的同时，根据固体废物的成分、热值等参数进行合理配伍，保障固体废物投加后水泥窑能稳定运行。含有机挥发性物质的废物、含恶臭废物及含氰废物不能投入生料制备系统，应从高温段投入水泥窑。

（七）水泥窑协同处置固体废物应按照废物特性和水泥生产要求配置相应的投加计量和自动控制进料装置。

（八）应逐步提高协同处置固体废物的水泥窑与生料磨的同步运转率。强化生料磨停运期间二氧化硫、汞等挥发性重金属的排放控制措施，不应采用简易氨法脱硫措施（不回收脱硫副产物）。

四、末端治理

（一）水泥窑协同处置固体废物设施，窑尾烟气除尘应采用高效袋式除尘器；2014年3月1日前已建成投产或环境影响评价文件已通过审批的协同处置固体废物设施，如窑尾采用电除尘器应持续提升其运行的稳定性，提高除尘效率，确保污染物连续稳定达标排放，鼓励将电除尘器改造为高效袋式除尘器。加强对协同处置固体废物水泥窑除尘器的运行与维护管理，确保除尘器与水泥窑生产百分之百同步运转。

（二）水泥窑协同处置过程中的氮氧化物、二氧化硫等污染物排放控制应执行《水泥工业污染防治技术政策》（环境保护部公告2013年第31号）的相关要求。

（三）水泥窑协同处置固体废物产生的渗滤液、车辆清洗废水及协同处置废物过程产生的其他废水，可经适当预处理后送入城市污水处理厂处理，或单独设置污水处理装置处理达标后回用，如果废水产生量小可直接喷入水泥窑内焚烧处置。严禁将未经处理的渗滤液及废水以任何形式直接排放。

（四）水泥企业应对协同处置固体废物操作过程和环保设施运行情况进行记录，其中有条件的项目应纳入企业运行中控系统，具备即时数据查询和历史数据查询的功能。处置危险废物的数据记录应保留五年以上，处置一般固体废物的数据记录应保留一年以上。

（五）水泥企业应建立监测制度，定期开展自行监测。重点加强对窑尾废气中氯化氢、氟化氢、重金属和二噁英类污染物的监测。水泥窑排气筒必须安装大气污染物自动在线监测装置，监测数据信息应按照《国家重点监控企业污染源监督性监测及信息公开办法（试行）》的要求进行公开。

（六）水泥窑旁路放风系统排出的废气不能直接排放，应与窑尾烟气混合处理或单独处理。旁路放风排气筒污染物排放限值和监测方法应执行《水泥窑协同处置固体废物污染控制标准》（GB 30485—2013）的相关要求。对标准中未包含的特征污染物应符合环境影响评价提出的相关排放限值的要求。

五、二次污染防治

（一）协同处置固体废物水泥窑的窑尾除尘灰宜返回原料系统，但为避免汞等挥发性重金属在窑内过度积累而排出的窑尾除尘灰和旁路放风粉尘不应返回原料系统。如果窑灰和旁路放风粉尘需要送至厂外进行处理处置，应按危险废物进行管理。

（二）生活垃圾和城市污水处理污泥的贮存设施应有良好的防渗性能并设置污水收集装置。贮存设施中有生活垃圾或污泥时应处于负压状态运行。

（三）污泥干化系统、生活垃圾贮存及预处理产生的废气应送入水泥窑高温区焚烧处理或在干化系统中安装废气除臭设施，采用生物、化学等除臭技术处理后达标排放。在水泥窑停窑期间，固体废物贮存及预处理产生的废气、污泥干化系统产生的废气须经废气治理设施处理后达标排放。

六、鼓励研发的新技术

（一）协同处置固体废物的水泥窑在生产过程中的污染物减排技术。

（二）提高协同处置固体废物量的水泥窑高效利用技术，如大投加量固废离线燃烧系统。

（三）协同处置固体废物的高效预处理技术，如高质量垃圾衍生燃料（RDF）制备技术；降低水泥窑协同处置危险废物环境风险的预处理技术。

（四）粉尘、二氧化硫、氮氧化物、汞等多种污染物高效协同脱除技术。

工业和信息化部等六部委
关于开展水泥窑协同处置生活垃圾试点工作的通知

工信厅联节〔2015〕28号

为贯彻落实《循环经济发展战略及近期行动计划》（国发〔2013〕5号）、《国务院关于化解产能严重过剩矛盾的指导意见》（国发〔2013〕41号），实施《关于促进生产过程协同资源化处理城市及产业废弃物工作的意见》（发改环资〔2014〕884号），推动化解水泥产能严重过剩矛盾，推进水泥窑协同处置城市生活垃圾，促进水泥行业降低能源资源消耗，建设资源节约型和环境友好型水泥企业，实现水泥行业转型升级、绿色发展，工业和信息化部、住房城乡建设部、发展改革委、科技部、财政部、环境保护部决定联合开展水泥窑协同处置生活垃圾试点及评估工作。现将有关事项通知如下：

一、范围和期限

选取已建成的水泥窑协同处置项目开展试点，并对其运行情况进行评估。承担试点项目的水泥窑生产线须是符合水泥行业准入条件和国家投资管理政策的新型干法水泥熟料生产线。试点及评估工作期限为2年。

二、目标

强化对试点生产线的技术、经济和污染控制水平进行评估，科学、客观地分析水泥窑协同处置技术现状及存在的问题，解决水泥窑协同处置生活垃圾面临的技术、装备、标准、政策等突出问题，规范技术工艺路线，提高技术装备水平，建立标准体系，探索运营模式，为"十三五"科学推进利用水泥窑协同处置生活垃圾奠定基础。

三、内容

（一）优化水泥窑协同处置技术

在现有基础上，进一步研究生活垃圾替代原料和燃料的技术，优化协同处置过程中生活垃圾预处理、生产过程控制、旁路放风灰利用与无害化处置、产品质量控制等技术，推动水泥窑协同处置生活垃圾技术创新。

（二）加强工艺装备研发与产业化

加快研发适合中国生活垃圾特性的水泥窑协同处置生活垃圾核心装备。突破生活垃圾预处理、渗滤液处理、臭味控制与处理、自动化控制装备及其他配套装备研发和产业化，提高水泥窑协同处置生活垃圾成套装备产业化水平。

（三）健全标准体系

研究和制定水泥窑协同处置生活垃圾的综合能耗、污染控制、预处理技术、产品质量控制和等级评价等相关标准规范，研究完善操作规范、技术流程和检测标准，逐步健全水泥窑协同处置生活垃圾标准体系。

（四）完善政策机制

积极与地方沟通，在试点及评估过程中逐步协调完善项目立项审批、改造工程资金支持、生活垃圾收集运输与协同处置衔接机制、垃圾处理费用补贴与结算机制等，推动建立健全相关政策机制。

（五）强化项目评估

通过对试点项目连续稳定运行污染物排放情况、水泥产品质量、能耗、成本等数据进行连续监测，客观评估试点项目协同处置生活垃圾连续运行能力、处理效率、污染物排放控制水平、水泥产品质量、项目运行经济性等，为下一步科学推进水泥窑协同处置生活垃圾提供依据。

四、工作要求

（一）相关省级工业和信息化主管部门会同住房城乡建设、发展改革、科技、财政、环保等部门组织本地区已建成的水泥窑协同处置生活垃圾项目（项目名单见附件1）自愿申报试点项目，于2015年5月31日前将试点项目名单及项目实施方案（提纲见附件2）报工业和信息化部（节能与综合利用司）。

（二）试点项目应满足《水泥窑协同处置固体废物污染控制标准》（GB 30485—2013）中对协同处置设施的要求。工业和信息化部会同住房城乡建设、发展改革、科技、财政、环保等部门组织专家对试点项目实施方案评审通过后，批复实施方案并发布试点项目名单。

（三）试点项目宜选择能够确保全年连续生产的企业。不能全年连续生产的试点项目，试点企业应加强与本地区政府相关部门协商，提出当地政府认可的可行性备选方案，确保在水泥窑停产期间生活垃圾的妥善处置。

（四）试点企业应在每季度初（20日前）通过省级住房城乡建设部门将上季度

项目进展情况报住房和城乡建设部（城乡建设司），同时抄报工业和信息化部（节能与综合利用司）。主要包括以下内容：生活垃圾处理综合成本，吨水泥熟料煤耗、综合能耗，主要污染物排放情况，水泥产品质量检测结果等（详见附件3）。首次数据应从 2015 年 1 月 1 日开始，随同实施方案一并上报。住房城乡建设部将会同工业和信息化部设立评估指标并组织第三方机构对试点项目运行数据进行分析评估，出具评估报告。

五、保障措施

（一）各省级工业和信息化主管部门应会同住房城乡建设、发展改革、财政、环保等部门加强组织协调，充分利用现有设施，支持水泥窑协同处置生活垃圾试点工作。

（二）各试点项目所在地区工业和信息化主管部门应加强对试点项目运行情况及能耗实施管理和监测；财政部门应按照物价部门核定的价格，及时给予水泥企业处理生活垃圾费用；环境保护部门应加强对试点项目的环境监督管理，督促试点企业履行环境信息公开义务；住房建设部门应加强现有生活垃圾收集、运输体系建设，保障试点项目生活垃圾来源。发展改革部门会同相关部门在试点评估的基础上，统筹考虑水泥窑协同处置的布局。

（三）对达到试点评估要求的项目，在推广相关技术路线时，各有关部门利用现有资金渠道，视情况对相关项目给予适当支持。

（四）试点期间各试点项目所在地区工业和信息化主管部门应会同住房城乡建设、发展改革、科技、财政、环保等部门加强对试点项目监督检查，发现问题，及时解决。工业和信息化部会同住房城乡建设部、发展改革委、科技部、财政部、环境保护部对试点项目进行监督检查。

工业和信息化部办公厅

住房和城乡建设部办公厅

国家发展和改革委员会办公厅

科学技术部办公厅

财政部办公厅

环境保护部办公厅

2015 年 4 月 23 日

附件：

1．已建成水泥窑协同处置生活垃圾项目名单（略）

2．水泥窑协同处置生活垃圾试点项目实施方案提纲（略）

3．试点项目日常运行情况记录表（略）

《关于开展水泥窑协同处置生活垃圾试点工作的通知》解读

为贯彻落实《循环经济发展战略及近期行动计划》（国发〔2013〕5 号）、《国务院关于化解产能严重过剩矛盾的指导意见》（国发〔2013〕41 号）要求，工业和信息化部、住房城乡建设部、发展改革委、科技部、财政部、环境保护部联合印发《关于开展水泥窑协同处置生活垃圾试点工作的通知》（以下简称《通知》），以推动化解水泥产能严重过剩矛盾，实现水泥行业转型升级，促进行业绿色发展。现就《通知》有关精神解读如下：

（1）开展试点工作的背景、目的和意义

协同资源化处理废弃物是指特定行业利用工业窑炉等设施，在满足企业生产要求且不降低产品质量，符合环保要求情况下，将废弃物作为生产过程的部分原料或燃料等，实现废弃物资源化、无害化处置的处理方式。推动协同资源化处理废弃物对解决废弃物处理、传统产业转型、促进循环经济发展具有重要作用。

国际上水泥窑协同处理生活垃圾技术始于上世纪 70 年代。目前，水泥窑协同处理生活垃圾及产业废弃物已成为美国、德国、日本等发达国家较为普遍采用的技术。目前我国水泥企业协同处理废物种类主要限于粉煤灰、矿渣等一般工业固体废物，通常作为混合材加入熟料中。据统计，2014 年我国水泥总产量约 24.8 亿 t，年产量增长约 1.8%，占全球总产量约 60%，综合利用工业固体废物约 8 亿 t，水泥工业已成为我国工业固体废物综合利用的主要途径。近年来，我国水泥窑协同处置生活垃圾、危险废物、污泥、污染土等固体废物进行了积极探索，但技术工艺上还有待完善，仍存在缺乏针对性的排放标准、产品质量控制标准和相关评价标准，社会上对协同处置技术的认识不统一，政策激励不到位。

水泥窑协同处置生活垃圾具有环境无害化、处置固体废物能力强等特点，同时利用现有水泥窑设施开展水泥窑协同处置生活垃圾，不但可以节省新建固体废物集中处理设施的建设投资，还可以缓解社会固体废物处理压力和新建集中处理设施选址占地等问题。开展水泥窑协同处置生活垃圾试点，完善技术工艺装备，探索可复制的推广模式，实现水泥工业环境效益、经济效益和社会效益统一，对于带动水泥行业绿色转型升级，推动工业资源综合利用，提高环境保护水平，具有十分重要的意义。

（2）试点工作的总体思路和目标

（一）关于基本思路。本次试点工作的总体思路是以分析解决水泥窑协同处置技术现状和存在的突出问题为目标，重点围绕技术、装备、标准、政策等 4 个方面，在已建成的水泥窑协同处置项目中选择一批生产情况稳定、技术水平高、污染控制设施先进的水泥窑，开展协同处置生活垃圾的试点工作，以技术创新和推广应用为支撑，以标准研制和技术评价为保障，使水泥窑协同处置生活垃圾试点发挥辐射带动作用，形成可复制的推广模式，引导水泥生产企业走绿色发展之路。

（二）关于基本原则。本次试点工作提出三条原则：一是先进性原则。试点项目应选择具有先进的生产和污染控制技术水平的水泥窑。二是科学性原则。试点项目应在试点期内对其污染物排放、水泥产品质量、能耗、成本等数据进行科学的连续监测。三是客观性原则。应对试点项目的污染控制水平、产品质量和项目运行经济性进行客观评价，为推进水泥窑协同处置生活垃圾提供依据。

（三）关于主要目标。本次试点工作在综合考虑《循环经济发展战略及近期行动计划》（国发〔2013〕5 号）和《国务院关于化解产能严重过剩矛盾的指导意见》（国发〔2013〕41 号）要求的基础上，设定了以下目标：通过对试点生产线的技术、经济和污染控制水平进行评估，分析水泥窑协同处置技术现状及存在问题，突出解决技术装备、标准政策等问题。

（3）试点工作内容

按照问题导向原则，基于对水泥窑协同处置生活垃圾目前存在的主要问题，确定了本次试点工作的 5 项主要任务：

一是优化水泥窑协同处置技术。进一步研究生活垃圾替代原料和燃料的技术，优化协同处置过程中生活垃圾预处理、生产过程控制、旁路放风灰利用与无害化处置、产品质量控制等技术。

二是加强工艺装备研发与产业化。加快研发适合中国生活垃圾特性的水泥窑协同处置生活垃圾核心装备。突破生活垃圾预处理、渗滤液处理、臭味控制与处理、自动化控制装备及其他配套装备研发和产业化。

三是健全标准体系。研究和制定水泥窑协同处置生活垃圾的综合能耗、污染控制、预处理技术、产品质量控制和等级评价等相关标准规范，完善操作规范、技术流程和检测标准。

四是完善政策机制。试点过程中逐步协调完善生活垃圾收集运输与协同处置衔接机制、垃圾处理费用补贴与结算机制等政策支持。

五是强化项目评估。对试点项目连续稳定运行下的污染物排放情况、水泥产品质量、能耗、成本等数据进行连续检测，客观评估试点项目协同处置生活垃圾连续运行能力、处理效率、污染物排放控制水平、水泥产品质量和项目运行经济性等。

（4）试点的组织实施

本次试点工作的主要时间节点和工作流程如下：

（一）2015年5月31日前，省级工业主管部门会同有关部门组织本地区企业自愿申报试点项目，向工业和信息化部提出试点项目申请和实施方案。工业和信息化部会同相关部门组织专家对试点实施方案进行评审，根据评审结果确定并发布试点名单。

（二）试点企业在每季度初通过省级住房城乡建设部门将上季度项目进展情况报住房城乡建设部（城乡建设司），同时抄报工业和信息化部（节能与综合利用司）。

（三）住房城乡建设部将会同工业和信息化部组织第三方机构对试点项目运行数据进行分析评估。

（四）试点期间各级工业主管部门及相关部门应发挥指导监督作用，强化政策引导和监管，积极探索建立市场化运作模式。

（5）试点工作的主要亮点

一是市场主导，政府引导。本次试点项目要求在已建成的水泥窑协同处置生活垃圾项目范围内进行自愿申报，以企业为主体，充分发挥企业的能动性；强化地方行政主管部门的协调组织作用，由省级工业和信息化主管部门会同相关部门，组织辖区内符合条件的企业编制申报材料，制定具体实施方案。

二是试点先行，分类指导。通过试点工作，积极推进水泥窑协同处置生活垃圾先进技术和装备研发，制定和完善相关标准规范，确立评价指标和评价方法，推广先进适用技术。

三是机制创新，政策支持。本次试点工作涉及多部委，各相关部门将积极发挥各自职能作用共同推进此项工作，旨在从引导和激励机制等方面进行创新，为试点项目提供多方面政策支持。

工业和信息化部节能与综合利用司

2015年5月7日

水泥窑协同处置废物污染防治技术政策
（征求意见稿）

一、总则

（一）为贯彻《中华人民共和国环境保护法》等法律法规，防治环境污染，保障生态安全和人体健康，规范污染治理和管理行为，推进水泥窑协同处置废物技术装备和污染防治技术进步，促进水泥行业的绿色循环低碳发展，制定本技术政策。

（二）本技术政策所称水泥窑协同处置废物指将满足或经过预处理后满足入窑要求的废物投入水泥窑，在进行水泥熟料生产的同时实现对废物的无害化处置的过程。水泥窑协同处置废物的类型主要包括危险废物、生活垃圾、城市和工业污水处理污泥、动植物加工废物、受污染土壤、应急事件废物等。放射性废物，具有传染性、爆炸性及反应性废物，未经拆解的废电池、废家用电器和电子产品，含汞的温度计、血压计、荧光灯管和开关，有钙焙烧工艺生产铬盐过程中产生的铬渣，石棉类废物，以及未知特性和未经过检测的不明性质废物不应利用水泥窑进行协同处置。

（三）本技术政策为指导性文件，主要包括源头控制、清洁生产、末端治理、二次污染防治以及鼓励研发的新技术等内容，为环境保护相关规划、污染物排放标准、环境影响评价、总量控制、排污许可等环境管理和企业污染防治工作提供技术指导。

（四）水泥窑协同处置废物应结合产业结构、城市总体规划和环境保护专项规划的需求，合理规划布局及定位。加强技术引导和调控，鼓励采用先进的生产工艺和设备。利用水泥窑协同处置废物，应根据环境影响评价结论确定与居民区等环境空气敏感区的大气环境防护距离。

（五）水泥窑协同处置废物污染防治应遵循源头控制、清洁生产与末端治理相结合的全过程污染控制原则，采用先进、成熟的污染防治技术，加强精细化管理。水泥窑协同处置废物应保证废物的安全处置和水泥熟料的正常生产过程，不影响水泥熟料的产品质量和环境安全。

（六）协同处置废物的水泥企业应建立企业监测制度，开展自行监测，并加强对窑尾废气中氯化氢、重金属汞和二噁英等污染物的监测。水泥窑窑尾应安装主要大气污染物自动在线监测装置，监测数据应定期向社会公众公开。

二、源头控制

（一）水泥窑协同处置废物宜利用现有水泥窑，应在 2 000 吨/日及以上新型干法水泥熟料生产线上进行，水泥窑应采用窑磨一体机模式。拟改造利用现有设施协同处置废物的水泥窑，改造前应满足连续两年达到《水泥工业大气污染物排放标准》（GB 4915）的要求。

（二）协同处置废物的水泥企业应设立处置废物的专职管理部门；应建立完善的管理制度并严格执行，确保协同处置废物全过程污染物稳定达标排放；应配备负责废物管理及环境污染防治的专业技术人员；应健全环境风险防控体系和环境应急管理制度，积极防范并妥善应对突发环境事件。

（三）协同处置废物的水泥企业应根据生产工艺及技术水平，合理确定协同处置废物的种类、处置规模及处置量。

（四）协同处置危险废物的水泥企业应在规定的经营类别允许范围内开展危险废物处置工作。在首次处置某种未知特性危险废物前，应进行分析测试，测试结果合格后才能开展该类危险废物的协同处置。严格限制利用水泥窑协同处置医疗废物。危险废物预处理设施和运输车辆清洗废水处理产生的污泥应作为危险废物管理和处置。

（五）协同处置应急事件废物时，应优先选择具有同类型危险废物经营许可证的水泥窑，处置方案必须经当地省级环境保护主管部门批准后实施。

三、清洁生产

（一）水泥窑协同处置生活垃圾、污泥等含易挥发成分废物及危险废物的进场接收、贮存与输送、预处理和入窑处置等环节应采取密闭或其他防漏散、防飞扬和防异味的措施。

（二）废物贮存设施应单独建设，不应与水泥生产原燃料或产品混合贮存。废物应分类贮存，保持一定的安全距离。对性质不相容危险废物应隔离储存，对不明性质废物应专门设置暂存区，设置专门的存取通道，隔离储存。

（三）根据废物特性及入窑要求，确定合理的预处理工艺，单独建设预处理设施。鼓励污水处理厂进行污泥干化，干化后污泥满足直接入窑处置要求。水泥厂内进行污泥干化，宜单独设置干化系统，干化热源宜利用水泥窑废气，必要时应配备污水处理系统。鼓励对生活垃圾进行预处理，在预处理过程中严禁混入危险废物。

（四）严格控制水泥窑协同处置入窑废物中重金属投加量；水泥熟料中可浸出重金属含量限值应满足《水泥窑协同处置固体废物技术规范》（GB 30760）要求。处置重金属类危险废物时，应加强对水泥熟料重金属浸出浓度的检测频次。严格控制入窑物料中氯元素的含量，以保证水泥的正常生产和水泥熟料质量，同时遏制二噁英的产生。

（五）利用水泥窑协同处置的废物特性应根据其成分、热值等参数进行配伍，并根据现有水泥窑运行条件、废物的特性及预处理情况，选择废物入窑投加位置及投加方式，保障水泥窑投加废物后能够稳定运行。含有易挥发成分的废物，不能投入生料制备系统。

（六）水泥窑协同处置废物投加设施应配置精准计量和自动控制进料装置，自动投加废物应提高自动化控制水平，合理控制投加速率，当水泥窑或烟气处理设施因故障停止运行、运行工况不稳定、烟气污染物超标排放时，可自动停止废物投加。在水泥窑启停过程中禁止投加废物。

（七）应提高水泥窑与生料磨的同步运转率，加强生料磨停运时汞等重金属的排放控制措施，减少水泥窑废气中重金属的排放。

（八）协同处置废物的水泥窑窑尾除尘灰宜返回原料系统，但旁路放风的窑灰不应返回原料系统。当窑尾除尘灰、旁路放风窑灰作为混合材料直接进入水泥产品时应严格控制掺加量，确保水泥产品的质量及环境安全。危险废物和有机废物不能直接作为混合原料。旁路放风系统排出的废气不得直排。

四、末端治理

（一）水泥窑窑尾烟气除尘设施必须采用高效袋式除尘器，并加强对其运行与维护管理，使除尘设施与水泥窑生产百分之百同步运转。加快电除尘器升级改造为袋式除尘器，杜绝非正常排放。

（二）废物贮存及预处理产生的废气应送入水泥窑高温区焚烧处理或经其他措施处理后达标排放。污泥干化系统的废气应送入水泥窑高温区焚烧或在烘干生产线中安装除臭设施经处理达标后排放，可采用生物除臭、化学除臭等工艺。

（三）水泥窑氮氧化物（NO_x）排放控制宜在低氮燃烧技术基础上，采用选择性非催化还原（SNCR）技术控制 NO_x 排放。

（四）水泥窑协同处置废物产生的渗滤液和清洗废水，宜直接喷入水泥窑内焚烧处置，或单独设置污水处理装置达标后回用。严禁将未经处理的渗滤液及废水以任何形式直接排放。

五、二次污染防治

（一）水泥窑旁路放风排气筒大气污染物排放限值应满足《水泥窑协同处置固体废物污染控制标准》（GB 30485）的要求。

（二）生活垃圾和城市污水处理厂污泥的贮存设施应有良好的防渗性能并设置污水收集装置；贮存设施应保证其中有生活垃圾或污泥存放时处于负压状态，产生的臭气应送入水泥窑高温区焚烧处理或经其他措施处理后达标排放。

（三）采用选择性非催化还原（SNCR）技术控制 NO_x 排放，应采取控制氨逃逸措施。

六、鼓励研发的新技术

（一）协同处置废物的同时，可降低 NO_x 等污染物产生量的新型干法窑工艺技术。

（二）提高协同处置废物量的水泥窑资源化利用技术。

（三）水泥窑协同处置废物的环境风险评估技术。

（四）新型干法水泥窑高效烟气脱硝技术。

（五）粉尘、二氧化硫、氮氧化物、汞等污染物高效协同脱除技术。

（六）烟气中汞等重金属在线监测技术。

（七）二噁英的快速及在线监测技术。

（八）协同处置废物水泥窑氯含量高的处理处置技术。

附录 2　国内外垃圾收运和处置案例

一、国内案例分析

自国家公布第一批生活垃圾分类试点城市以来，众多地区如火如荼地开展垃圾分类回收工作，积极尝试摸索适合自身的分类回收模式。从整体来看，由于推进时间较短、民众分类意识还未得到明显的提升，垃圾分类工作大多处于布设了垃圾分类收集设施但实施效果有待提升的阶段。

从 2015 年起，国家有关部委将"两网融合"发展作为垃圾处理的下一步工作重点。随着"十三五"时期工作的展开，逐步涌现出一批垃圾分类推行效果较好的城市和乡村案例。它们或在垃圾源头分类或在资源化处置或在运营管理上，都表现出可借鉴的闪光点。

总体来讲，广州、北京垃圾分类工作推进力度明显，注重实现再生资源的产业化处置，成为城市推进"两网融合"体系建设工作中的"领头羊"；金华农村推行"能烂"和"不能烂"的垃圾分类方法，极大地调动了农民参与的积极性，开创了农村施行垃圾分类的先例；台北由于开展垃圾分类工作较早，奖惩机制建立完善，倒逼民众减少垃圾产生量、提高分类积极性，实现"垃圾分类"、"资源回收"和"垃圾清运"三项工作的同时完成，"两网融合"体系建设程度较高。

处置模式方面，受消费习惯影响，中国城市生活垃圾主要由有机物质组成（厨房垃圾占比高达 60%），含水率高，所以如何将餐厨垃圾进行有效的回收处置成为垃圾收运工作的重点和难点。在城区，多以建立规范化的餐厨垃圾收运体系进行资源化处置为主。在乡村，能否实现就地资源化、实现餐厨垃圾足不出户成为关键，上海、金华和安乡的农村上交了优异的答卷。中国主要城市生活垃圾组分情况如附表 1 所示。

运营管理方面和体制机制建设方面亦有许多可圈可点的地方。运营管理方面，垃圾清运和再生资源回收的各主管部门间正逐步开展合作，并开始探索政府购买服务或 PPP 等市场化运营模式。奖惩机制方面，目前各地区多以奖励机制为主，对民众积极性的调动由于区域经济发展水平不同而不同；广州和深圳已出台惩罚相关政策，但实际执行中遭遇困难只能暂时搁置。国内部分城市生活垃圾分类处理处置基本情况如附表 2 所示。

水泥窑协同处置生活垃圾关键技术及城乡统一体化应用

附表 1　中国主要城市生活垃圾组分情况

单位：%

组分／城市	有机物质	纸类	塑料	玻璃	金属	纺织纤维	木材	其他
北京	66.20	10.90	13.10	1.00	0.40	1.20	3.30	3.90
上海	72.49	6.01	13.79	3.09	0.24	2.14	1.88	0.36
深圳	44.10	15.34	21.72	2.53	0.47	7.40	1.41	7.03
广州	31.35	8.36	21.86	3.10	0.37	13.44	10.32	11.20
杭州	52.96	6.66	5.71	2.72	4.02	4.00	12.27	11.66
台北	19.02	41.65	23.85	4.00	0.97	5.49	2.42	2.60

附表 2　国内部分城市生活垃圾分类处理处置基本情况汇总

地区	民众分类意识	垃圾组分	分类方式	处置方式	运营管理	奖惩机制	总体评价
北京市	中；政府重视，引导民众参与	有机物质占比为66.2%，废塑料和纸类占比分别为13.1%和10.9%	可回收厨余垃圾、可回收垃圾和其他垃圾	可回收厨余垃圾：资源化处理；可回收垃圾：再生利用；其他垃圾：焚烧和填埋	政府主导：负责垃圾清运处理主要环节；民营资本参与：负责厨余垃圾资源化利用及垃圾焚烧发电厂营运等		
上海市	中；政府重视，引导民众参与	有机物质占比为72.49%，废塑料和纸类占比分别为13.79%和6.01%	可回收物、有害垃圾、湿垃圾和干垃圾	可回收物：再生利用；有害垃圾：无害化处置；社区湿垃圾回收后通过高温细分拣、粉碎、添加辅料、高温堆肥发酵的方式进行处理，通过建立"一村多点（收集一村一点）""一镇一站（压缩站）"的末端处置设施，型积肥池，积肥还田；干垃圾：收运后以填埋和焚烧作为主要处置措施	政府主导：负责垃圾清运处理主要环节；民营资本参与：负责回收垃圾收运及处理环节	"绿色账户卡"与"阿拉环保卡"两卡合一，叠加垃圾双重积分，分类和资源回收积分，换取油、盐、酱、醋等各类生活必需品	①多部门协同合作，推行垃圾干湿分类和就地资源化处置，垃圾减量化效果明显；②多种激励手段叠加，提高民众参与的积极性

地区	民众分类意识	垃圾组分	分类方式	处置方式	运营管理	奖惩机制	总体评价
广州市	高;政府重视,民众积极参与	有机物质占比为31.35%,废塑料和纺织纤维占比分别为21.86%和13.44%	按照"能卖拿去卖,有害单独放,干湿要分开"的分类原则,餐厨垃圾、可回收物,有害垃圾和其他垃圾四大类	可回收物:通过"垃圾收集一中转一分拣一集散处理"系统将可回收垃圾进行再生回用;餐厨垃圾:堆肥;有害垃圾:无害化处理;其他垃圾:填埋或焚烧	政府主导:负责垃圾清运处理主要环节;民营资本参与:负责可回收垃圾和厨余垃圾末端处置	对于不按分类投放生活垃圾的个人或单位,对个人处以以200元以下罚款,单位处以5 000元以上5万元以下罚款;对废玻璃、废木质、废塑料等八类低值可回收物以90元/t 作为政府购买企业回收元/t 作为政府购买服务的标准	多部门协同协作力度大,政府投资力度大,推行PPP模式运作,建立相对规范的"两网融合"体系,再生资源实现产业化再生利用。奖惩机制共设,不断提升体系的完善程度
深圳市	高;政府重视,社会组织协助垃圾分类与宣传	有机物占比为44.1%,废塑料和纸类占比分别为21.72%和15.34%	可回收物、有害垃圾及其他垃圾	可回收物:通过废旧品回收站收集后进入再生资源加工企业进行再生回用;有害垃圾:进行无害化处理;其他垃圾:餐厨垃圾通过用于养猪饲料,其他垃圾则通过进入垃圾处理中心进行焚烧或填埋处理	政府主导:负责垃圾清运与处理主要环节;民营资本参与:负责餐厨垃圾的清运与处置;公众参与:志愿者团队参与宣传垃圾分类	《生活垃圾分类设施设备配置规程》《住宅区生活垃圾分类操作规程》《深圳市生活垃圾分类和减量管理办法》和《深圳市生活垃圾分类实施方案(2015—2020)》	多部门之间协同协作力度较高,推行PPP运营模式,实施"互联网+"O2O回收模式,领先制定垃圾分类惩处机制,各垃圾组分(尤其是餐厨垃圾分类)实现规范化处置
苏州市	中;政府重视,引导民众参与	—	采取"近期大分流,远期细分类"的生活垃圾分类模式。大分流是按照生活垃圾的属性专项分流为餐厨垃圾、建筑垃圾、园林绿化垃圾、农贸市场有机垃圾和日常生活垃圾;细分类是将日常生活垃圾再进一步细分为可回收物、有害垃圾、易腐垃圾和其他垃圾	可回收物:回收再利用;有害垃圾:集中运至有资质的处置单位最终处置;易腐垃圾:用于生产生物柴油和沼气;其他垃圾:以填埋和焚烧处理为主	政府主导:负责垃圾运与处理主要环节;国有企业参与:负责可回收物的收运与再生处理	使用其他行政区域的生活垃圾终端处置设施的行政区域,应当根据生活垃圾处置数量,向终端处置设施所在的行政区域支付环境补偿费。市财政行政主管部门会同市容环境卫生等相关行政主管部门制定并调整生活垃圾跨区域处置环境补偿办法	①初步建成生活大分流、近期大分流,远期细分类的体系,试点垃圾分类与再生资源回收"两网合一";②率先突出实施生活垃圾跨区域处置与补偿,区域处置环境保障制度、政策保障机制较为健全

地区	民众分类意识	垃圾组分	分类方式	处置方式	运营管理	奖惩机制	总体评价
金华市	中；政府重视，引导民众参与	—	"两分法+四处理"模式，即农户以此分类："能烂"和"不能烂"；村二次分类：可回收利用、有毒有害、可沤肥、其他等	有机垃圾：建设太阳能处理房，实现沤肥处理，就地处理效果明显；可回收垃圾：废品站有偿回收；有害垃圾：村统一回收，其他垃圾：填埋或焚烧	政府主导：负责垃圾分类回收与处置的主要环节；民营资本参与：负责二级分类垃圾分类与清运	财政给予奖励补助，每年安排长效管理资金2 000万元，对处理设施按农村人口给予一次性补助；设立共建美丽家园维护基金，村民和商户自愿缴纳费用	①垃圾分类方式方式接地气，激发农民参与兴趣；②有机垃圾实现就地减量化，减少清运压力；③政府投资力度大，第三方企业参与运营环节
安乡县	中；政府重视，引导民众参与	—	可回收垃圾、可利用垃圾和有毒有害垃圾	将能沤肥的1/3有机垃圾放入热水沤肥；能焚烧的1/3可焚烧垃圾池焚烧；能回收的1/3可回收垃圾有害部分集中处理，无害部分装桶集中处理，无害部分装袋统一销售	政府主导：负责垃圾分类回收与处置的主要环节；集体企业参与：回收物的清运及处理	在收费方面，坚持"谁污染、谁负责、谁受益谁出钱"的原则，实行垃圾按量收费，即每个农户每月上交定量垃圾，不足部分收取一定费用，超量部分实行物质兑付；对清洁户给予肥皂、扫帚等价值10~20元的物质奖励	①农村实施"三个三分之一"的垃圾分类处理模式，实现垃圾不出村，减量化效果明显；②对再生资源施行专业化上门回收，辅以积分换购的激励方式，大大提高公众参与的积极性
台北市	高；行政主管部门重视，引导民众积极参与	有机物质占比为19.02%，废塑料和纸类占比分别为23.85%和41.65%	可回收资源、厨余资源、一般垃圾	可回收资源：回收利用；厨余资源：分"养猪厨余"和"堆肥厨余"，其中养猪厨余经过预处理、高温蒸煮后便可用于喂猪，堆肥厨余则经专业处理后制成肥料或土壤改良剂；一般垃圾：进入台北市3座垃圾焚烧发电厂焚烧处理，焚烧产生的飞灰采用填埋处理，底渣则进行回收利用	行政主管部门主导：负责垃圾分类与处置的主要环节；民营资本参与：民营资本参与的生产及垃圾专用垃圾袋的生产及垃圾焚烧发电厂营运	未依照规定进行垃圾分类的民众，可罚款新台币1 200~6 000元，检举奖金则为罚款的20%；伪造专用垃圾袋者，除可罚款新台币1 000万元外，还处以2~7年拘役；贩卖伪造垃圾袋者，除可罚款新台币3万~10万元外，还处以1~7年拘役；检举伪造制造的民众最高奖金为新台币50万元	①行政主管部门主导运营管理，实施"垃圾不落地+垃圾费随袋征收"政策，制定严格的体制机制，完善的生产政策、处罚措施，倒逼民众减少垃圾产生量和提高分类的积极性；②多类资源得到规范化、资源化处置，实现垃圾"零填埋"

案例一　北京市

总体评价：市场化运作，智能化和信息化管理，实现各类废弃资源的产业化再生利用。

分类回收与处置：北京市出台《北京市生活垃圾管理条例》，将生活垃圾按照可回收厨余垃圾、可回收垃圾和其他垃圾进行分类。针对不同类别的垃圾，北京市制定了不同的处置方法。通过"垃圾智能分类"系统回收厨余垃圾和其他可回收垃圾，其中，厨余垃圾被收运至北京市朝阳区循环经济产业园内的高安屯餐厨废弃物资源化处理中心处理，其他可回收垃圾被收运至北京市京内循环园区总部与京外再生资源综合利用基地组成的"1+N"模式的国家级城市矿产示范基地，搭建固体废物综合性一体化处置平台。此外，北京环卫集团在江苏响水建设了废纸回收利用基地，在社区回收的废纸将打包运往响水进行加工利用；在河北玉田建设了废旧橡胶利用基地，目前通过单位集中收运的轮胎已经正式运往玉田进行处置，废橡胶改性沥青、环保再生胶加工等项目已经落地。其他垃圾采用焚烧与填埋相结合的方式进行处理处置。

运营管理：以政府为主导，在垃圾末端处置环节引入民营资本参与，有效提高再生资源回收利用率。北京市垃圾收运环节中，民营资本较少参与，但是在生活垃圾末端处置环节，民营资本在餐厨垃圾处置及焚烧处理中起了重要作用。北京市生活垃圾管理体系如附图 1 所示。

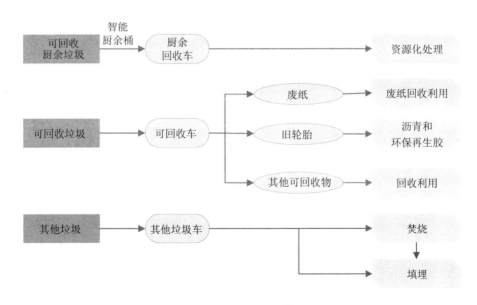

附图 1　北京市生活垃圾管理体系

奖惩机制：积分兑换财物鼓励市民开展垃圾分类。借助"垃圾智能分类"系统，厨余垃圾和可回收垃圾进入系统后，市民都能获得积分，如厨余垃圾投入"智能厨余桶"后，可以获得 5 个积分。随着积分累计，用户可将积分用于兑换购物卡、手机充值卡，甚至可直接换取现金（1 个积分相当于 1 分钱）。

垃圾处置效果：试点小区垃圾分类达标率高，生活垃圾无害化处理率提高。2015年，试点小区垃圾分类达标率达 80%，生活垃圾资源化率达 55%，全市生活垃圾无害化处理率提高到 99.6%。

案例二　上海市

总体评价：推进城乡垃圾统筹处理。多部门协同合作，推行垃圾干湿分类和就地资源化处置，垃圾减量化效果明显；多种激励手段叠加，提高民众参与的积极性。

垃圾分类与处置：根据《上海市促进生活垃圾分类减量办法》，生活垃圾分为可回收物、有害垃圾、湿垃圾和干垃圾，对不同类别垃圾分类清运与处置。松江区在开展生活垃圾分类工作中，出台了《关于建立松江区废品分类回收物流体系的试行方案》，试点整合商务与城市绿化等部门的协同处理垃圾模式，构建上海净通再生资源利用有限公司与上海鑫泾废旧物资回收有限公司参与的再生资源体系，实现再生资源回用。对有害垃圾收运后进行无害化处置。社区湿垃圾回收后通过分拣、粉碎、添加辅料、高温细化和堆肥发酵的方式进行处理，缩短有机肥形成周期，提高肥力。干垃圾收运后以填埋和焚烧作为主要处理措施。在松江区的农村地区，设置可回收垃圾堆放区域和湿垃圾处理机等，对可回收物的处置方式主要有两种：一是分拣员自行出售，二是对于低价值可回收物，由镇环卫所统一运至集中仓储点纳入销售渠道，所得经费全部返还给分拣人员；对湿垃圾，通过建立"一镇一站（压缩站）、一村多点（收集点）"的末端处置设施，在田头建设小型积肥池，实现农村有机垃圾就地消纳"不出村"、积肥还田的资源化利用。

运营管理：政府主导，尝试引入民营资本进入可回收垃圾收运与处理环节。上海市生活垃圾的收运与处置仍以政府为主导，在可回收物收运与处理环节，试点培育社会企业和集体企业参与回收，但整体而言，市场化程度偏低。上海市生活垃圾管理体系如附图 2 所示。

奖惩机制：通过积分换财物的方式鼓励生活垃圾分类。通过"绿色账户卡"与"阿拉环保卡"的两卡合一，叠加垃圾分类和资源回收双重积分，利用卡上的积分换取油、盐、酱、醋等各类生活必需品，以此提高市民积极性，促进垃圾分类回收习惯的养成。针对纸板、报纸、塑料、玻璃等低回收值物品回收困难的问题，上海市研究推出低价值可回收物的补贴政策，即把垃圾减量的补贴用于低价值回收物回收清运的补贴政策。

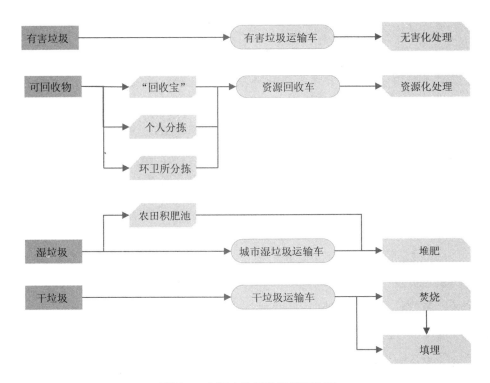

附图 2　上海市生活垃圾管理体系

垃圾处置效果：垃圾减量化取得一定成效，湿垃圾得到有效处理。全市生活垃圾日均末端处理量从 2011 年的 18 902 t 下降到 2015 年的 16 435 t，每天有近 2 200 t 湿垃圾经分类得到资源化处理。

案例三　广州市

总体评价：推行城乡垃圾统筹处理。政府投资力度大，多部门合作力度高，推行 PPP 模式运作，建立起相对规范的"两网融合"体系，再生资源实现产业化再生利用。奖惩机制共设，不断提升体系的完善程度。

垃圾分类与处置：根据《广州市生活垃圾分类管理条例》，将生活垃圾分为可回收物、餐厨垃圾、有害垃圾和其他垃圾四大类，鼓励单位和个人在有处理条件的区域和场所，在前款规定（《广州市生活垃圾分类管理规定》）的基础上对生活垃圾进行更为精准的分类。已分类投放的生活垃圾应当分类收集、分类运输、分类处置。区城市管理行政主管部门应当建立生活垃圾转运机制，合理布局并按照有关规定和标准建设生活垃圾转运站，规范生活垃圾转运作业的时间、路线和操作规程，做好环境污染防治工作。生活垃圾应当采取下列方式进行分类处置：有害垃圾由具有危险废物处置经营许可证的单位进行无害化处置；可回收物由再生资源回收利用企业或者资源综合利用企业采用循环利用的方式进行处置；废弃食用油脂由特许经营企业进行处置；餐饮垃圾由特许经营企业进行处置或者按规定就近就地自行处置；厨余垃圾以及集贸市场、超市的有机易腐垃圾由具有经营许可证的处置单位进行处置或者按规定就近就地自行处置；其他垃圾由具有经营许可证的处置单位进行无害化焚烧，超过无害化焚烧能力或者因紧急情况不能焚烧的，可以进行应急卫生填埋。

广州市政府对垃圾分类的财政投入巨大，出资购置 454 台餐厨垃圾专运车和有害垃圾专运车参与垃圾分类收运，并优化分类收运线路 704 条，升级改造压缩站 91 座，建立有害垃圾临时储存库 60 个，强化有害垃圾监督管理。在可回收垃圾收运与处置环节，尤其重视对低值可回收垃圾的收运与处置：建设了 3 个废玻璃资源化处理中心、1 个废塑料（袋）资源化处理项目、4 个木质废弃物资源化处理中心、1 个大件废旧家具拆解中心和园林废弃物回收处理中心。将垃圾与低值可回收物分类收集和储运。在农村生活垃圾处理方面，所有乡镇均完成"一村一点（收集点），一镇一站（压缩站）"建设，建立了"户分类、村收集、镇运输、市（区）处理"的农村垃圾收运体系，实现了可回收物和有害垃圾定期收集、餐厨垃圾和其他垃圾每日定时收集。广州市生活垃圾分类情况如附表 3 所示。

附表 3　广州市生活垃圾分类情况

分类	可回收物	有害垃圾	餐厨垃圾	其他垃圾
主要垃圾	纸类、塑料、金属、玻璃、木料和织物等	废充电电池、废扣式电池、废灯管、弃置药品、废杀虫剂（容器）、废油漆（容器）、废日用化学品、废水银产品等	废弃的食品、蔬菜、瓜果皮核以及家庭产生的花草、落叶等	废弃卫生巾、一次性纸尿布、餐巾纸、烟蒂、清扫渣土等

运营管理：政府主导，重视供销社和环卫系统协同处置生活垃圾，发挥政府与市场及政府与社会的结合作用收运可回收物。广州市垃圾分类回收与处置的参与部门以供销社和环卫系统为主，同时引入社会和市场力量，组织再生资源回收公司"收编"收购废品的人员，到社区、住户家庭收购回收物品，保证居民家庭产生的可回收物"能卖拿去卖"。广州市生活垃圾管理体系如附图 3 所示。

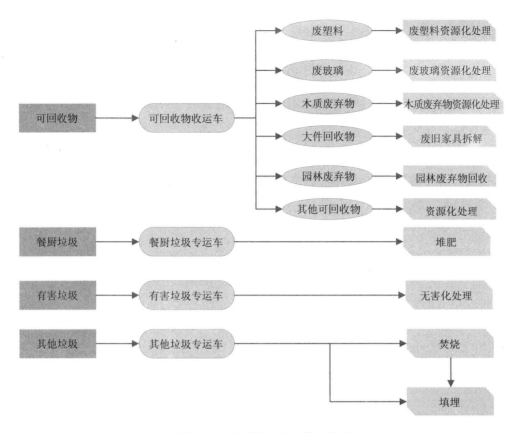

附图3　广州市生活垃圾管理体系

　　奖惩机制：推行处罚措施保障垃圾分类政策执行，补贴低值可回收垃圾回收处理服务费用。《广州市生活垃圾分类管理条例》明确规定，个人未按规定将生活垃圾分类投放到指定的收集点或者收集容器内的，由城市管理综合执法机关责令改正，处二百元以下的罚款；单位未按规定投放生活垃圾，交付收集单位的生活垃圾不符合分类标准的，处五千元以上五万元以下的罚款，并在市政府电子政务信息平台公布处罚结果。根据《广州市购买低值可回收物回收处理服务管理试行办法》，对废玻璃、废木质、废塑料等八类低值可回收物以 90 元/t 作为政府购买企业回收处理服务的标准，鼓励再生资源回收企业进入垃圾分类前端进行回收业务。

　　垃圾处置效果：有效减少进入终端处置的低值可回收物和餐厨垃圾。通过"两网融合"工作的推进，实现了城市生活垃圾的减量化和资源化，进入终端处置之前的垃圾中有 40%的低值可回收物和 40%的餐厨废弃物被分离出来，纳入了资源回收轨道，成为循环利用的再生资源，从而使进入终端处置的真正垃圾减少到总量的20%，最大限度地减少垃圾的填埋量和焚烧量。

案例四　深圳市

总体评价：多部门之间协作力度较高，推行 PPP 运营模式，实施"互联网+垃圾分类"O2O 回收模式，领先制定垃圾分类惩处机制。各垃圾组分（尤其是餐厨垃圾）实现规范化处置。

垃圾分类与处置：根据《深圳市生活垃圾分类和减量管理办法》，生活垃圾分为可回收物、有害垃圾及其他垃圾三类，不同垃圾收运处理过程如附图 4 所示。可回收物通过废旧品回收站收集后进入再生资源加工企业再生回用，有害垃圾进行无害化处理，其他垃圾中的厨余垃圾通过堆肥处理，其他垃圾则通过垃圾中转站处理后进入垃圾处理中心进行焚烧或填埋处理。宝安区宝安新村探索厨余垃圾的收运处置新模式：生活垃圾由民营企业深圳英尔科技公司承运，运用智能回收机对厨余垃圾进行回收和称重，保证前端干湿分离，提高再生资源与其他垃圾的资源化效率和质量；回收的厨余垃圾由英尔公司先进行脱水处理，再送往大树生物公司进行处理，生产有机肥。

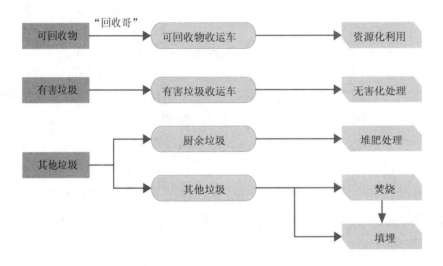

附图 4　深圳市生活垃圾管理体系

运营模式：政府主导，在可回收垃圾处理环节引入民营资本进行收运与处置，并鼓励志愿者参与垃圾分类宣传工作，逐步形成政府、市场和社会结合的垃圾分类收运与处置模式。在可回收物回收方面，深圳市政府与民营企业合作，推出"回收哥"O2O 电商平台，实现可回收物上门回收服务，同时在厨余垃圾处理方面，引入民营企业参与处置，有效减少进入末端处理系统的可回收物。深圳市政府重视公众垃圾分类意识的培养，鼓励"蓝马甲"（生活垃圾分类和减量志愿者服务队）深入社区开展生活垃圾减量和分类宣传教育活动，对公众垃圾分类意识的提高起了很大的作用。

奖惩机制：推行处罚措施保障垃圾分类政策执行。深圳市政府出台《深圳市生活垃圾分类和减量管理办法》，对单位或个人未分类投放或者未按规定分类投放生活垃圾的，由主管部门责令其改正；拒不改正的，对个人处 50 元罚款，情节严重的，处 100 元罚款；对单位处 1 000 元罚款。市城管部门表示，新规并不是马上开罚，而是有一个宣传的过程，让居民熟悉法律，熟悉生活变化。

垃圾处置效果：垃圾分类回收取得预期成效。据统计，深圳 2015 年回收废电池约 55 t、废荧光灯管约 30 000 支，回收各类可回收物 700 多 t，回收废旧织物 1 357 t。

案例五　苏州市

总体评价：初步建成生活垃圾"近期大分流，远期细分类"的体系，试点垃圾分类与再生资源回收"两网合一"；率先突出垃圾跨区域处置环境补偿制度，政策保障机制较为健全。

垃圾分类与处置：根据《苏州市生活垃圾分类促进办法》（以下简称《办法》），苏州市将生活垃圾细分为可回收物、有害垃圾、易腐垃圾和其他垃圾（如附表 4 所示）。在具体实施中，苏州市采取"近期大分流，远期细分类"的生活垃圾分类模式：大分流是按照生活垃圾的属性进行专项分流，将餐厨垃圾、建筑垃圾、园林绿化垃圾、农贸市场有机垃圾和日常生活垃圾分类投放、分类运输、分类利用和处置；细分类是将日常生活垃圾再进一步细分成有害垃圾、可回收物和其他垃圾，目前在有条件的场所可以将其他垃圾进一步细分成易腐垃圾和其他垃圾（如附图 5 所示）。对不同种类的垃圾进行分类处理。可回收物由市供销合作总社（国有企业苏州市再生资源投资发展有限公司）负责收集，从居民区开始，建立了社区回收点—中心分拣站—再生资源产业园三级回收网络体系，提高了可回收物的再利用效率。目前已建成固定回收网点 53 个、中心分拣站 4 个，并配备流动回收车 45 台，启动了"固定、流动、在线"三位一体的回收网络建设。有害垃圾由市容环卫部门收集后进行临时存储，经统一收集后集中运至具有资质的处置单位最终处置。为提升有害垃圾收集效率，市容环卫部门研发了有害垃圾专用收集箱，确保易碎、易散有害垃圾在收集过程中的完整性。易腐垃圾用于生产生物柴油和沼气，其他垃圾以填埋和焚烧处理为主。《办法》的制定把农村生活垃圾也纳入共同治理体系，第二十一条对农村可堆肥垃圾进行了特别规定："农村地区对可堆肥垃圾进行就地资源化利用,积极推行就地生态处理和沤肥还田,实现生活垃圾减量。"同时鼓励定时、定点、定类收集和运输生活垃圾,但是不得将已经分类投放的生活垃圾混合收集、运输。

附表4 苏州市生活垃圾分类情况

分类	可回收物	有害垃圾	易腐垃圾	其他垃圾
主要垃圾	纸类、塑料制品、玻璃、金属、纺织物、家具、家用电器和电子产品等固体废物	废旧日用小电子产品、废油漆、废灯管、废日用化学品、过期药品、废水银产品、废镍镉电池和氧化汞电池等固体废物	食品加工废料、食物残余、瓜皮果壳、废弃食用油脂、枯枝烂叶、谷壳、藤蔓等居民厨余垃圾、农贸市场有机垃圾、农村可堆肥垃圾	除可回收物、有害垃圾、易腐垃圾之外的不能单独收集的被污染的纸类、塑料制品、纺织物和灰土等固体废物

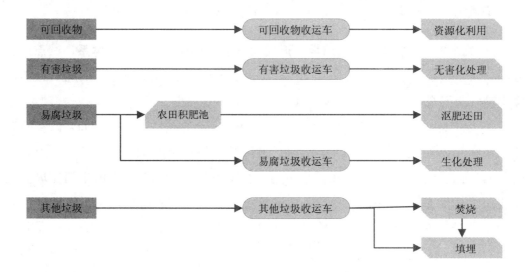

附图5 苏州市生活垃圾管理体系

运营管理:政府主导,国有企业参与资源回收环节。苏州市生活垃圾收运与处置主要是供销社和市容环卫部门共同参与,国有企业苏州市再生资源投资发展有限公司参与可回收垃圾的回收与处理。

奖惩机制:通过环境补偿和奖励措施鼓励市民开展垃圾分类。《办法》提出"环境补偿和奖励"的制度,即生活垃圾跨区域处置环境补偿制度:使用其他行政区域的生活垃圾终端处置设施的行政区域,应当根据生活垃圾处置数量,向终端处置设施所在的行政区域支付环境补偿费。市财政行政主管部门会同市容环境卫生等相关行政主管部门制定并调整生活垃圾跨区域处置环境补偿办法。

垃圾处置效果：**有效控制垃圾增长率**。苏州市进入生活垃圾终端处置的原生垃圾的增长率由 2010 年的 10.48% 降为 2012 年的 2.38%。《苏州市生活垃圾分类促进办法》实施后，进入终端处置的垃圾增长率得到进一步降低。

案例六 金华市

总体评价：农村垃圾源头分类接地气，创造性提出"两分法+四处理"模式；政府主导运营管理且投资力度大，建立财政补贴和共建美丽家园维护基金等多种激励方式，有机垃圾实现就地减量化、不出村，垃圾分类回收效果明显。

分类回收与处置：2018 年 3 月 31 日，金华市出台《金华市农村生活垃圾分类管理条例》，指导垃圾分类回收及处置工作（附图 6）。分类总体施行"两次四分法"模式，将农村生活垃圾分为易腐垃圾（俗称"会烂垃圾"）、可回收物（俗称"好卖垃圾"）、有害垃圾和其他垃圾四类。生活垃圾产生者以是否易腐烂为标准，将生活垃圾初步分为会烂和不会烂两类，分别投放至相应的垃圾收集容器内；垃圾分拣员或者收集、运输经营者对不会烂垃圾，以能否回收和是否有害为标准进行二次分类，细分为可回收物、有害垃圾和其他垃圾，分别投放至规定的收集容器内或者集中存放点。同时，对不同种类生活垃圾组分采取"四处理"方法：易腐垃圾交由生活垃圾资源化处理设施运营管理者进行资源化处理；可回收物交由再生资源回收经营者或者资源综合利用企业处理；有害垃圾交由符合国家或者省规定条件的处置经营者进行无害化处理；其他垃圾交由市、县（市、区）人民政府指定的生活垃圾处置企业采取焚烧、填埋等方式处理。

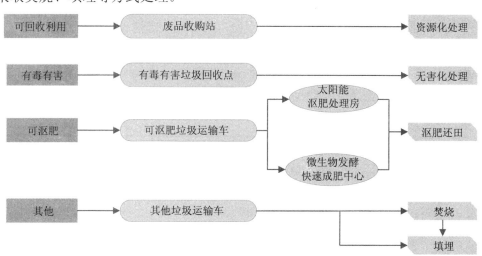

附图 6 金华市生活垃圾管理体系

运营管理：由政府主导过渡为政府监管与第三方服务的管理模式。为提高垃圾分类后的收运效果，金华市原"户一级分类+村收集二级分类+镇清运处理"的收运体系向"户一级分类+第三方企业二级分类与清运+镇处理"模式转变，通过引入第三方企业参与到生活垃圾的清运过程，将保洁工作推向市场运作以提高垃圾分类处理效率。

奖惩机制：财政补贴与民众集资双重力量推动。根据《市区农村生活垃圾分类减量工作专题会议纪要》，金华市财政部门对各区农村生活垃圾分类减量给予奖励补助，其中终端处理设施给予每个行政村一次性补助 5 万元，其他配套设施按人口一次性补助 20 元，每年安排长效管理资金 2 000 万元，以上财政补助资金区级均为 1：1 配套。在此基础上，设立了共建美丽家园维护基金，农户每人每年自愿上交 10～30 元，商户每年上交 200～500 元不等，还有部分企业的捐助，这部分基金用于垃圾分类制度的长效实施、农户的奖励等，使用情况定期在村务公开栏公示。

处置效果：垃圾减量效果明显，经济效益显著。金华市在农村推行生活垃圾分类回收后，对促进村民垃圾分类意识的形成有积极影响，生活垃圾分类后可减量 70%，每年可减少清运处理费 4 000 万元，并每年产出有机肥 2.5 万 t，节约化肥购买费 3 000 万元。

案例七　安乡县

总体评价：农村实施"三个三分之一"的垃圾分类处理模式，实现垃圾不出村，减量化效果明显，但焚烧部分垃圾的处置方式并不适合所有区域；对再生资源施行专业化上门回收，辅以积分换购的激励方式，大大提高公众参与的积极性。

垃圾分类与处置：安乡县结合自身实际情况，将农村生活垃圾分为三类（如附表 5 所示），采用 3 种方式分别进行处理（如附图 7 所示）。在垃圾分类方面，第一类为可沤肥有机垃圾，包括青菜叶、瓜果皮、鸡粪便、餐桌垃圾等；第二类为可焚烧垃圾，包括塑料袋、废纸片、枯枝败叶、农药包装、一次性筷子等；第三类为可回收垃圾，包括废包装纸盒、白（啤）酒瓶、废烟花、废旧金属、一次性碗杯、农药瓶等。在垃圾处理方面，利用每户配备的"一池一坑一桶一袋"，将能沤肥的 1/3 有机垃圾放入热水坑沤肥；能焚烧的 1/3 可焚烧垃圾放入焚烧池焚烧；能回收的 1/3 可回收垃圾有害部分桶装集中处理，无害部分袋装统一销售。

附表 5 安乡县生活垃圾分类情况

类别	主要废旧物品
可回收垃圾	废纸、废布料、废旧橡胶、废旧塑料、废旧金属、废旧玻璃、废弃农用膜、废旧家电、废旧渔网等
可利用垃圾	厨余物、秸秆、烂果子、果皮、杂草等
有毒有害垃圾	农药瓶、废电池、节能灯管、水银温度计、油漆桶、过期药品、化妆品等

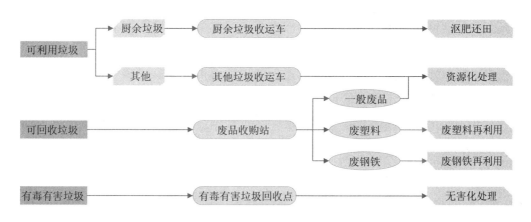

附图 7 安乡县生活垃圾管理体系

运营管理：以政府为主导，市场化程度较低，民营资本参与较少。在资源回收方面，安乡县由县供销社成立专门的收购公司，全面实现村收购、乡集中、县调运，实现再生资源的有效回收。在此过程中，政府仍发挥主导作用，民营资本参与较少。

奖惩机制：收费与奖励并存。在收费方面，坚持"谁污染谁负责、谁受益谁出钱"的原则，实行按量收费，即每个农户每月上交定量垃圾，不足部分收取一定费用，超量部分实行物质兑付；在奖励方面，通过开展环境卫生评比工作，对清洁户给予肥皂、扫帚等价值 10～20 元的物质奖励，有效提升了群众的荣誉感和参与度。

垃圾处置效果：垃圾减量效果显著，公众垃圾分类意识逐步提高。安乡县大部分村庄基本完成了生活垃圾整治工作，村民环保意识逐渐增强，试点村庄实现生活垃圾减量 90%以上，无害化处理率可达 90%以上。预计到 2019 年，可再生资源回收率达到 85%、餐厨废弃物资源化利用率达到 70%、推行生活垃圾分类收集的行政村比例达到 90%、餐饮企业废弃物集中回收率达到 70%。

案例八 台北市

总体评价：行政主管部门主导运营管理，实施"垃圾不落地+垃圾费随袋征收"

政策，制定条例，处罚措施严厉，完善的体制机制倒逼民众减少垃圾产生量并提高民众垃圾分类的积极性；多类资源得到规范化、资源化处置，实现垃圾"零填埋"。

分类回收与处置：台北市分别于 1996 年和 2000 年推出了针对垃圾分类与回收的"垃圾不落地"和"垃圾费随袋征收"政策。台北市开始实施"垃圾不落地"政策后，将垃圾按照可回收资源、厨余资源和一般垃圾进行分类。设置资源回收车、厨余回收车、一般垃圾车等"定时定点"分类收运生活垃圾。"垃圾费随袋征收"制度要求居民投放一般垃圾必须使用专用垃圾袋，行政主管部门根据垃圾体量的多少制定了 6 种规格的专用垃圾袋，价格为每升新台币 5 毛，此售价是该规格垃圾在收集、清运及处理所需的成本，不包含垃圾袋制作及销售成本。因此，垃圾量越少，需要使用的垃圾袋越小、越少，需要缴付的垃圾费也就越少，这一方面鼓励民众减少垃圾产生量，另一方面刺激民众对垃圾进行严格分类，减少一般垃圾体量。

台北市对可回收资源与厨余资源的清运处理不收取费用。在可回收资源方面，形成了社区民众、回收再生厂、地方行政主管部门、回收基金四位一体的循环回收链，其中由生产可回收用品的企业预缴的回收基金用于补贴回收过程所需费用；在厨余资源方面，分为"养猪厨余"（一般家庭剩菜剩饭）和"堆肥厨余"（未经烹调的菜根菜叶垃圾），其中养猪厨余公开标售给合格养猪户，经过预处理、高温蒸煮后便可用于喂猪，堆肥厨余则经专业处理后制成肥料或土壤改良剂。一般垃圾则进入台北市 3 座垃圾焚烧发电厂焚烧处理，焚烧产生飞灰采用填埋处理，底渣则进行回收利用。台北市生活垃圾管理体系见附图 8。

运营模式：充分发挥政府和市场的优势，在垃圾收运与末端处置环节引入民营资本，实现政府与市场的有效结合。台北市生活垃圾分类与收运由市环境主管部门负责，但是为了推行"垃圾费随袋征收"制度，引入民营资本企业生产专用分类垃圾袋，同时在垃圾末端处置环节，通过"公办民营"方式由台北市行政主管部门建设了八里垃圾焚烧厂，由社会企业参与营运。

奖惩机制：严厉的处罚措施保证垃圾强制分类。台北市行政主管部门制定条例，对未按规定实施垃圾分类的行为人及伪造专用塑料袋等行为制定了严厉的处罚措施：未依照规定进行垃圾分类的民众，市行政主管部门会开出新台币 1 200～6 000 元的罚单，检举奖金则为罚款的 20%；针对伪造专用垃圾袋者，除可罚款新台币 1 000 万元外，还会处以 2～7 年拘禁；贩卖伪造垃圾袋者，除可罚款新台币 3 万～10 万元外，还会处以 1～7 年拘禁；检举伪袋制造的民众最高奖金为新台币 50 万元。

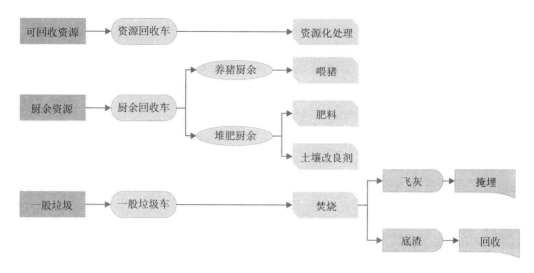

附图 8　台北市生活垃圾管理体系

　　垃圾处置效果：垃圾减量效果显著，实现"垃圾零填埋"。 经过数十年的努力，台北市的资源回收率从 1999 年的 2.4% 提升至 47.7%，家庭垃圾产生量由每天 2 970 t 降至每天 986 t，减幅达 66%，居民人均每日产生的垃圾量由原来的 1.14 kg 减少至 0.37 kg，每户每月垃圾费由原来 144 元新台币降到不足 40 元新台币，使得台北成为世界上唯一实现"垃圾零掩埋"的大都市。

二、国外案例分析

　　在国外，大多数发达国家开展生活垃圾分类的工作较早，民众主动分类的意识已逐步形成，目前垃圾分类收集作业也已达到很高的水平（如附表 6 所示）。

　　通过实现源头减量使得末端处理压力不断降低，面向不同垃圾组分开展因地制宜的资源化处置方式，其中，再生资源得到高度的再生利用。在运营管理方面，政府对垃圾处理事业的重视程度较高、投入力度也较大，以政府购买服务或者 PPP 运作模式为主，实现了产业的市场化运作。在体制机制建设方面奖惩分明：政府或出台激励政策或实行立法强制规范民众行为，以德国为代表的企业回收责任制极大调动了民众回收的积极性，以美国为代表的联邦和州立法实现了对民众回收行为的规范，对垃圾处置产业的顺利推进起到了画龙点睛的作用。

　　通过分析，国外经典案例可以给予我们很多启发，但发达国家生活垃圾分类回收工作达到目前高度与其推进时间和经济发展背景密不可分。纵观中国国情，在施行生活垃圾分类、推进"两网融合"体系建设的过程中，近期，适合以借鉴国外先进的处置方式、市场化管理模式和奖惩机制为主；远期，可借鉴国外精细化分类方式、完善的立法体系和强化企业回收责任制。

水泥窑协同处置生活垃圾城乡统筹一体化应用及技术关键域技术一体化应用

附表6 部分发达国家垃圾分类处理处置基本情况汇总

国家	分类意识	垃圾组分	分类方式	处置方式	运营管理	奖惩机制	总体评价
美国	高：政府大力推广，民众积极配合	纸类，庭院废弃物，食品残渣，塑料，橡胶，皮革，纺织物，金属，玻璃，木头及其他垃圾物类	大体分为可回收物和不可回收物，具体分类为可循环类，堆肥类，废弃物类	餐厨：堆肥，制成有机肥料；再生资源：电池，纸，塑料，玻璃，金属等经过收集，加工，属生产出新的产品进行销售；其他垃圾：填埋，焚烧，填埋中集中后进行集中处理	城市："政府购买服务"；政府：收取垃圾处理费，并与废弃物处理公司订立合同；企业：负责垃圾的收集，分类，运输甚至填埋和堆肥工作。农村："政府购买服务"；政府：提供资金支持；企业：规模不大的家庭垃圾，运到集中处理点后进行集中处理	出台政策：《废弃物处理及再资源化经济奖金制度》《家庭生活垃圾分类指导手册》。奖励机制：押金返还制度（针对民众），税收减免，补助金（针对循环利用企业）；立法机制：联邦和州均通过立法规范分类回收行为，如《资源保护和回收利用法》《综合环境反应，赔偿和责任法》《固体废物处理法》	①高度的市场化运作，形成了完整的产业链（城乡生活垃圾的收集，回收，处理，加工及销售）；②具有完善的立法体系，奖惩机制分明
日本	高：政府抓从教育抓起，垃圾分类已成国民习惯	可燃垃圾（厨房垃圾，纸烟头，一次性筷子，落叶，草木树皮，卫生纸，纸尿布），不可燃垃圾（大宗塑料，乙烯合成树脂制品，尼龙制品，泡沫苯乙烯，橡胶类，合成皮革制品，陶瓷器皿，剃须刀片，电灯泡，镜子，水晶玻璃，暖水瓶等），资源型垃圾（纸类，衣物，布匹类，金属类，玻璃瓶类，餐具类，家用电器类），有害垃圾（干电池，日光灯，体温表等），超大型垃圾（家具类，建筑材料类，不能回收垃圾，轮胎，榻榻米，废油等）	总体来讲，分类精细化程度很高。城市：分为可燃垃圾，不可燃垃圾，资源垃圾，有害垃圾，大件垃圾，不能回收垃圾，居民投递行二次分类类。农村：玻璃制品，橡胶，塑料，皮革，金属，家电等	餐厨：制成有机肥料，经再生资源再生制成再生品；其他垃圾：焚烧，填埋；有害类垃圾由专门处理机构处置	"PPP模式"；政府与企业组成利益共同体；主要通过企业单独投资或政府独资，垃圾投放，市村政府，集团或到分送设施进行加工，送到送到各再生设施进行利用	出台政策：大力扶持垃圾处理行业的创新化；立法执法：《废弃物处置法》《资源使用促进法》《容器包装回收法》《家用电器回收法》《循环型社会形成推进基本法》《废弃物处理法修改案》《循环基本法》《志愿者处理法》；监察队对违法行为进行批评教育或进行公开警示	①民众自觉性高，垃圾分类高度精细化；②废弃资源实现多元化再生利用；③从量收费实现反抑垃圾增长；④政府投入力度大，垃圾处理实现产业化发展

国家	分类意识	垃圾组分	分类方式	处置方式	运营管理	奖惩机制	总体评价
德国	高；公民垃圾分类意识从小培养，深入人心	可回收包装类、玻璃瓶类、废纸皮类、有机厨余类、其他垃圾（杂草、树叶等）	城市：可回收垃圾与不可回收垃圾，二次分类分为一次车当能源；再生资源、有机、包装类、其他垃圾、有毒有害垃圾、大型垃圾；农村：有机垃圾与无机垃圾	餐厨：经过发酵处理后产生沼气，二次车当能源；再生资源："绿点制"回收；"押金制"多次使用回收；其他垃圾：焚烧、产生的炉渣用于路基的建设；有毒有害垃圾固定点投放	城市："政府授权、企业经营"，企业承担城市垃圾的收集、运输和处理工作。从事各行业垃圾回收利用工作：为企业提供垃圾再利用服务。农村："市政当局主导、居民监督"；所有农村社区生活垃圾都由市政当局集中到集中处理点后处理	出台政策：垃圾分类回收管理制度，《垃圾清运时间表》和《垃圾分类说明》；奖励机制：面向不同组分实行不同激励机制，通过"绿点制"和"押金制"实现最大限度的唯一国家；废弃物回收：对废弃物运输专用车实行免税制度；立法机制：《废弃物处理法》《循环经济-废弃物避免和处理法》等基本法规；针对各类商品的专项分类法规；垃圾处理费、环境警察的监督作用	①实行企业回收责任制，大大降低政府压力；②多种激励机制实现废弃物的高度回收利用
法国	高；已成为法国民众的生活习惯	废玻璃瓶、易拉罐、废塑料、废纸及废纸板、特定垃圾（家电、家具等）、厨余垃圾、有毒有害物质	有用物质与有害垃圾	回收利用；低污染处理；填埋；焚烧	在法国一些分类较严格的城市小区里均对其垃圾收集容器和收运设备设施重新进行了改造配置，设置废玻璃瓶，易拉罐、废塑料、废纸和废纸板收集箱，设置回收油罐和有毒有害物质的回收槽。对于不可回收的垃圾，则采取低污染处理	经济杠杆鼓励公众少扔垃圾	①政府提倡良好的消费习惯，控制资源浪费，并通过政府干预推动垃圾回收新技术的开发；②对不可回收垃圾进行低污染处理

案例一 美国：高度的市场化运作及分明的奖惩机制

总体评价： 美国城乡生活垃圾的收集、回收、处理、加工及销售已经形成了一个系统的产业，依靠商业模式来运行，其完善的立法体系等也为垃圾的回收、处理创造了便捷的条件。

分类回收与处置： 美国的生活垃圾大体可以分为可回收物与不可回收物，具体可分为可循环类、堆肥类和废弃物类生活垃圾，其主要成分为纸类、庭院废弃物、食物残渣、塑料、金属、橡胶皮革、纺织物、玻璃、木头及其他垃圾。垃圾中的可回收物如电池、纸类、塑料、玻璃、金属等经过收集、加工后生产出新的产品进行销售，而食物残渣、庭院废弃物则通过堆肥制成有机肥料，剩下的部分通过焚烧或填埋处置。

运营管理： 美国市政管理部门每月向城市居民收取一定的垃圾处理费，并与专门从事废弃物收集处理的公司签订合同，这些公司的收益主要有两个方面：一是居民和商业机构交纳的废弃物处理费；二是回收产品和副产品的销售费。规模较大的废弃物处理公司拥有自己的垃圾填埋场和堆肥厂，而规模小的废弃物处理公司只有废弃物回收中心，它只需要交纳垃圾填埋费，将其余废弃物运送到其他公司附属的垃圾填埋场。农村生活垃圾与城市生活垃圾类似，依靠高度的商业化模式，形成了收集、回收、处理、加工、销售的完整产业链，其农村垃圾处理一般由规模不大的家庭公司承担，在全国范围内有完善的收集网络，可有效收集每户的生活垃圾，运到集中处理点后进行集中处理。其具体的收运方式如附图9和附图10所示。

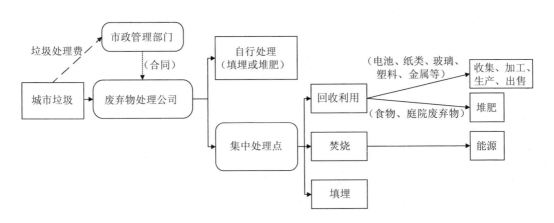

附图9　美国城市生活垃圾收运模式及最终处置

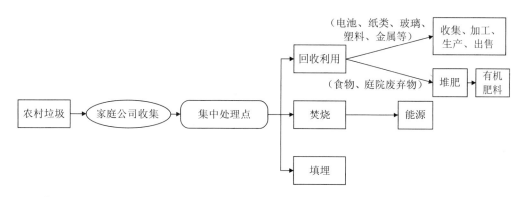

附图 10　美国农村生活垃圾收运模式及最终处置

　　奖惩机制：在政策方面，美国制定了《废弃物处理及再资源化经济奖金制度》，对制订和修改固体废物计划的州、市或州间机构实行补助，对固体废物处理方法的研究开发、调查研究以及实际验证实行补助，对资源回收装置的设计、操作管理、监督和维护人员的训练计划实行补助。此外，美国还建立了奖惩制度和押金返还制度，激励居民源头减量、源头分类。同时，美国城市和乡村都配备了各种分类收集垃圾箱，许多州政府出台了《家庭生活垃圾分类指导手册》，并制定了严格的管理措施来进行监督，对垃圾分类不到位的居民给予处罚。基于市场化运作模式，政府对垃圾运输处理企业普遍采用了税收减免、给予补助金、提供循环利用信贷等一系列奖励措施。另外，各种各样的股东可参与州和地方政府的决策，使整个体系处于公众的监督之下，更加公开透明。在立法方面，美国联邦政府制定了《固体废物处理法》《资源保护和回收利用法》《综合环境反应、赔偿和责任法》等一系列联邦法律来保证固体废物管理工作的顺利进行，各州在贯彻联邦立法的前提下又都根据自身实际制定了适合本州的地方立法。州和地方政府一般使用税收支付固体废物管理工作所需资金，在举办的众多活动中与社区合作，以提高固体废物管理水平，防止污染。

　　处置效果：美国实行了垃圾收费后，西雅图市垃圾产量减少了 25%，加利福尼亚州的资源回收率也已达到了 50%。垃圾回收率的提高减少了温室气体的排放，减轻了水体的污染，减少了对填埋场和焚烧炉的需求，提供了工业原材料，并节约了能源，在美国国民经济中占有重要的一席之地，而且在美国社会公共服务行业中有着举足轻重的作用。

　　案例二　日本：严格的精细化分类及资源化处置

　　总体评价：日本具有细致入微的垃圾分类体系和清晰严谨的处理路径，垃圾回收、处理体系完善、严苛，通过政府大力支持，将垃圾分类回收观念渗透到教育和民众日常生活中，时刻践行"3R"（Reduce，Reuse，Recycle）原则，使垃圾在源头上和收运过程中就已实现了减量。

分类回收与处置：日本的城市生活垃圾可分为可燃垃圾、不可燃垃圾、资源型垃圾、有害性垃圾、超大型垃圾、不能回收垃圾，其主要组分详见附表 7。大的分类之后，还有更进一步的处理。对于带有液体的垃圾，一定先将液体空干后再扔；对于装不进袋的大件物品，要捆扎好后再扔；对于喷雾剂罐等具有爆炸性的危险物品，要将内部液体或气体完全排放干净后再扔；对于剃须刀片、碎玻璃等危险物品，要用报纸包好后，写上"危险"二字，装入塑料袋中；要将空罐和玻璃瓶类垃圾放入塑料垃圾袋中，将纸类和衣物布匹类垃圾分类用绳子捆扎好；对于有害性垃圾，一定要放入塑料垃圾袋扔出，并在袋上面写上"有害性垃圾"，且在扔出时不要和资源型垃圾混在一起；对于家具等大件垃圾，要在可燃性垃圾处理日扔出；对于建筑材料类垃圾，在重新购置建筑材料时，让店主取走换下的物品。农村垃圾则主要分为玻璃制品、塑料、橡胶、皮革、金属、家电等。日本通过《食品再生法》规定对食品垃圾进行回收和再利用，要求食品加工业、大型超市连锁店、宾馆饭店和各种餐馆要与农户签订合同，将不能食用的蔬菜边角、果皮以及居民厨房垃圾等制成肥料；将资源类垃圾通过再生设施制成再生品；将可燃垃圾送往垃圾焚烧厂，产生的残渣经过填埋处置；将不可燃垃圾经中转站送往不燃垃圾处理厂，经拆解利用后制成再生品；对于有毒有害垃圾，则交与专门机构处置。

附表 7 日本生活垃圾组分

垃圾分类	可燃垃圾	不可燃垃圾	资源型垃圾	有害性垃圾	超大型垃圾	不能回收垃圾
组分	厨房垃圾、纸盒、烟头、一次性筷子、牙签、皮革制品、落叶、草木树枝、卫生纸、纸尿布	大宗塑料制品、聚乙烯制品、乙烯合成树脂制品、尼龙制品、泡沫苯乙烯、橡胶类、合成皮革制品、陶瓷器皿、剃须刀片、电灯泡、镜子、水晶玻璃、伞、座椅、暖水瓶、喷雾罐、涂料罐	纸类、衣物布匹类、金属空罐类、玻璃类、餐具类、家用电器类	干电池、日光灯、体温表等	家具类、建筑材料类	摩托车、榻榻米、轮胎、废油等

运营管理：日本与垃圾相关的产业或是政府与企业组成的利益共同体，或是由政府单独投资的产业。在政府部门相关法律的约束下，日本的城市生活垃圾主要通过家庭源头分类，在指定地点指定时间投放垃圾，由市村政府、集团或销售商店负

责收集，然后送到分选设施进行加工，最后送到各再生处理设施进行再利用。农村生活垃圾则主要经严格分类后由专用垃圾收集车定期收集，然后直接送入处理厂回收利用，从而降低了后续处理的难度。具体的收运模式及处置如附图 11 和附图 12 所示。

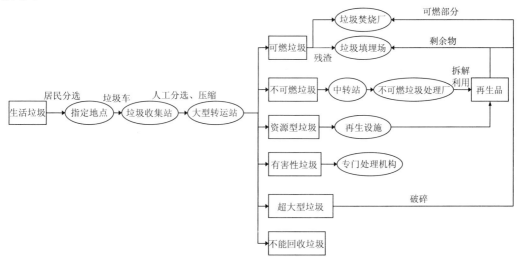

附图 11　日本城市生活垃圾收运模式及最终处置

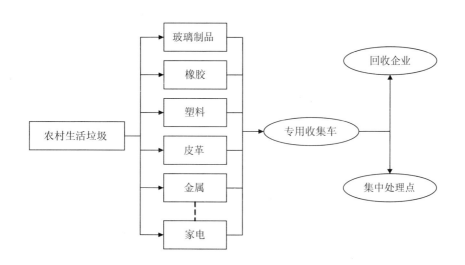

附图 12　日本农村生活垃圾收运模式与最终处置

奖惩机制：在政策方面，日本实行垃圾从量收费制，其中，有害性垃圾和资源型垃圾的收运是免费的，可燃垃圾和不可燃垃圾的收运则要按垃圾体积付费。同时，日本还建立了由志愿者组成的监察队，搜索违法垃圾袋，一旦发现分类不正确或投放错的垃圾，会将此垃圾送回户主，并进行批评教育或公开警示。此外，日本政府大力扶持垃圾处理行业的创新化，通过一系列法律及规定来激励企业和组织推广包括垃圾焚烧发电在内的新能源、新方式，从而提高日本垃圾处理技术的发展速度。在立法方面，日本有一套相对完善的生活废弃物管理和处理的法律法规体系，为日本生活废弃物规范化处置提供了制度保障，专门的政府机构保障了有关规定的严格贯彻和执行，如《废弃物处置法》《再生资源使用促进法》《容器包装循环处置法》《家用电器回收利用法》《废弃物处置法修改案》，同时日本还实施了《循环型社会形成推进基本法》《资源有效利用促进法》等法规，确保了社会物质资源的循环利用，减轻了环境负荷。

处置效果：日本垃圾总量从 1988 年之后基本持平，没有大幅度的增长，而东京等城市的垃圾量甚至有所下降，到 2007 年，日本实行分类收集的城镇和乡村已达到 88%以上。

案例三　德国：企业回收责任制实现高度回收利用

总体评价：德国非常重视发展循环经济，形成了"避免产生、循环利用、末端处理" 的垃圾管理思路和"生产者负责、行业自律"的垃圾处理原则。是欧洲唯一实行塑料瓶回收押金制度的国家，极大地调动了公众的积极性；"绿点制"和"押金制"的大力推行使得垃圾的再利用率非常高。

分类回收与处置：德国的城市生活垃圾大体可分为可回收垃圾与不可回收垃圾，农村生活垃圾则主要分为有机垃圾与无机垃圾。其生活垃圾的主要组分为可回收包装类、玻璃瓶类、废纸类、有机垃圾类（水果皮和厨余等）、其他垃圾（杂草、树叶等）。

德国对具有一次性销售包装的可回收垃圾实施"绿点制"回收利用处理，从而引导消费者正确投放垃圾，垃圾经过预处理后进入不同的回收企业实现循环利用；对可多次使用包装的可回收垃圾实施"押金制"，在盛装一些食品和饮料的玻璃瓶或塑料瓶上印有特殊的标志，如将旧瓶退回即可拿回押金，实现资源的重复利用；对于大型家具垃圾，可送到垃圾回收场免费处理；对于有毒垃圾，则需要到固定点投放。其具体的收运及处置方式如附图 13 所示。实行"绿点制"以来，德国生活垃圾中有 90%都得到了回收利用，只有 5%～10%经过焚烧处理，用以城市的供电、供暖，产生的炉渣用于路基的建设，而有机垃圾（如果皮、蔬菜等）经过发酵处理后产生的沼气可以给垃圾车当能源。

运营管理：在政府的大力支持下，德国很多城市垃圾的收集、运输和处理工作均由私有企业承担，部分政府还将环卫局组建为"国营公司"，众多从事各行业（冶金、钢铁、汽车、电子设备等）垃圾回收和为企业提供垃圾再利用服务的私有企业遍布全国，这样不仅提高了垃圾回收利用的效率，而且降低了生产成本。

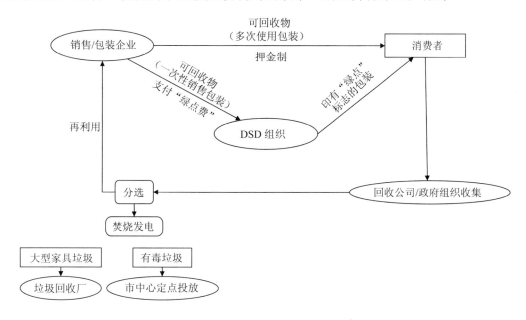

附图 13　德国城市生活垃圾收运模式与最终处置

包括德国在内的欧盟国家农村垃圾收运多采用"市政当局主导、社区居民监督"的管理方式，所有农村社区生活垃圾都由市政当局集中收集和处理，社区垃圾箱等基础设施由市政当局负责配置和安装，整套农村收运设施和收集处理的费用由地方政府征收的房地产税及其他税收支付，在资金上确保收运系统的正常运行。其收运及处置方式如附图 14 所示。

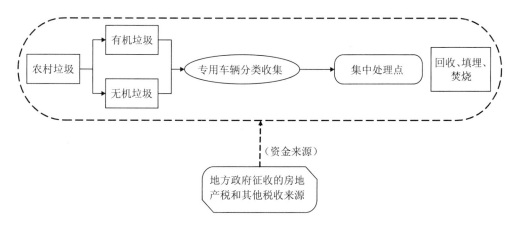

附图 14　包括德国在内的欧盟国家的农村生活垃圾收运模式

奖惩机制：在政策方面，德国对垃圾的分类回收制定了专门的管理制度，每年各地方政府都会将新一年的《垃圾清运时间表》及《垃圾分类说明》投到各家信箱；对于违反垃圾分类的最轻处罚是警告，警告无效则罚款，如仍未奏效，清洁公司会换上一种容纳种类扩大的垃圾箱（桶），同时提升对垃圾的收费。此外，德国还对废弃物输送车实行免税制度，对垃圾生产者直接收取对垃圾的收集、处理和处置的全部费用，同时环境警察的监督作用也不容小觑。在立法方面，德国早在1972—1994年就相继制定了具有开创性的《废弃物处理法》《废弃物避免和处理法》《循环经济•废物法》《促进废弃物闭合循环管理及确保环境相容的处置废弃物法》等基本法规，还制定了针对各类商品（包装、汽车、电池等）的专项分类法规。

处置效果：垃圾分类使德国循环利用的玻璃包装垃圾回收率将近90%，再生利用的纸塑垃圾回收率达到68%～92%。同时使垃圾的处理更加专业化，降低了垃圾机械分选的难度，提高了垃圾堆肥质量，减少了垃圾填埋量，并降低了填埋污染，提高了垃圾处置的无害化水平。

案例四　法国：民众极强的分类意识成为极大助力

总体评价：法国的优势在于政府对垃圾回收新技术的开发具有干预作用，同时民众不仅自觉性良好，而且也会积极监督影响他人，对良好社会风气的形成具有积极影响。

分类回收与处置：法国的城市生活垃圾大体可分为有用物质和有害垃圾，其主要组分有废玻璃瓶、易拉罐、废塑料、废纸及废纸板、特定垃圾（家电、家具等）、厨余垃圾、有毒有害物质等。在法国一些分类较严格的城市小区里均对其垃圾收集容器和收运设备设施重新进行了改造配置，设置废玻璃瓶、易拉罐、废塑料、废纸和废纸板收集箱，设置回收油罐和回收有毒有害物质的回收槽。对于不可回收的垃圾，法国则采取低污染处理，避免在处理废弃物的过程中带来二次污染。

运营管理：一些地区用经济杠杆鼓励公众少扔垃圾，形成了"谁制造垃圾，谁出钱处理"的垃圾回收原则，市镇政府会向每户征收垃圾收集费，然后让垃圾收集人员统一收集。具体垃圾的收运与处置如附图15所示。

处置效果：垃圾分类回收不仅成为法国人的生活习惯，每年还让60%的废弃垃圾得以循环利用，经再处理后加工成初级材料，或转化成为石油、热力等能源。

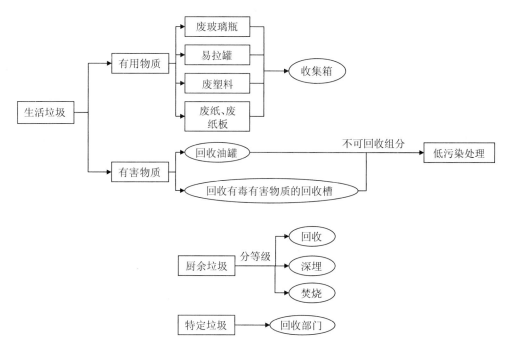

附图 15　法国城市生活垃圾收运模式与最终处置

水泥窑协同处置生活垃圾关键技术及城乡统筹一体化应用

参考文献

[1] 崔文静，周恭明，陈德珍，等．矿化垃圾制备 RDF 的工艺研究及应用前景分析[J]．能源研究与信息，2006，22（3）：131-136.

[2] 徐国华，隋玉柱，魏玉西．城市垃圾问题及处理对策[J]．环境科学与管理，2006，31（3）：29-31.

[3] 李轶伦．好氧回灌法处理城市垃圾填埋场渗滤液的机理研究[D]．北京：中国农业大学，2005.

[4] 张益．我国生活垃圾处理技术的现状和展望[J]．环境卫生工程，2000，8（2）：81-84.

[5] 刘志军，叶会华，王泽生，等．城市垃圾衍生燃料（RDF）技术及其环境影响评价[J]．能源研究与利用，2007（4）：12-14.

[6] 胡建杭，王华，何方，等．城市生活垃圾能源化技术的发展动态[J]．能源工程，2001（4）：13-15.

[7] 李国刚，曹杰山，江志国．我国城市生活垃圾处理处置的现状与问题[J]．环境保护，2002（4）：35-38.

[8] 沈伯雄，姚强．垃圾衍生燃料（RDF）技术概述[J]．电站系统工程，2001，18（3）：47-49.

[9] 宋志伟，吕一波，梁洋，等．新型复合垃圾衍生燃料的制备及性能分析[J]．环境工程学报，2007，1（6）：114-117.

[10] 张远迎．小议固体废物处理技术[J]．科技资讯，2006（17）：77-78.

[11] 陈盛建，高宏亮，余以雄，等．垃圾衍生燃料（RDF）的制备及应用[J]．节能与环保，2004（4）：27-29.

[12] 乔龄山．水泥厂利用废弃物的有关问题（五）——水泥厂利用废弃物的基本准则[J]．水泥，2003（5）：1-9.

[13] 苏铭华，陈晓华．衍生燃料 RDF-5 技术应用前景[J]．中国资源综合利用，2004（5）：7-8.

[14] 魏小林，盛宏至，刘典福，等.流化床中 RDF 焚烧时 CO、SO_2 和 HCl 的生成[J]．环境科学学报，2005，25（1）：34-38.

[15] Chyang C S，Han Y L，Wu L W，et al. An investigation on pollutant emissions from co-firing of RDF and coal [J]. Waste Management，2010，30（7）：1334-1340.

[16] Patino D，Moran J，Porteiro J，et al. Improving the cofiring process of wood pellet and refuse derived fuel in a small-scale boiler plant[J]. Energy & Fuels，2008，22（3）：2121-2128.

[17] Kobyashi N，Itaya Y，Piao G L，et al. The behavior of flue gas from RDF combustion in a fluidized bed [J]. Powder Technology，2005，151（1-3）：87-95.

[18] 赵鹏，孙军，梁华，等. 垃圾衍生物燃料灰熔点的测定[J]. 能源与环境，2009（3）：40-42.

[19] 孙明明. 高热值垃圾与生物质混合制取 RDF 及其燃烧特性研究[D]. 沈阳：沈阳航空工业学院，2009.

[20] Gori M，Pifferi L，Sirini P. Leaching behaviour of bottom ash from RDF high-temperature gasification plants [J]. Waste Management，2011，31（7）：1514-1521.

[21] 陈江，黄立维，章旭明. 垃圾衍生燃料热重-红外联用法的热解特性[J]. 环境科学与技术，2008，31（1）：29-32.

[22] 陈江，章旭明. 城郊乡村生活垃圾衍生燃料热解特性研究[J]. 环境污染与防治，2012，34（2）：45-49.

[23] 李延吉，宋政刚，赵宁，等. 垃圾衍生燃料热解半焦特性试验研究[J]. 热力发电，2011，40（6）：34-37.

[24] 赵凯峰，孙军，赵鹏，等. 垃圾衍生燃料炭化物燃烧特性分析[J]. 可再生能源，2009，27（4）：81-83.

[25] Ozkan A，Banar M. Refuse derived fuel（RDF）utilization in cement industry by using Analytic Network Process（ANP）[J]. Chemical Engineering Transations，2010，21：769-774.

[26] Patino D，Moran J C，Porteiro J，et al. Study of the combustion of pellets and RDF in a small boiler-stove plant [J]. Clean Air，2007，8（3）：183-197.

[27] Lee J M，Kim D W，Kim J S，et al. Co-combustion of refuse derived fuel with korean anthracite in a commercial circulating fluidized bed boiler [J]. Energy，2010，35（7）：2814-2818.

[28] Bratsev A N，Kumkova I I. Air plasma gasification of RDF as a prospective method for reduction of carbon dioxide emission[J]. IOP Conference Series：Materials Science and Engineering，2011，19（1）：1-6.

[29] Yasuhara A，Amano Y，Shibamoto T. Investigation of the self-heating and spontaneous ignition of refuse-derived fuel（RDF）during storage [J]. Waste Management，2010，30（7）：1161-1164.

[30] Miskolczi N，Borsodi N，Buyong F，et al. Production of pyrolytic oils by catalytic pyrolysis of Malaysian refuse-derived fuels in continuously stirred batch reactor [J]. Fuel Processing Technology，2011，92（5）：925-932.

[31] Seo M W，Kim S D，Lee S H，et al. Pyrolysis characteristics of coal and RDF blends in non-isothermal and isothermal conditions[J]. Journal of Analytical and Applied Pyrolysis，2010，88（2）：160-167.

[32] 宋志伟，吕一波，梁洋，等. 新型复合垃圾衍生燃料的制备及性能分析[J]. 环境工程学报，2007，

1（6）：114-117.

[33] 任福民，张玉磊，牛牧晨，等. 铁路站车垃圾衍生燃料制备工艺的正交试验研究[J]. 北京交通大学学报，2008，32（4）：75-77.

[34] Vrchota S，Peterson T. Updated case study of fireside corrosion management in an RDF fired energy-from-waste boiler[C]//American Society of Mechanical Engineering. Proceedings of the 18th North American Waste to Energy Conference，2010.

[35] Richers U. Material Flows as a Basis for an Innovative Control Concept for municipal Solid Waste Incinerators[J]. Chemie Ingenieur Technik，2011，83（10）：1634-1641.

[36] Rocca S，van Zomeren A，Costa G，et al. Characterisation of major component leaching and buffering capacity of RDF incineration and gasification bottom ash in relation to reuse or disposal scenarios[J]. Waste Management，2012，32（4）：759-768.

[37] Rotter V S，Lehmann A，Marzi T，et al. New techniques for the characterization of refuse-derived fuels and solid recovered fuels[J]. Waste Management & Research，2011，29（2）：229-236.

[38] Gao L J，Hirano T. Process of accidental explosions at a refuse derived fuel storage [J]. Journal of Loss Prevention in the Process Industries，2006，19（2-3）：288-291.

[39] Themelis N J. An overview of the global waste-to-energy industry [J]. Waste Management World，2003：40-47.

[40] Psomopoulos C S，Bourka A，Themelis N J. Waste-to-energy：A review of the status and benefits in USA [J]. Waste Management，2009，29（5）：1718-1724.

[41] 刘竞，荀方飞，葛亚军，等. 废弃物衍生燃料（RDF-5）技术发展概述[J]. 可再生能源，2011，29（1）：121-123，128.

[42] 张焕芬，喜文华. 日本垃圾衍生燃料（RDF）的研究开发[J]. 甘肃科学学报，1999，11（3）：66-72.

[43] 孙明明，李润东，李延吉，等. 剩余垃圾与生物质混合制取 RDF 技术分析[J]. 可再生能源，2008，26（4）：101-104，108.

[44] Yasuhara A. Chemical consideration on spontaneous incineration accidents of refuse-derived fuels and exothermic reaction mechanism[J]. Journal of Japan Society for Safety Engineering，2006，45：117-124.

[45] Rotter V S，Kost T，Winkler J，et al. Material flow analysis of RDF-production processes [J]. Waste management，2004，24（10）：1005-1021.

[46] Gendebien A，Leavens A，Blackmore K，et al. Refuse derived fuel，current practice and perspectives（B4-3040/2000/306517/MAR/E3）final report [R]. European Commission，2003.

[47] Pohl M，Gebauer K，Beckman M. Characterisation of refuse derived fuels in view of the fuel technical properties[C]. The 8th European Conference on Industrial Furnaces and Boilers（INFUB-8），2008.

[48] 广东华夏环保生态科技有限公司. 前景看好的人工代煤炭——RDF[J]. 中国环保产业, 2000（2）：30-31.

[49] 莫非. 垃圾衍生燃料的制造和应用[J]. 新能源, 2000, 22（9）：47-50.

[50] 郭延杰. 发展垃圾固形燃料 消除白色污染[J]. 再生资源研究, 1998（1）：29-33.

[51] 傅维标, 张恩仲. 煤焦非均相着火温度与煤种的通用关系及判别指标[J]. 动力工程, 1993, 13（3）：34-42, 58.

[52] 许晋源, 徐通模. 燃烧学[M]. 北京：机械工业出版社, 1980.

[53] Т. В. 维列斯基, Д. М. 赫兹马梁. 煤粉燃烧动力学[M]. 朱皑强, 译. 南京：南京工学院出版社, 1986.

[54] 徐旭. 燃烧过程中二噁英的生成和排放特性的研究[D]. 杭州：浙江大学, 2001.

[55] 龚昌合, 胡红娣, 陈燕, 等. 贵金属烟气吸收循环液中氯的测定[J]. 铜业工程, 2012（2）：29-30.

[56] 李庆美, 朱纪夏. 烧结烟气循环碱液中氯离子的化学分析[J]. 山东冶金, 2012, 34（5）：47-48.

[57] 蒋旭光, 李琦, 李香排, 等. $CaCl_2$ 的高温稳定性试验研究[J]. 燃料化学学报, 2003, 31（6）：553-557.